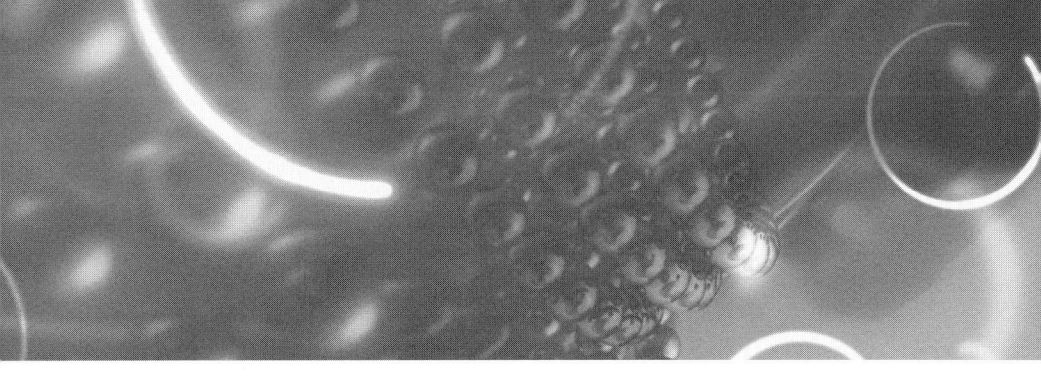

入門 電子回路

アナログ編

家村道雄[監修]

家村道雄
帆足孝文
中原正俊
小山善文[共著]
坂井栄治
奥　高洋
西嶋仁浩

Ohmsha

本書を発行するにあたって，内容に誤りのないようできる限りの注意を払いましたが，本書の内容を適用した結果生じたこと，また，適用できなかった結果について，著者，出版社とも一切の責任を負いませんのでご了承ください．

本書は，「著作権法」によって，著作権等の権利が保護されている著作物です．本書の複製権・翻訳権・上映権・譲渡権・公衆送信権（送信可能化権を含む）は著作権者が保有しています．本書の全部または一部につき，無断で転載，複写複製，電子的装置への入力等をされると，著作権等の権利侵害となる場合があります．また，代行業者等の第三者によるスキャンやデジタル化は，たとえ個人や家庭内での利用であっても著作権法上認められておりませんので，ご注意ください．

本書の無断複写は，著作権法上の制限事項を除き，禁じられています．本書の複写複製を希望される場合は，そのつど事前に下記へ連絡して許諾を得てください．

出版者著作権管理機構
（電話 03-5244-5088，FAX 03-5244-5089，e-mail: info@jcopy.or.jp）

JCOPY ＜出版者著作権管理機構 委託出版物＞

はしがき

　情報通信をはじめとした科学技術の進歩は目覚ましい．電子工学は情報通信技術を支える中心的な役割を果たしている．電子回路はその具体的な機能を実現するものであり，初期のトランジスタと抵抗コンデンサなどの部品を組み合わせたものから，集積回路（IC），LSI，超LSIの時代となったが，ICを構成する内部回路の基本的要素はトランジスタであり，電子回路を十分に理解する必要がある．すなわち，電子回路は電子応用分野での基本的かつ必要不可欠な学問である．このため，電気・電子学科系の学生諸君にとって，電子回路は電気磁気学や電気回路と同様に重要な必修科目であることは言うまでもない．

　さらに，情報社会の今日では，電子回路は，情報工学，通信工学，機械工学をはじめとして，工学と名の付く多くの学科の学生にとって学ばなければならない重要な基礎科目となっている．

　「入門 電子回路（アナログ編）」は，大学・高専の電気・電子・情報・通信系学科および電子機械系学科の，初めて電子回路を学ぶ学生諸君が理解しやすいように次の工夫をした．

1. できるだけ多くの図を入れるとともに，図中でポイントを説明するなど詳細な図を示してわかりやすくし，かつ基本を強調した．例えば第4章のトランジスタの増幅作用では「オームの法則」「抵抗の直列接続・並列接続」「キルヒホッフの第1・第2法則」「正弦波交流の周波数と位相」「位相の反転」「電位の高低位差」などの電気回路の基本から説明している．さらに，直流負荷線，交流負荷線についてもわかりやすく説明している．また第10章の発振回路では，交流回路の基礎の正弦波交流の複素数表示（ベクトル表示）および R, L, C 回路などの基本から説明している．さらに，第6章の「CR 結合増幅回路」「2段 CR 結合増幅回路」，第7章の「エミッタホロワ増幅回路」「電流帰還直列注入形負帰還増幅回路」「電圧帰還並列注入形負帰還増幅回路」「2段 CR 結合増幅回路による二重負帰還増幅回路」については，まず増幅作用をわかりやすく説明している．

2. 増幅回路や変調回路，演算増幅器の説明には，入力信号と出力信号，搬送波，信号波，被変調波をオシロスコープで撮影したものを付けた．すなわち，実験検証した結果を示し，実験するときの参考になるようにしている．
3. 例題を多く取り上げ，問題を実際に解くことにより理解が進むようにした．
4. 各章末に演習問題を多く取り入れ，詳しくてわかりやすい解法を巻末にまとめて掲載した．
5. 国際化に対応して学生も含めて技術者は外国語，とくに英語の文献を読むことが必須となっており，その一助として，主な術語には対応する英語を本文中に示した．

最後に，本書の出版に際してお世話をいただいたオーム社出版局の各位に感謝する．

2006年10月

監修者　家　村　道　雄

目　次

第1章　半導体の性質

1・1　原子の構造と自由電子，正孔 …………………………………………1
1・2　半導体の性質と真性半導体 ……………………………………………4
1・3　n形半導体とp形半導体 ………………………………………………5
章末の演習問題 ………………………………………………………………6

第2章　pn接合ダイオードとその特性

2・1　pn接合 ……………………………………………………………………7
2・2　pn接合ダイオードの電圧-電流特性 …………………………………8
　　　順方向電圧-電流/逆方向電圧-電流/電圧-電流特性
2・3　簡単なダイオード回路 ………………………………………………11
2・4　定電圧ダイオードと発光ダイオード ………………………………13
　　　定電圧ダイオード（ツェナーダイオード）/発光ダイオード
2・5　ダイオードの図記号 …………………………………………………16
章末の演習問題 ……………………………………………………………16

第3章　トランジスタの基本回路

3・1　トランジスタの種類と動作原理 ……………………………………19
　　　トランジスタの種類/トランジスタの動作原理/I_E，I_CおよびI_Bの関係
3・2　トランジスタの名称と最大定格 ……………………………………23
　　　トランジスタの名称/トランジスタの最大定格

- 3・3 トランジスタの接地方式 ………………………………………25
  エミッタ接地回路／ベース接地回路／コレクタ接地回路（エミッタホロワ）／エミッタ接地の電流増幅率 β とベース接地の電流増幅率 α の関係
- 3・4 トランジスタの静特性と h パラメータ（h 特性）………………29
  第1象限 V_{CE}-I_C 特性（出力特性）／第2象限 I_B-I_C 特性（電流伝達特性）／第3象限 I_B-V_{BE} 特性（入力特性）／第4象限 V_{CE}-V_{BE} 特性（電圧帰還率）
- 3・5 静特性の活用 ……………………………………………………34
- 章末の演習問題 ………………………………………………………37

第4章　トランジスタの増幅回路

- 4・1 直流回路の基礎 …………………………………………………39
  オームの法則／抵抗の直列接続／抵抗の並列接続／キルヒホッフの第1法則／キルヒホッフの第2法則／電位の進んだ学習
- 4・2 正弦波交流の周波数と位相 ……………………………………43
- 4・3 バイアス電圧と動作点 …………………………………………45
- 4・4 電流増幅作用と電圧増幅作用および電力増幅作用 ……………46
  電流増幅作用／電圧増幅作用／電力増幅作用
- 4・5 基本増幅回路 ……………………………………………………48
  直流負荷線／動作点／動特性
- 4・6 等価回路 …………………………………………………………53
- 章末の演習問題 ………………………………………………………55

第5章　トランジスタのバイアス回路

- 5・1 二電源方式 ………………………………………………………57
- 5・2 固定バイアス回路 ………………………………………………58
- 5・3 自己バイアス回路 ………………………………………………60

5・4　電流帰還バイアス回路 ……………………………………………63
5・5　直流負荷線と交流負荷線 …………………………………………68
　　　固定バイアス回路の直流負荷線と交流負荷線/電流帰還バイアス回路の直流負荷線と交流負荷線
章末の演習問題 ……………………………………………………………74

第6章　トランジスタ増幅回路の等価回路

6・1　h 定数と等価回路 …………………………………………………77
　　　h 定数の静特性曲線からの算出/h 定数を用いたトランジスタの動作基本式と等価回路/増幅度と利得
6・2　増幅回路の分類 ……………………………………………………83
　　　動作点による分類/周波数による分類
6・3　CR 結合増幅回路 …………………………………………………85
　　　コンデンサの作用/CR 結合増幅の基本回路/コンデンサの働き/等価回路による電圧増幅度 A_v，電流増幅度 A_i の算出/最適動作点の求め方/周波数特性
6・4　2段 CR 結合増幅回路 ……………………………………………96
6・5　差動増幅回路 ……………………………………………………100
　　　差動増幅回路/差動増幅回路の動作原理
章末の演習問題 …………………………………………………………105

第7章　負帰還増幅回路

7・1　負帰還の原理 ……………………………………………………109
　　　負帰還増幅回路の電圧増幅度/負帰還の特徴
7・2　コレクタ接地増幅回路（エミッタホロワ）……………………112
　　　コレクタ接地増幅回路/コレクタ接地増幅回路（エミッタホロワ）の特徴と応用
7・3　電流帰還直列注入形負帰還増幅回路 …………………………117

- 7・4 電圧帰還並列注入形負帰還増幅回路 ……………………………… 121
- 7・5 多段増幅回路の負帰還 ……………………………………………… 125
  - 負帰還をかけない場合（C_E を接続した場合）の電圧増幅度／局部帰還だけのとき／さらに多段増幅をかけたとき
- 章末の演習問題 ……………………………………………………………… 129

第8章　電界効果トランジスタ

- 8・1 接合形 FET の基本原理 ……………………………………………… 131
- 8・2 MOS 形 FET の基本原理 …………………………………………… 133
- 8・3 接合形 FET の接地方式，静特性，等価回路およびバイアス回路 … 135
  - FET の接地方式／静特性／等価回路／接合形 FET のバイアス回路
- 8・4 MOS 形 FET の静特性とバイアスおよび動作解析 ……………… 140
  - 静特性／MOS 形 FET 増幅回路の動作解析
- 8・5 ソース接地 CR 結合増幅回路の等価回路 ………………………… 142
- 章末の演習問題 ……………………………………………………………… 147

第9章　電力増幅回路

- 9・1 電力増幅回路の基礎 ………………………………………………… 149
  - トランジスタのコレクタ損失と許容動作範囲／電力増幅回路のバイアス／インピーダンス整合
- 9・2 A 級電力増幅回路 …………………………………………………… 155
  - 最大出力電力／電源効率／コレクタ損失
- 9・3 B 級プッシュプル電力増幅回路 …………………………………… 159
  - B 級プッシュプルの特徴／Tr_1 と Tr_2 の特性／クロスオーバーひずみ／効率
- 9・4 単電源 SEPP 電力増幅回路 ………………………………………… 165
- 章末の演習問題 ……………………………………………………………… 169

第10章　発振回路

10・1　正弦波交流の複素数表示（ベクトル表示）……………………171
　　　　複素数の座標上での表し方/正弦波交流の表現方法/R, L, C のそれぞれに正弦波電圧を加えたとき

10・2　発振回路……………………………………………………………176
　　　　発振とは/発振回路の原理/発振の条件

10・3　LC 発振回路………………………………………………………178
　　　　三素子形発振回路と原理/ハートレー形発振回路/コルピッツ形 LC 発振回路/同調形 LC 発振回路

10・4　CR 発振回路………………………………………………………184

10・5　水晶発振回路………………………………………………………185

章末の演習問題……………………………………………………………187

第11章　変調・復調回路

11・1　振幅変調（AM）の動作原理と回路……………………………189
　　　　振幅変調（AM）とは/振幅変調（AM）回路の種類/被変調波の理論式/変調度・変調率/振幅変調波の電力

11・2　振幅変調（AM）波の復調回路の動作原理……………………198

11・3　周波数変調（FM）の理論………………………………………199
　　　　周波数変調の波形/周波数偏移/周波数スペクトル/FM 変調回路

11・4　周波数変調（FM）波の復調……………………………………205
　　　　FM 波復調の基本方式/フォスタ・シーレ周波数弁別回路

章末の演習問題……………………………………………………………209

第12章　演算増幅器

12・1　演算増幅器の基礎…………………………………………………211
　　　　図記号と端子/演算増幅器の電源の与え方/オペアンプの特徴

12・2 演算増幅器の基本回路 ……………………………………213
　　　　反転増幅器/差動増幅器/積分器/微分器
　章末の演習問題 ……………………………………………………219

演習問題の解答 ………………………………………………………221
索　　引 ………………………………………………………………251

第1章
半導体の性質

> **ポイント**
>
> **半導体**（semiconductor）は，銅のように電気をよく通す導体（conductor）と，ゴムのように電気を通さない絶縁体（insulator）の中間にある物質である．この半導体からつくられているものに**ダイオード**（diode），**バイポーラトランジスタ**（bipolar transistor），**電界効果トランジスタ**（FET：field-effect transistor），**集積回路**（IC：Integrated Circuit）などの半導体素子があり，テレビなどの家庭電化製品をはじめとして，自動車，電子計算機（electronic computer）など広い分野で使用されている．
>
> これら半導体素子の働きを理解するためには，半導体の性質を知ることが重要である．この章では，半導体中での電気伝導に寄与する電子と正孔のふるまい，半導体の種類について学ぶ．

1・1 原子の構造と自由電子，正孔

すべての物質は，**原子**（atom）からなっており，原子の中心には陽子と中性子からなる**原子核**（atomic nucleus）があり，その周囲を電子が回っている．

図1・1は水素とシリコン（Si：silicon；けい素）の原子構造を示したものである．図に示すように，水素では1個の電子が，シリコンでは14個の電子が，すなわち原子番号に等しい数の電子が，原子核を中心にしてその周囲を一定の軌道（殻という）で回っている．電子1個は約 1.6×10^{-19}（c）の負の電子量をもち，原子核は電子全体と等量の正の電気量（水素は $+e$，シリコンでは $+14e$）をもっており，通常の原子は電気的に中性の状態を保っている．

原子の最も外側の軌道（殻）にある電子は，原子核との引力が他の軌道の電子より弱い．すなわち，原子核の束縛から離れやすい性質をもっており，この電子は，他の原子との結合に関係する．このような電子は **価電子**（valence elec-

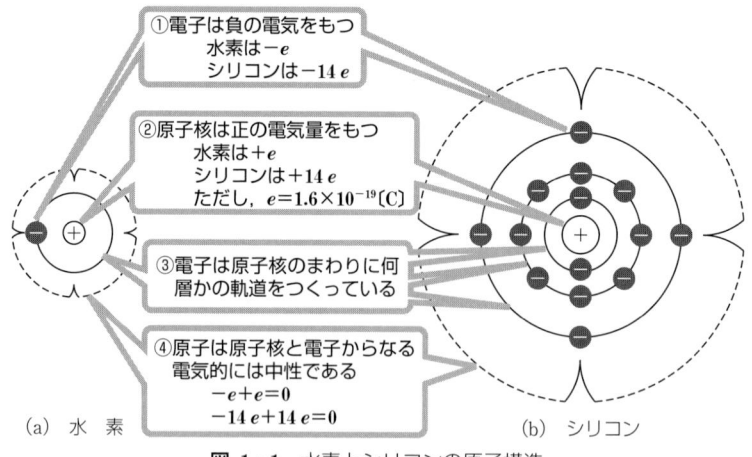

図 1・1 水素とシリコンの原子構造

tron）と呼ばれている．

図1・2に示すように，シリコン原子は価電子を4個もっており，そのうち原子核の束縛から離れた価電子を**自由電子**（free electron）という．

図1・3のように，原子が規則正しく配列された結晶を**単結晶**（single crystal）という．

シリコンの単結晶は，隣り合う4個の原子が価電子を1個ずつ出し合って，互いに2個ずつ共有した構造になっており，このような結合を**共有結合**（covalent link）という．

図1・3の単結晶に電界を加えると，このエネルギーによって価電子が原子核の

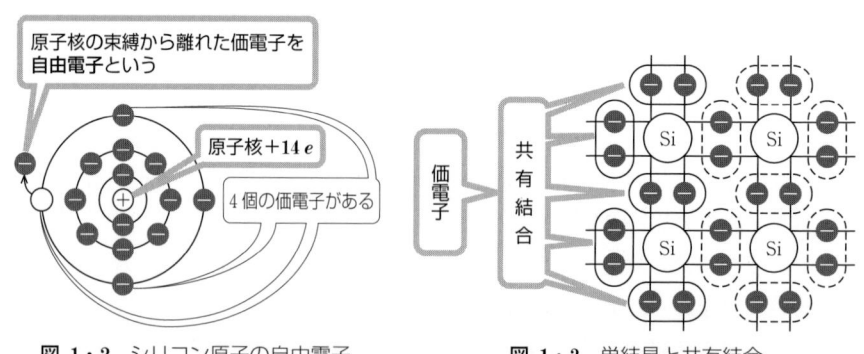

図 1・2 シリコン原子の自由電子　　図 1・3 単結晶と共有結合

束縛から離れて自由電子となり，結晶内を自由に移動することになる．

単結晶に熱を加えたり，光を当てても電界を加えたときと同じ現象が起きる．

図1・4のように，価電子が自由電子となった後は，隣の価電子が埋めることになり，電子の不足した部分も結晶内を自由に移動する．この不足した部分を**正孔**（hole）と呼び，正孔の発生によって，別の正孔が発生することになる．

これら自由電子，正孔の発生の流れを図1・4に示しており，正孔の移動は正の電荷の移動と考えられる．

自由電子は負の電荷を，正孔は正の電荷を運ぶものと考えることができ，これらを**キャリヤ**（carrier：運び手）と呼ぶ．

図1・4のように電界の作用でキャリヤが移動すると，電流が生じ，電流の流れる向きは，正孔の移動する向きと同じで，電子の移動する向きとは逆になる．

銅やアルミニウムなどの金属は，価電子が原子核に束縛される力が非常に小さく，価電子が通常の状態でも自由電子になり，自由電子がきわめて多く電流が流れやすい性質をもつ．

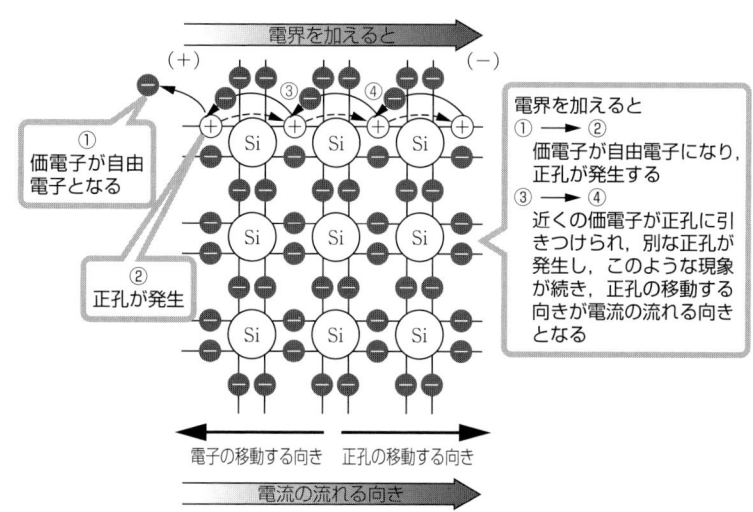

図1・4 自由電子，正孔の発生と電流の流れる向き

1・2　半導体の性質と真性半導体

電線の芯に使われている銅やアルミニウムなどの金属は，電気をよく導くということで**導体**（conductor）といい，これに対して電線の被覆に使われているゴムやビニールは，電気を絶縁するということで**絶縁体**（insulator）という．

図1・5に物質の常温における抵抗率を示す．**半導体**（semiconductor）は文字どおり半分「導体」という意味で，導体と絶縁体の中間，つまり $10^{-4} \sim 10^{6}$ 〔Ω·m〕くらいの範囲にある物質である．シリコンとゲルマニウムは，ダイオード，トランジスタ，ICなどの半導体素子に最も多く使われている．

半導体を結晶構造から見ると，図1・6のような種類に分類することができる．

半導体は電界・熱・光などのエネルギーを外部から加えると抵抗率が変化する．また，半導体にごくわずかの不純物を混入しても，抵抗率が大幅に変化する．

そのため，シリコンやゲルマニウムの結晶を99.9999999999％（9が12個も並ぶ．トウェルブ・ナイン）以上の高い純度に精製した半導体を**真性半導体**（intrinsic semiconductor）という．真性半導体では，キャリヤの電子の数と正孔の数はほぼ等しい．

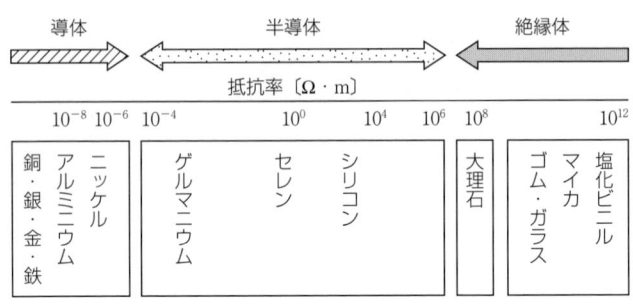

図1・5　各種物質の抵抗率

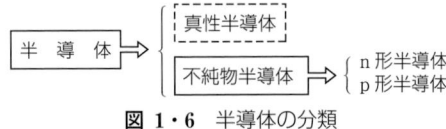

図1・6　半導体の分類

1・3　n形半導体とp形半導体

　不純物半導体とは，真性半導体に不純物原子（真性半導体原子の数の数百万分の1程度）を混入したものをいい，一般に半導体というときはこれを指す．半導体にはn形半導体とp形半導体がある．

　図1・7にシリコン単結晶の中に，わずかなひ素（As）を不純物として混入した**n形半導体**（n-type semiconductor：n形のnはnegative（負）の頭文字）の結晶の様子を示す．図に示すように，シリコンの価電子は4個であるのに対し，ひ素の価電子は5個であるからそれぞれ4個の価電子が共有結合して，ひ素の価電子が1個余る．この価電子が自由電子となり，キャリヤは，電子が多く正孔が少なくなる．結晶内で数の多い方のキャリヤを**多数キャリヤ**といい，少ない方のキャリヤを**少数キャリヤ**という．なお，図の1・7の混入した5価の不純物を**ドナー**（donor）という．

　図1・8にシリコン単結晶の中に，わずかなほう素（B）を不純物として混入した**p形半導体**（p-type semiconductor：p形のpはpositive（正）の頭文字）の結晶の様子を示す．図に示すように，シリコンの価電子は4価であるのに対し，ほう素の価電子は3個であるから電子の数が1個不足するから，ほう素原子はまわりのシリコン原子から1個の電子を奪い取り，結晶中に電子が1個不足した部分ができる．これが正孔となり，結晶中を動き回る．このようにp形半導

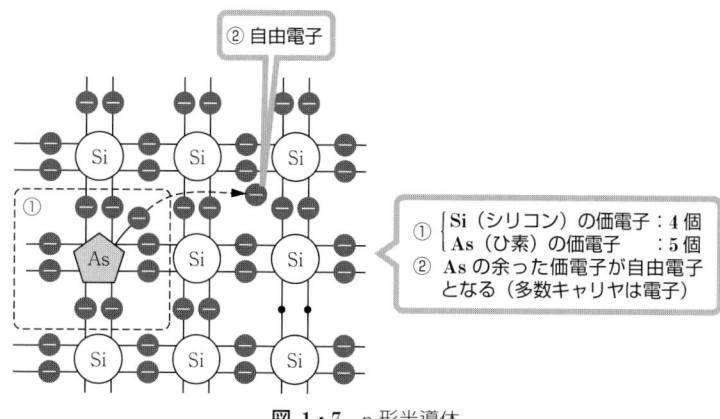

図1・7　n形半導体

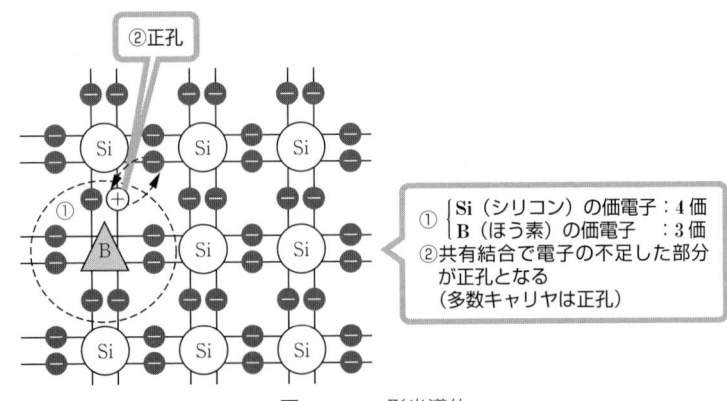

図 1・8　p形半導体

体の場合は，キャリヤは自由電子より正孔の方が多くなる．なお，図1・8のp形半導体の場合の混入した3価の不純物を**アクセプタ**（acceptor）という．

章末の演習問題

問 1　下記の記述中の空白箇所（ア）および（イ）に正しい語句を入れよ．

　半導体の電気伝導は，一般に　(ア)　および　(イ)　の2種類のキャリヤによって行われる．ある半導体の　(ア)　と　(イ)　の密度がそれぞれAおよびBである場合，A＞Bのときの半導体はn形であり，A＜Bのときその半導体はp形である．

問 2　下記の記述中の空白箇所①〜④に正しい語句または数値を入れよ．

　n形半導体は　①　価，p形半導体は　②　価の不純物を真性半導体に混入する．n形半導体の多数キャリヤは　③　，p形半導体の多数キャリヤは　④　である．

問 3　下記の記述中の空白箇所①〜③に正しい語句または数値を入れよ．

　きわめて高い純度に精製されたけい素（Si）やゲルマニウム（Ge）などのような真性半導体に，微量のひ素（As）またはアンチモン（Sb）などの　①　価の元素を不純物として加えたものを　②　形半導体といい，このとき加えた不純物を　③　という．

問 4　ある銅線の中を1Aの電流が流れているとき，通過する自由電子の数は毎秒何個になるか求めなさい．ただし，電子1個のもつ電荷は1.6×10^{-19}〔c〕とする．

第2章
pn 接合ダイオードとその特性

> **ポイント**
>
> 真性半導体（intrinsic semiconductor）の一方から不純物原子のドナー不純物（donor impurity）を，他方から不純物原子のアクセプタ不純物（acceptor impurity）を混入すると pn 接合ダイオード（pn junction diode）を構成することができる．この pn 接合は，各種半導体を構成する上での基本となる．したがってその特性をしっかり理解する必要がある．この章では **pn 接合ダイオードの動作原理およびその特性**について学ぶ．

2・1 pn 接合

いま，シリコン単結晶の中に，アクセプタとしてほう素 B（3価），ドナーとしてひ素 As（5価）を混入すると，結晶の一部分を p 形領域，他を n 形領域にすることができる．

図 2・1(a) に示すように，p 形と n 形の領域が接した状態を **pn 接合**（pn junction）といい，両方の領域の接している面を**接合面**という．

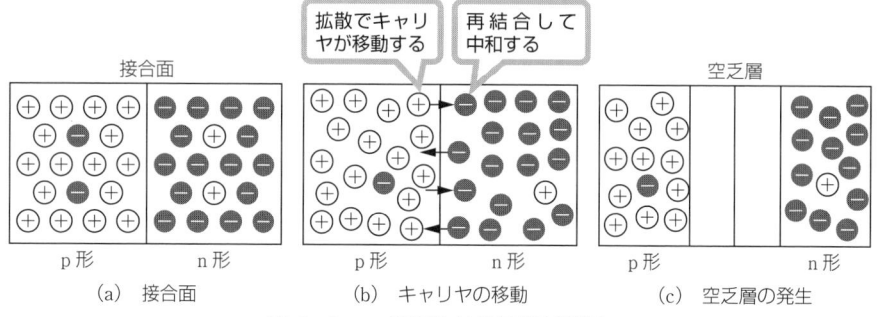

図 2・1　pn 接合による空乏層の発生

図 (b) に示すように接合面付近の p 形領域では，正孔がキャリヤの濃度こう配によって n 形領域へ拡散し，n 形領域では，自由電子が p 形領域へ同様に拡散する．このように，**接合面付近では自由電子と正孔が拡散によって移動し，互いに再結合して消滅するため，キャリヤが存在しない領域ができ**，この領域を図 (c) に示すように**空乏層**（depletion layer）という．空乏層は絶縁体と同じように，電流が流れない性質をもつ．

2・2　pn 接合ダイオードの電圧-電流特性

1　順方向電圧-電流

図 2・2 のように，pn 接合の p 形が正，n 形が負となるような電圧を**順方向電圧**（forward voltage）という．順方向電圧 V_D を加えると，シリコンの場合，約 0.6 V 程度で空乏層が消滅する．

図に示すように，p 形半導体中のホールの正電荷は電源の正と互いに反発し，接合面を超えて n 形半導体に入り，電源の負と引き合うため，加速する方向に移動し電源を循環する．

一方，n 形半導体中の自由電子は電源の負と互いに反発し，自由電子は接合面を超えて p 形半導体に入り，電源の正と引き合うから加速する方向に移動し，電源を循環する．このために図に示すように矢印の方向に電流 I_D が流れはじめる．さらに順方向電圧を増加していくと，電流も増加する．この電流を**順方向**

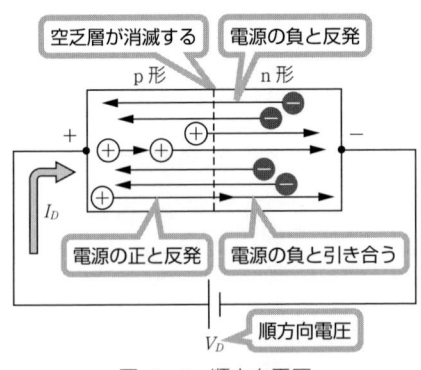

図 2・2　順方向電圧

電流（forward current）という．p形，n形のそれぞれの領域のキャリヤが移動するため大きな電流が流れる．

❷ 逆方向電圧-電流

図2・3のようにn形が正，p形が負となるような電圧を**逆方向電圧**（reverse voltage）という．逆方向電圧 V_S を加えると，pn接合面の付近の空乏層の幅が広がる．電源の負とホールの正電荷は引き合い，一方，電源の正と自由電子の負も引き合うので多数キャリヤの移動は起こらず，多数キャリヤによる電流は流れない．

逆方向電圧は，n形，p形のそれぞれの領域の少数キャリヤに対しては順方向電圧と考えられるので，少数キャリヤが移動することによって，きわめてわずかな電流 I_S が流れる．これを**逆方向電流**（reverse current）という．

以上のようにpn接合には，順方向電流は流れやすく，逆方向電流は流れにくい性質がある．これを**整流作用**という．また順方向電圧と順方向電流をまとめて**順方向バイアス**といい，逆方向電圧と逆方向電流をまとめて**逆方向バイアス**ともいう．

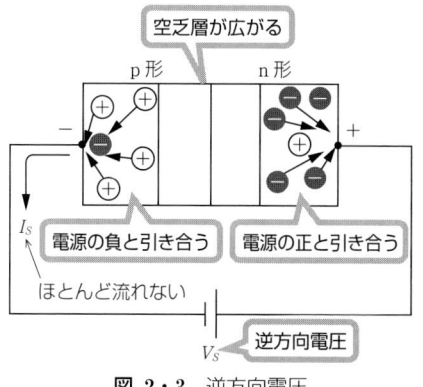

図2・3　逆方向電圧

3　電圧-電流特性

図 2・4(a) に示すように，pn 接合は，電圧 V_D または V_S と，電流 I_D または I_S の関係は直線的でなく，オームの法則に従わない．すなわち，わずかな順方向電圧で大きな電流を流すことができる．順方向電流が流れはじめる電圧は，図 (b) のように，シリコンダイオードが約 0.6 V，ショットキーバリアダイオード（SBD）が約 0.3 V，ゲルマニウムダイオードが約 0.2 V 程度である．

逆方向電圧を大きくしていくと，図 (a) に示すように，ある電圧で急に大きな逆方向電流が流れはじめる．これを**降伏現象**といい，このときの電圧を**降伏電圧**（breakdown voltage）という．

降伏現象は，次の二つの原因のどちらかによって起きる．一つ目は**アバランシェ現象**と呼ばれる現象で，p・n 形半導体の接合部に大きな逆方向電圧がかかり，大きな逆方向電流によってキャリヤが加速され，接合部の結晶原子に次々にぶつかり，電子と正孔のペアをつくるようにしてなだれが起きる．したがってこの現象をなだれ現象とも呼ぶ．

二つ目は**ツェナー効果**または**トンネル効果**と呼ばれる現象で，不純物の濃度が濃いダイオードや，なだれ現象を起こしたときの逆方向電圧よりさらに高い電圧を加えた場合に起こる．大きな逆方向電圧で発生する電界によって，n 形半導体の Si（シリコン）の価電子が，空乏層を直接飛び越え，p 形半導体に入り込

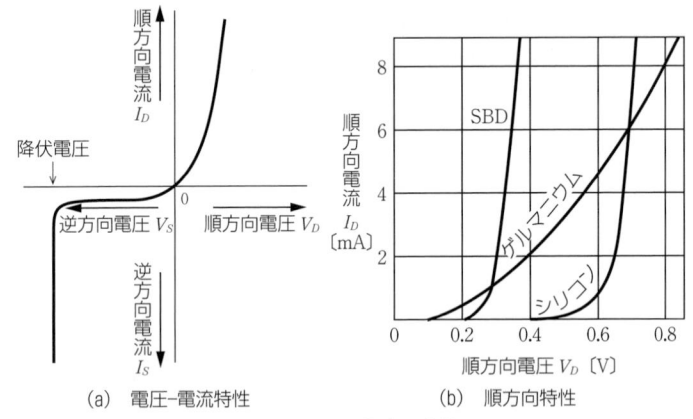

(a) 電圧-電流特性　　(b) 順方向特性

図 2・4　pn 接合の特性

むことで起きる.

2・3　簡単なダイオード回路

図 2・4 に示したダイオードの電圧,電流特性で
① 電圧-電流特性が曲線になっている.
② 順方向でも,ある程度の電圧を加えなければほとんど電流は流れない.
の二つがわかった.

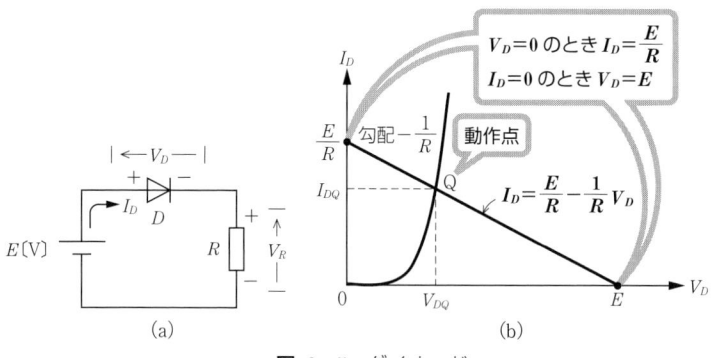

図 2・5　ダイオード

図 2・5 はダイオード D と抵抗 R を直列に接続した回路で,この回路に流れる電流とダイオードにかかる電圧を調べてみる.

ダイオード D の電圧-電流特性は,直線的でないのでオームの法則は適用できないが,キルヒホッフの法則は適用できる.

いま,電源電圧を E〔V〕,ダイオード D と抵抗 R の端子電圧をそれぞれ V_D〔V〕,V_R〔V〕とし,回路に流れる電流を I_D〔A〕とすれば,**キルヒホッフの第 2 法則**より

$$E = V_D + V_R = V_D + RI_D \longrightarrow E - V_D = RI_D$$

$$I_D = \frac{E}{R} - \frac{1}{R} V_D \qquad (2・1)$$

式 (2・1) より

$I_D = 0$ のとき　　$0 = \dfrac{E}{R} - \dfrac{1}{R} V_D \longrightarrow \dfrac{E}{R} = \dfrac{V_D}{R} \longrightarrow V_D = E$

$V_D=0$ のとき　　$I_D = \dfrac{E}{R} - \dfrac{1}{R} \times 0 = \dfrac{E}{R}$

となるから式 (2・1) を図 (b) に示すと，勾配 $-1/R$ の直線となる．V_D と I_D はこの直線上の値をとらなければならない．一方，V_D と I_D は図 (b) に示すように V_D-I_D 特性曲線上にあり，両式は同時に成立せねばならない．したがって，図 (b) に示す勾配 $-1/R$ の直線と V_D-I_D 特性曲線との交点 Q が**動作点**（operation point）で，V_{DQ} と I_{DQ} がダイオード D の端子電圧と回路電流である．

例題 2・1

図 2・6(a) の回路で，$E=4$ V，$R=80\,\Omega$ のときの V_D と I_D を作図によって求めよ．ただし，V_D-I_D 特性は図 (b) とする．

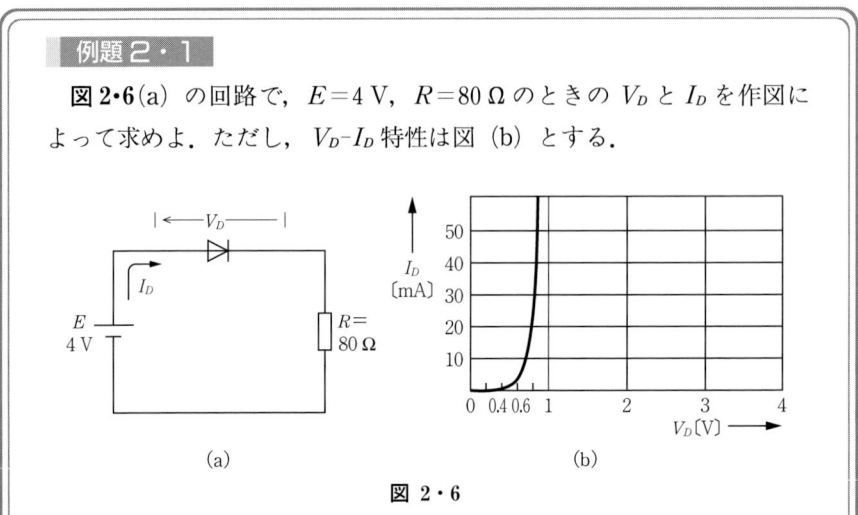

図 2・6

解　図 2・6(a) の回路にキルヒホッフの第 2 法則を適用すると

$E = V_D + RI_D \to RI_D = E - V_D$

$$I_D = \dfrac{E}{R} - \dfrac{1}{R}\,V_D = \dfrac{4}{80} - \dfrac{1}{80}\,V_D$$

上式より回路に成立する V_D-I_D 特性は

　$V_D = 0$ のとき，$I_D = \dfrac{E}{R} = \dfrac{4}{80} = 50 \times 10^{-3}$ A $= 50$ mA となり

　$V_D = 4$ V のとき，$I_D = \dfrac{4}{80} - \dfrac{1}{80} \times 4 = 0$ となる．

すなわち，回路に成立する V_D-I_D 特性は $(4\text{ V}, 0)$ の B 点と $(0, 50\text{ mA})$ の A 点を通るので**図 2・7** に示す直線となる．

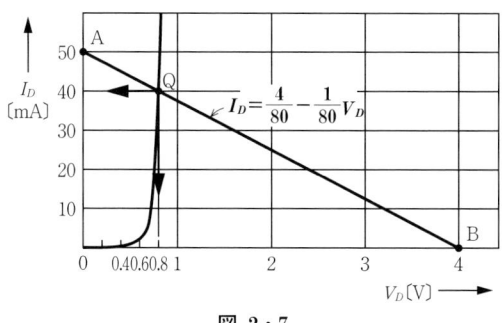

図 2・7

与えられたダイオードの V_D-I_D 特性と Q 点で交わる．したがって，$V_{DQ}=0.8$ V，$I_{DQ}=40$ mA が得られる．

2・4 定電圧ダイオードと発光ダイオード

1 定電圧ダイオード（ツェナーダイオード）

ツェナー効果を利用したツェナーダイオード（Zener diode；定電圧ダイオード）を使って，負荷電流の変化に対して，電圧の変化を最小限に抑える回路が定電圧回路である．

図 2・8(a) に 1 個の豆電球の負荷に一定な電圧を供給する定電圧回路を示す．

ツェナーダイオード D_Z は，逆方向電圧を加えて用いるので，図のように接続し，豆電球（負荷）に流れる電流を I_L〔A〕，ツェナーダイオード D_Z に流れる電流を I_S〔A〕とすると，電池より供給される全電流 I〔A〕は

$$I = I_S + I_L \tag{2・2}$$

となる．

図 (a) では，抵抗 R〔Ω〕に電流 I〔A〕を流し，その分流としてツェナーダイオードに I_S〔A〕を流している．

いま，図 (b) の回路のように豆電球を増やすと，負荷電流 I_L〔A〕が増えるから図 (c) のように書き直して考えることとする．電池の端子電圧 V〔V〕は，抵抗 R〔Ω〕の端子電圧 V_R〔V〕と降伏電圧 V_Z〔V〕の和であるから

$$V = V_R + V_Z \tag{2・3}$$

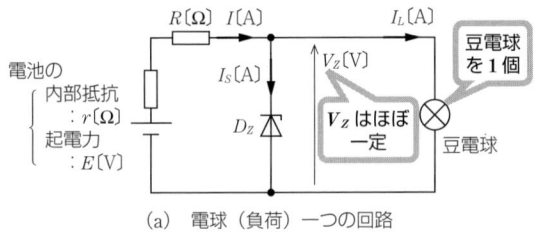

(a) 電球（負荷）一つの回路

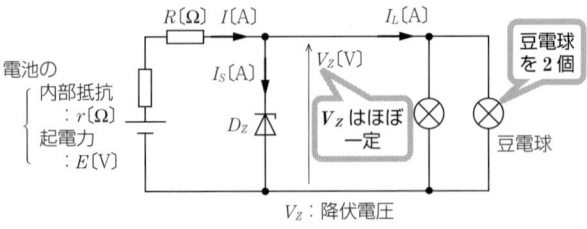

(b) 電球（負荷）二つの回路

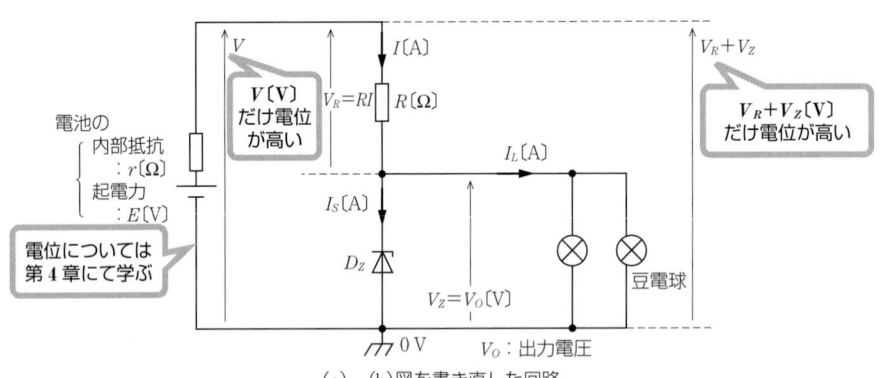

(c) (b)図を書き直した回路

図 2・8　簡単な定電圧回路

となり，ツェナーダイオード D_Z は，豆電球（負荷）と並列接続だから，降伏電圧 V_Z〔V〕は，負荷に加わる電圧の出力電圧 V_O〔V〕と等しくなるから，式 (2・3) は次のようになる．

$$V = V_R + V_O \tag{2・4}$$

また，抵抗 R が一定値，V_Z が一定（降伏電圧で一定）であるから，抵抗 R の端子電圧 V_R も一定となり，$V_R = RI$ より電流 I〔A〕も一定となる．さらに，豆電球（負荷）が増えたことにより，負荷電流 I_L〔A〕も増え

るが，式（2・2）より

$$I_S = I - I_L \tag{2・5}$$

となり，I が一定であるから，I_L を増やせば I_S が減少することとなり，出力電圧 V_O〔V〕も一定に保たれることになる．

2 発光ダイオード

ガリウムひ素（GaAs），ガリウムりん（GaP）などの半導体を材料として pn 接合で構成したものが **発光ダイオード**（LED: Light Emitting Diode）であり，pn 接合付近で正孔と電子が互いの領域に入って衝突して再結合するときのエネルギーで発光する．

LED はわずかな順方向電流を流すことにより，赤，緑，黄などの色で発光させることができ，表示用ランプとして電気製品の通電確認用にも広く使われている．LED の発光出力は順方向電流の大きさで決まるが，過大な電流を流すと破損するので，電流制限用の抵抗を接続する．一般に LED の順方向電圧は約 1.5〜2 V，順方向電流は約 10 mA 前後である．

例題2・2

図 2・9 の回路で LED の順方向電圧が 1.8 V，順方向電流が 10 mA であった．このときの抵抗 R の値を求めよ．

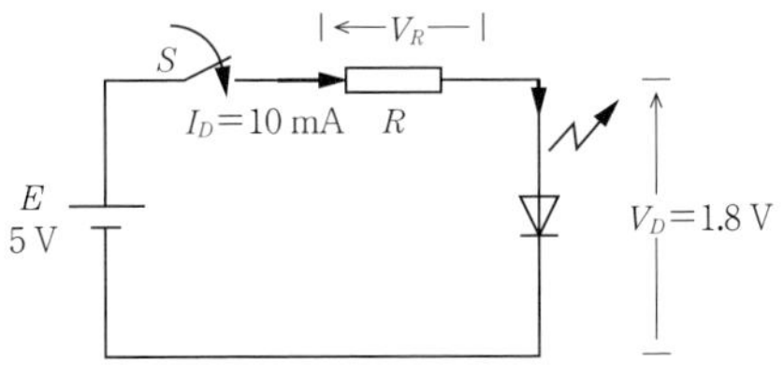

図 2・9

解 回路に成立するキルヒホッフの第 2 法則より

$$E = RI_D + V_D \longrightarrow RI_D = E - V_D$$

$$R = \frac{E - V_D}{I_D} = \frac{5 - 1.8}{10 \times 10^{-3}} = \frac{5 - 1.8}{0.01} = 320 \, \Omega$$

2・5 ダイオードの図記号

ダイオードの図記号は，図 2・10 のようになり，矢印の向きにしか電流は流せない．

矢印の手前の端子を **アノード**（Anode）と呼び，記号 A，矢印の先の端子を **カソード**（Cathode）と呼び，記号 K で表す．

図 2・10 ダイオードの図記号

章末の演習問題

問 1 下記の記述中の空白箇所①〜⑥に正しい語句を入れよ．

ダイオードは ① から ② の方向には電流を流すが， ③ から ④ の方向には電流を流さない．

電流を流す方向を ⑤ 方向，流さない方向を ⑥ 方向という．

問 2 図 2・11 の回路に $e=200\sqrt{2}\sin\omega t$〔V〕の入力電圧を加えたとき，負荷抵抗 R に流れる電流 i と出力電圧 v_o の波形を描け．

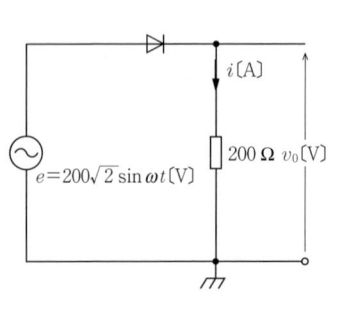
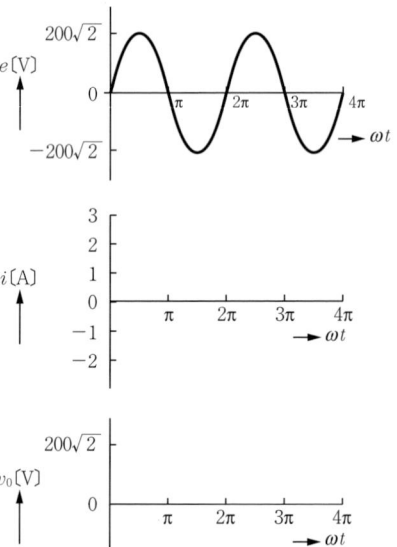

図 2・11

問 3 図 2・12 のようなブリッジ形全波整流回路に $e = 20\sin\omega t$ 〔V〕の電圧を加えたとき，負荷抵抗 R に流れる電流 i〔A〕と出力電圧 v_o〔V〕の波形を描け．

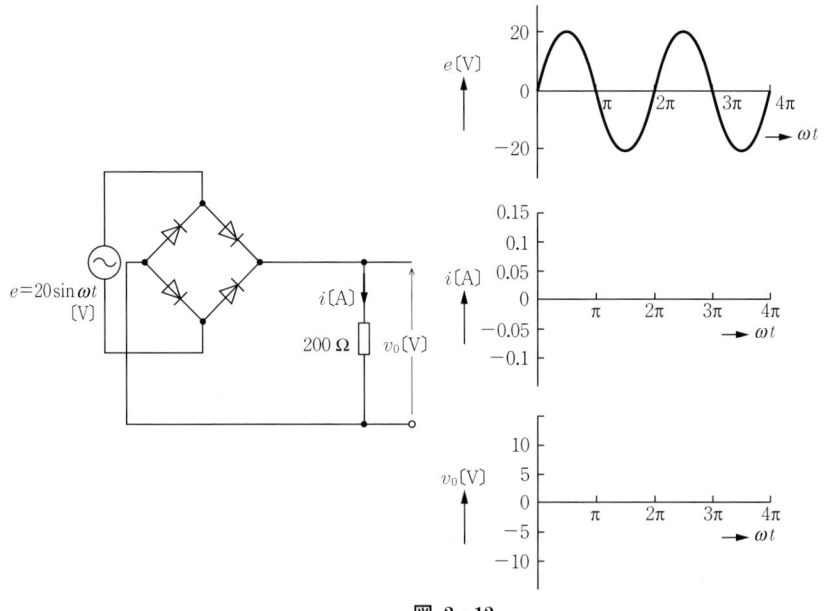

図 2・12

問 4 図 2・13(a) の回路で，$E = 3.5\,\mathrm{V}$, $R = 100\,\Omega$ のときの V_{DQ} と I_{DQ} を求めよ．ただし，ダイオードの V_D-I_D 特性は図 (b) とする．

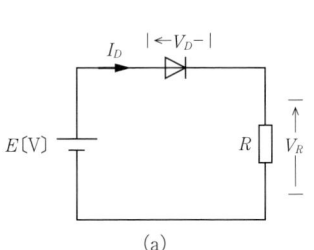
(a)

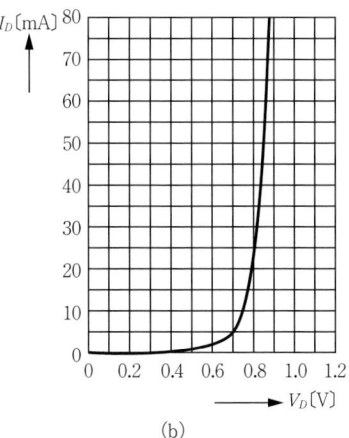
(b)

図 2・13

問 5 図 2・14 の回路で,抵抗 $2\,\mathrm{k\Omega}$,ツェナーダイオードの降伏電圧 V_Z を $10\,\mathrm{V}$,抵抗 $R_L = 6\,\mathrm{k\Omega}$ のときの V_L,V_R,I_Z を求めよ.

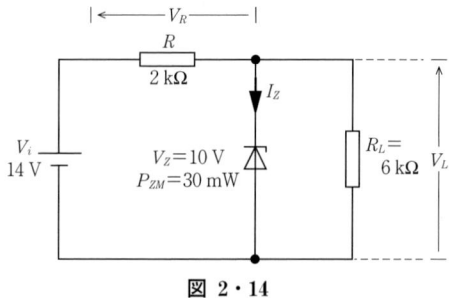

図 2・14

第3章
トランジスタの基本回路

ポイント

　トランジスタもダイオードと同様に，**p形半導体**と**n形半導体**の組み合わせでできており，ICやLSIの基本となる重要な半導体素子で，**コレクタ**（collector），**ベース**（base），**エミッタ**（emitter）と呼ばれる三つの電極をもっている．このため，電圧の加え方や電流の流れ方はダイオードよりも複雑になるが，増幅，スイッチング，発振，周波数変換などの働きをさせることができ，トランジスタは電子回路の主役となっている．本章では，**トランジスタがnpn形とpnp形の構造をもつことや，トランジスタの動作原理と名称，基本回路と接地方式および静特性**について学ぶ．

3・1　トランジスタの種類と動作原理

1　トランジスタの種類

　トランジスタは**図3・1**(a)に示すように，非常に薄いp形の半導体を二つのn形半導体の間にサンドイッチのように接合した構造になっている．これを**npn形トランジスタ**といい，逆に図(b)のようにp形半導体の間に挟み込んだものを**pnp形トランジスタ**という．

　それぞれ三つの半導体からは端子が出ていて，中央で挟まれたn形またはp形の部分は，厚さ数μm程度とごく薄く，ここから出ている端子を**ベース**（B: base）という．ベースの右側は電荷を運ぶキャリヤを発射するということから**エミッタ**（E: emitter）と呼ばれ，左側の領域はキャリヤを集める働きをすることから**コレクタ**（C: collector）と呼んでいる．エミッタはコレクタよりも不純物濃度が数百倍多い．

　npn形とpnp形トランジスタの二つのトランジスタの違いは，**図3・2**に示す

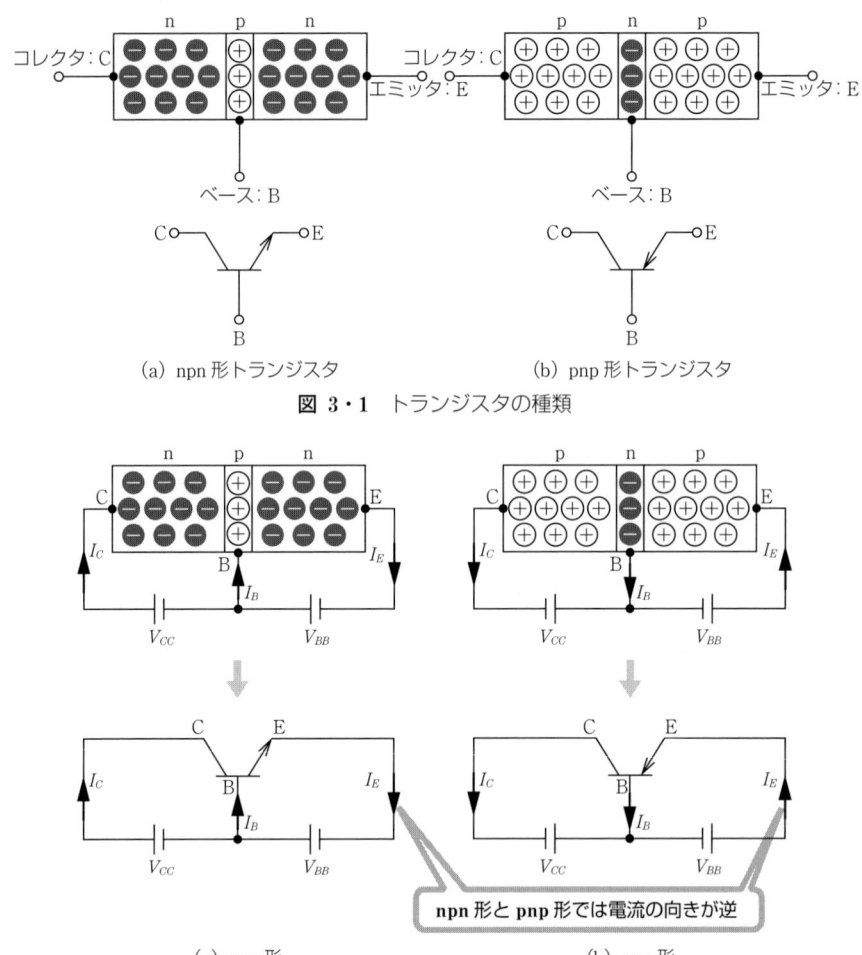

(a) npn 形トランジスタ　　(b) pnp 形トランジスタ

図 3・1　トランジスタの種類

(a) npn 形　　(b) pnp 形

図 3・2　npn 形と pnp 形

ように電流の流れる向きが逆なだけで基本的な動作は同じである．最近の一般的な増幅回路は npn 形トランジスタを用いているので **npn 形トランジスタ** を用いてこれから先の説明を行う．

2　トランジスタの動作原理

図 3・3(a) のように，コレクタとベース間に電源 V_{CC} 〔V〕を接続し，さらに

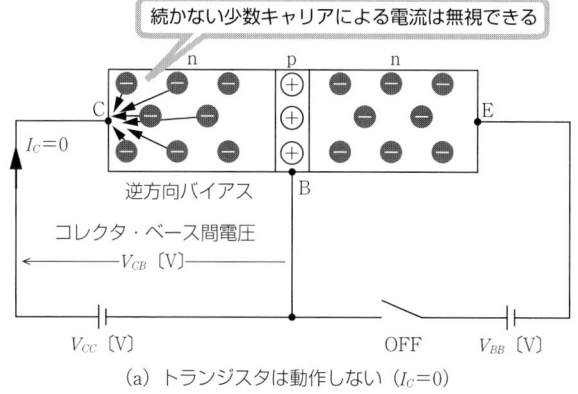

(a) トランジスタは動作しない（$I_C=0$）

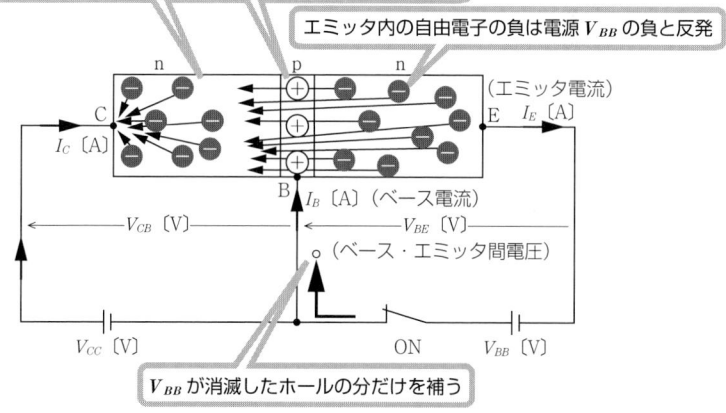

(b) トランジスタは動作する（I_C, I_B, I_E が流れる）

図 3・3　トランジスタの動作

ベースとエミッタ間に電源 V_{BB}〔V〕をそれぞれ接続し，スイッチSWを開いて，電源 V_{CC} だけを加える．この電源 V_{CC} によって，コレクタとベース間の端子電圧 V_{CB}〔V〕（添え字の CB はベース B を基準にしたコレクタ C の電位（電圧））は，コレクタのn形半導体とベースのp形半導体において，逆方向電圧となるので，コレクタ電流 I_C は流れない（続かない少数キャリヤによる電流は無視できる）．したがって $I_C=0$ となる．

次に，図(b)のようにスイッチを閉じると，ベース・エミッタ間に端子電圧 V_{BE} が加わる．電源 V_{BB} の負極とつながっているエミッタ E はn形半導体であ

るから多数キャリヤは自由電子で，電源 V_{BB} の負とエミッタ内の自由電子の負はお互いに反発し合い，エミッタ内の自由電子はベース内に入り込む．

ベース領域は厚さが非常に薄いので，エミッタから移動してきた自由電子のほとんど（約 99%）は，コレクタ内へ突き抜け，約 1% の自由電子は，ベース内のホールと再結合して消滅し，消滅したホールを補うために，電源 V_{BB} の正（＋）極から新たなホールを補う．

さらに，コレクタ領域に突き抜けた自由電子は，電源 V_{CC} の正（＋）極と互いに引き合うので自由電子は循環する．

すなわち，順方向電圧である V_{BB} が，少しのベース電流を流すことによって，エミッタ内の自由電子を移動させ，コレクタ領域に突入させコレクタ電流 I_C を流すことになる．

以上のことを整理すると

| ベース電流 I_B が流れる | → | コレクタ電流 I_C が流れる
エミッタ電流 I_E が流れる |

3　I_E，I_C および I_B の関係

図 3・4 に示すようにコレクタ電流の流れる向きは自由電子の移動の向きとは逆であるから，電流はコレクタからエミッタに向かって流れる．また，ベース電流もエミッタに向かって流れている．したがって

$$I_E = I_C + I_B \tag{3・1}$$

が成り立つ．また，大きさの関係は

　　$I_C = 99\%$，$I_B = 1\%$

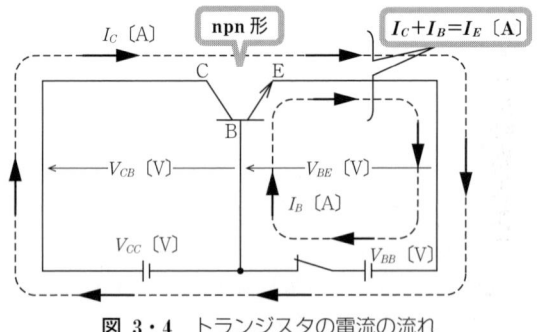

図 3・4　トランジスタの電流の流れ

で，ベース電流 I_B は，再結合によって消滅したベース領域の 1% のホールを補うために流れていることになる．

トランジスタは，ベース電流をほんの少し流すと，大きなコレクタ電流 I_C とエミッタ電流 I_E が流れる電子素子である．

3・2 トランジスタの名称と最大定格

1 トランジスタの名称

トランジスタの名称は，日本工業規格の「半導体素子の形名付与法（JIS C 7012）に基づいて，**表3・1** のように定められており，ここではトランジスタの 2 SC 1815，FET の 2 SK 513 を例に示している．

第1項の数字は半導体の種別，第2項の文字は電子機械工業会に登録された半導体製品を示す Semiconductor（半導体）の頭文字 S，第3項の文字は半導体素子の極性と構造および用途，第4項の数字は電子機械工業会に登録申請した順番による番号で 11 から始まっている．第5項の文字は，変更した順序に従ってA，B，C，…，H までの文字を用いている．

表 3・1

	トランジスタ	FET			
	2	2			
	S	S			
	C	K			
	1815	513			
	Y				

素子の種別	半導体	用途の表示	登録順番号	改良の表示
0 ホトトランジスタ 1 ダイオード 2 トランジスタ 　一つのゲートをもつ FET 3 トランジスタ 　二つのゲートをもつ FET		A 高周波用 pnp 形 B 低周波用 pnp 形 C 高周波用 npn 形 D 低周波用 npn 形 J P チャネル FET K N チャネル FET	11 から順に登録する	A, B, C と順につける

2　トランジスタの最大定格

　トランジスタには，ダイオードと同じように，電流・電圧・電力・温度などに対する最大定格があり，例えば図3・5の回路で実験をする場合，最大定格を超えないようにしなければならない．

　表3・2に示すようにコレクタ電流 I_C，コレクタ・エミッタ間電圧 V_{CE} の最大定格を $I_{C\max}$，$V_{CE\max}$ と表し，I_C と V_{CE} の

表 3・2

記号	最大値
$V_{CE\max}$	50 V
$I_{C\max}$	150 mA
$P_{C\max}$	400 mW
$T_{j\max}$	125 ℃

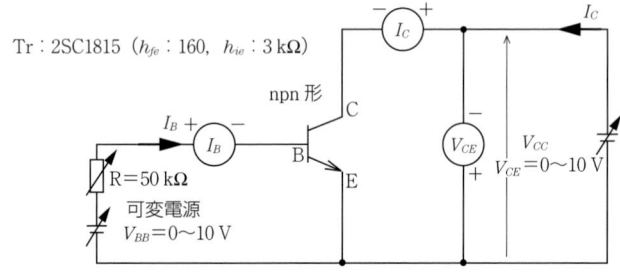

図 3・5　トランジスタの実験

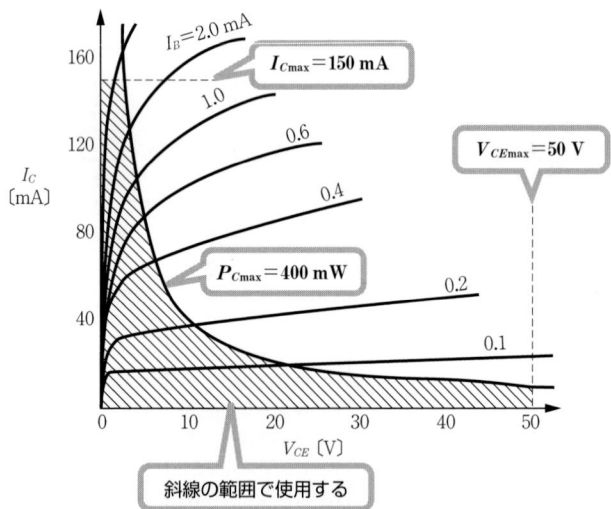

図 3・6　トランジスタの使用範囲

積 P_C を**コレクタ損失**という．P_C にも最大定格 $P_{C\max}$ が定められている．P_C が $P_{C\max}$ を超えると，接合部温度 T_j が高温になってトランジスタは破壊されてしまう．

表 3・2 に示したトランジスタの最大定格の場合，**図 3・6** の特性上で，コレクタ損失は $P_{C\max}=V_{CE}\cdot I_C=400$ mW の曲線になる．したがって，この曲線と縦軸 $I_{C\max}=150$ mA，横軸 $V_{CE\max}=50$ V で区切られる斜線の範囲内で使用しなければならない．

3・3　トランジスタの接地方式

トランジスタは端子がエミッタ（E），ベース（B），コレクタ（C）の 3 本しかない．トランジスタを通常の増幅回路としても使う場合，入力・出力端子とも 2 本ずつ必要である．すなわち，合計 4 本の端子が必要である．ところが，トランジスタには 3 本しか端子がないから，どこか 1 本の端子を共通端子（接地）として使わなければならない．すなわち，**トランジスタの接地とは，共通端子をどの端子にするかを意味する**．

1　エミッタ接地回路

エミッタを共通にしてベースに入力信号を加え，コレクタから出力信号を取り出す方式を**エミッタ接地回路**といい，**図 3・7** に示す．

$$電圧増幅度\ A_v = \frac{出力電圧\ v_2}{入力電圧\ v_1} \tag{3・2}$$

$$電流増幅度\ A_i = \frac{出力電流\ i_c}{入力電流\ i_b} \tag{3・3}$$

$$電力増幅度\ A_p = \frac{P_o}{P_i} = \frac{v_2 i_c}{v_1 i_b} \tag{3・4}$$

となる．また，デシベル利得で表すと

$$\left.\begin{array}{l} 電圧利得\ G_v = 20\log_{10} A_v\ \text{[dB]} \\ 電流利得\ G_i = 20\log_{10} A_i\ \text{[dB]} \\ 電力利得\ G_p = 10\log_{10} A_p\ \text{[dB]} \end{array}\right\} \tag{3・5}$$

となる．さらに，

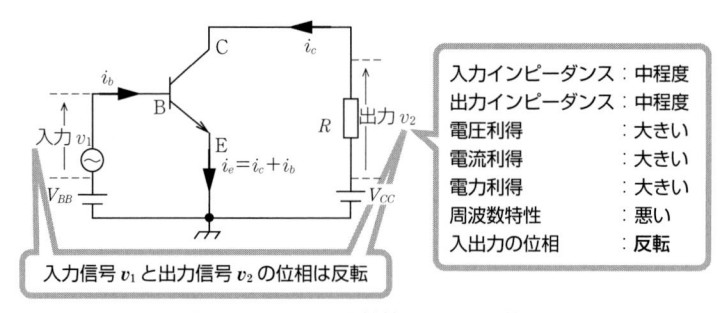

図 3・7　エミッタ接地回路とその特性

入力インピーダンス：中程度
出力インピーダンス：中程度
電圧利得　　　　　：大きい
電流利得　　　　　：大きい
電力利得　　　　　：大きい
周波数特性　　　　：悪い
入出力の位相　　　：反転

入力信号 v_1 と出力信号 v_2 の位相は反転

$$\left. \begin{array}{l} \text{入力インピーダンス } Z_i = \dfrac{v_1}{i_b} \ [\Omega] \\[6pt] \text{出力インピーダンス } Z_o = \dfrac{v_2}{i_c} \ [\Omega] \end{array} \right\} \quad (3・6)$$

となる．

エミッタ接地回路の直流電流増幅率 h_{FE} は

$$h_{FE} = \frac{I_C}{I_B} \quad (3・7)$$

また，電流の表示は，次の各式で表される．

$$\text{直流の場合……} I_E = I_C + I_B \quad (3・8)$$

$$\text{交流の場合……} \Delta I_E = \Delta I_C + \Delta I_B \quad (3・9)$$

$$\text{または} \quad i_e = i_c + i_b \quad (3・10)$$

交流の場合のエミッタ接地電流増幅率 h_{fe} は

$$\boldsymbol{h_{fe}} = \frac{\Delta I_C}{\Delta I_B} = \frac{\boldsymbol{i_c}}{\boldsymbol{i_b}} = \boldsymbol{\beta} \quad (3・11)$$

で表される．なお，低周波では $h_{FE} = h_{fe}$ である．高周波ではかなり異なるので注意する必要がある．

ここで添え字について説明する．一般的に大文字の英字を使う場合は直流を表し，小文字を使った場合は交流を表現する．例えば I_C，I_B はそれぞれ直流のコレクタ電流，ベース電流を表し，i_c，i_b はそれぞれ交流のコレクタ電流，ベース電流を表す．

なお，第 4 章に示すように**エミッタ接地方式では入力信号 v_i と出力信号 v_o の位相は反転する．**

❷　ベース接地回路

図3・8の**ベース接地回路**では，出力抵抗 R をどれだけ大きくしてもコレクタ電流 i_c（小振幅）は減らない．したがって，エミッタ接地回路と比較して，大きな電圧増幅度 A_v が得られる．

ベース接地の直流電流増幅率 h_{FB} は

$$h_{FB} = \frac{I_C}{I_E} \tag{3・12}$$

で表される．

また，交流の場合のベース接地電流増幅率 h_{fb} は

$$\boldsymbol{h_{fb}} = \frac{\Delta I_C}{\Delta I_E} = \frac{\boldsymbol{i_c}}{\boldsymbol{i_e}} = \boldsymbol{\alpha} \tag{3・13}$$

で表され，一般に h_{FB} や h_{fb}（α）の値は 0.95〜0.99 程度である．

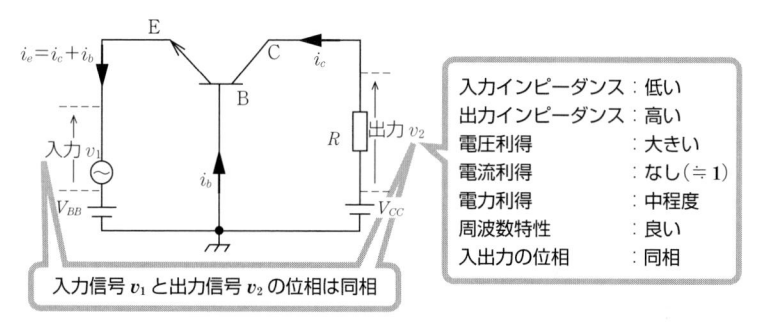

入力インピーダンス　：低い
出力インピーダンス　：高い
電圧利得　　　　　　：大きい
電流利得　　　　　　：なし（≒1）
電力利得　　　　　　：中程度
周波数特性　　　　　：良い
入出力の位相　　　　：同相

入力信号 v_1 と出力信号 v_2 の位相は同相

図 3・8　ベース接地回路とその特性

❸　コレクタ接地回路（エミッタホロワ）

図3・9の**コレクタ接地回路**は**エミッタホロワ**ともいう．ベース電流 i_b（小振幅）は入力電流で，エミッタ本流 i_e（小振幅）は出力電流となり，このときの電流増幅度は大きくなる．

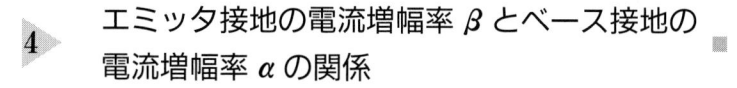

❹　エミッタ接地の電流増幅率 β とベース接地の電流増幅率 α の関係

式（3・10）より

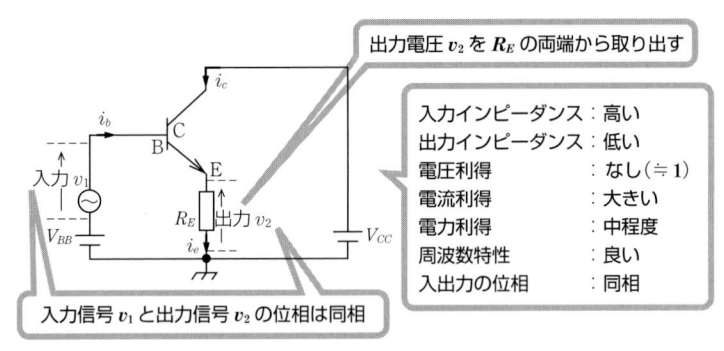

図 3・9 コレクタ接地回路とその特性

図中の特性:
- 入力インピーダンス：高い
- 出力インピーダンス：低い
- 電圧利得　　　　：なし($\fallingdotseq 1$)
- 電流利得　　　　：大きい
- 電力利得　　　　：中程度
- 周波数特性　　　：良い
- 入出力の位相　　：同相

出力電圧 v_2 を R_E の両端から取り出す

入力信号 v_1 と出力信号 v_2 の位相は同相

$$i_b = i_e - i_c \tag{3・14}$$

式 (3・11) の $\beta = \dfrac{i_c}{i_b}$ に式 (3・14) を代入すると

$$\beta = \frac{i_c}{i_b} = \frac{i_c}{i_e - i_c} \tag{3・15}$$

式 (3・15) の分子,分母を i_e で割ると

$$\beta = \frac{\dfrac{i_c}{i_e}}{\dfrac{i_e}{i_e} - \dfrac{i_c}{i_e}} \tag{3・16}$$

式 (3・13) の $\alpha = \dfrac{i_c}{i_e}$ を式 (3・16) に代入すると

$$\beta = \frac{\alpha}{1-\alpha} \tag{3・17}$$

が得られる.

例題 3-1 ベース接地の電流増幅率 $\alpha = 0.995$ のとき,エミッタ接地電流増幅率 β を求めよ.

解 式 (3・17) に $\alpha = 0.995$ を代入すると

$$\beta = \frac{\alpha}{1-\alpha} = \frac{0.995}{1-0.995} = \mathbf{199}$$

なお,$\beta = \dfrac{i_c}{i_b}$ が 199 になったということは,入力電流 i_b の変化を 199 倍した出力電流 i_c の変化が得られることを意味する.

3・4 トランジスタの静特性と h パラメータ（h 定数）

　トランジスタに負荷抵抗など何も接続しない状態でエミッタ，ベースおよびコレクタにそれぞれ直流電圧を加えたとき，各端子に流れる直流電流および各端子間の直流電圧の関係を**静特性**（static characteristic）といい，この電圧と電流の関係をグラフに表したものをトランジスタの**静特性曲線**（static characteristic curve）という．

図 3・10　トランジスタの静特性測定回路

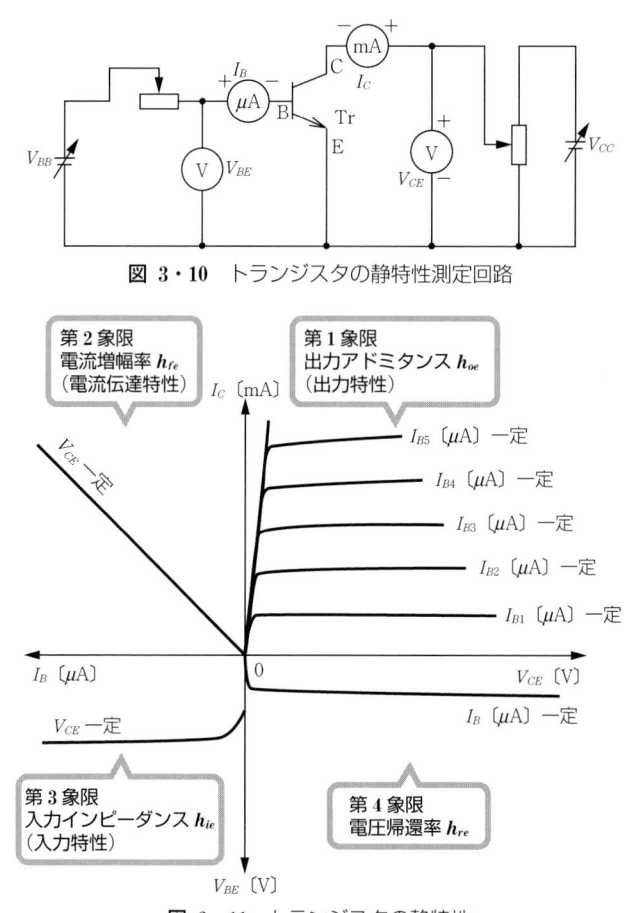

図 3・11　トランジスタの静特性

第2象限　電流増幅率 h_{fe}（電流伝達特性）

第1象限　出力アドミタンス h_{oe}（出力特性）

第3象限　入力インピーダンス h_{ie}（入力特性）

第4象限　電圧帰還率 h_{re}

図 3・10 にトランジスタの静特性を測定するための回路を，図 3・11 にトランジスタの静特性を示す．

トランジスタ静特性の第1象限は V_{CE}-I_C 特性，第2象限は I_B-I_C 特性，第3象限は I_B-V_{BE} 特性を表す．

第1象限にてトランジスタの h 定数の出力アドミタンス h_{oe}，第2象限にて同じく電流増幅率 h_{fe}，第3象限にて同じく入力インピーダンス h_{ie}，第4象限にて同じく電圧帰還率 h_{re} の求め方をそれぞれ説明する．

1　第1象限 V_{CE}-I_C 特性（出力特性）

図 3・12 の V_{CE}-I_C 特性は，ベース電流 I_B を一定にしている状態で，コレクタ・エミッタ間電圧 V_{CE} の変化に対するコレクタ電流 I_C の変化を測定したものである．

V_{CE} が0から少し大きくなった部分では I_C が急激に大きくなっているが，V_{CE} が通常1V以上になると V_{CE} を変化させても，コレクタ電流 I_C はほとんど変化しない．この特性の傾きは，出力アドミタンス h_{oe} を表し，単位は〔S〕（ジーメンス）を用いる．

したがって，出力アドミタンス h_{oe} は次のように求められる．

$$\text{傾き}＝\text{出力アドミタンス } h_{oe}=\frac{\Delta I_C}{\Delta V_{CE}}=\frac{i_c}{v_{ce}} \text{〔S〕} \qquad (3・18)$$

アドミタンスとは，電流の流れやすさを表し，インピーダンスの逆数のことである．したがって，オームの法則から，インピーダンスは電圧 v/電流 i であるのに対し，アドミタンスは式（3・18）のように電流 i/電圧 v となる．

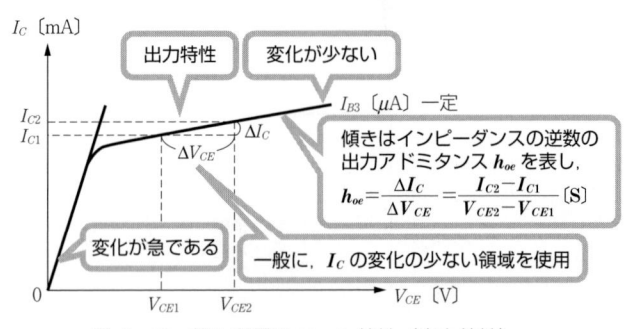

図 3・12　第1象限の V_{CE}-I_C 特性（出力特性）

出力インピーダンス $Z_o = \dfrac{1}{h_{oe}}$ (3・18)′

なお，通常トランジスタを使う場合は，このコレクタ電流 I_C の変化が少ない領域を使用する．

また，この V_{CE}-I_C 特性に出てくる V_{CE}，v_{ce} や I_C，i_c は出力電圧・電流であるから**出力特性**とも呼ばれる．

2　第2象限　I_B-I_C 特性（電流伝達特性）

図 3・13 の I_B-I_C 特性は V_{CE} を一定に保ち，ベース電流 I_B の変化に対するコレクタ電流 I_C の変化を測定したもので，ほぼ比例関係にあって直線である．

この特性の傾きは，電流増幅率 $h_{fe}(=\beta)$ を表しており，式（3・11）と全く同じである．

$$\text{傾き}=\text{電流増幅率 } h_{fe}=\frac{\Delta I_C}{\Delta I_B}=\frac{i_c}{i_b}=\beta \quad (3・19)$$

図 3・13 の単位より，ベース電流 I_B は〔μA〕（$=10^{-6}$ A），コレクタ電流 I_C は〔mA〕（$=10^{-3}$ A）となっており，入力電流 I_B が〔μA〕の単位の変化に対して，出力電流 I_C が〔mA〕の単位で変化するから増幅作用のあることがわかる．

また，この特性は**電流伝達特性**とも呼ばれる．

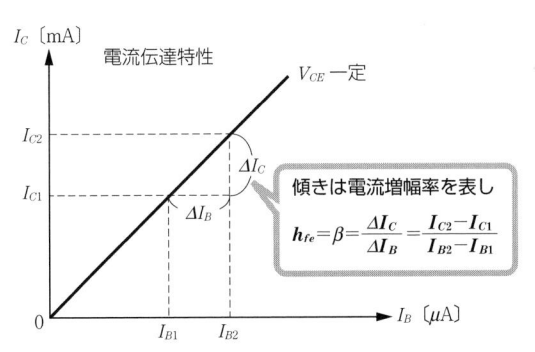

図 3・13　第2象限の I_B-I_C 特性（電流伝達特性）

3 第3象限 I_B-V_{BE} 特性（入力特性）

図3・14のI_B-V_{BE}特性はコレクタ・エミッタ電圧V_{CE}を一定に保ち，V_{BE}の変化に対するベース電流I_Bの変化を測定したものである（**図3・15**のようにV_{BE}-I_B特性として用いる場合が多いので参考までに示す）．

図3・14の特性の傾きは，入力インピーダンスh_{ie}〔Ω〕を表している．

$$傾き＝入力インピーダンス\ h_{ie}＝\frac{\varDelta V_{BE}}{\varDelta I_B}＝\frac{v_{be}}{i_b}\ 〔Ω〕 \qquad (3・20)$$

V_{BE}, v_{be}やI_B, i_bは入力電圧・電流であるから，この特性を**入力特性**とも呼ぶ．

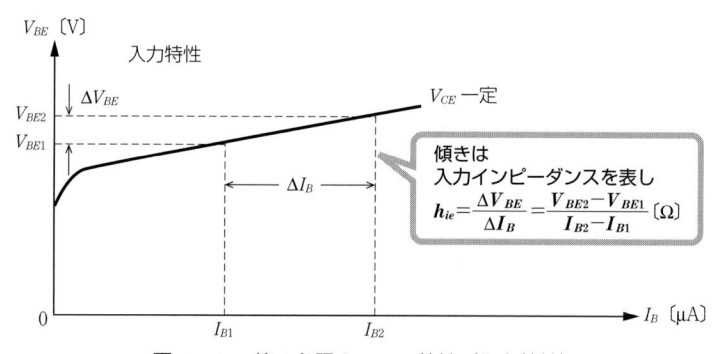

図 3・14　第3象限のI_B-V_{BE}特性（入力特性）

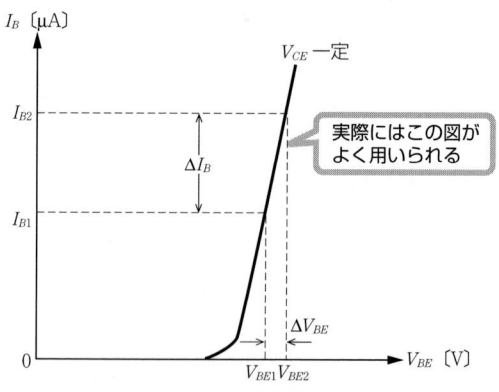

図 3・15　図3・14を書き直した図

4 第4象限 V_{CE}-V_{BE} 特性（電圧帰還率）

図3・11に示すようにベース電流 I_B を一定にして，コレクタ・エミッタ間電圧の変化に対するベース・エミッタ間電圧 V_{BE} を測定した特性である．

この特性の傾きは，電圧帰還率 h_{re} を表しており，

$$\text{傾き}=\text{電圧帰還率 } h_{re}=\frac{\Delta V_{BE}}{\Delta V_{CE}}=\frac{v_{be}}{v_{ce}} \qquad (3\cdot21)$$

となり，この値は非常に小さい．

例題 3-2 図3・16は，小信号用トランジスタとして代表的な2SC1815の静特性曲線を示している．図の点aにおける，このトランジスタの直流電流増幅率 h_{FE} を求めよ．

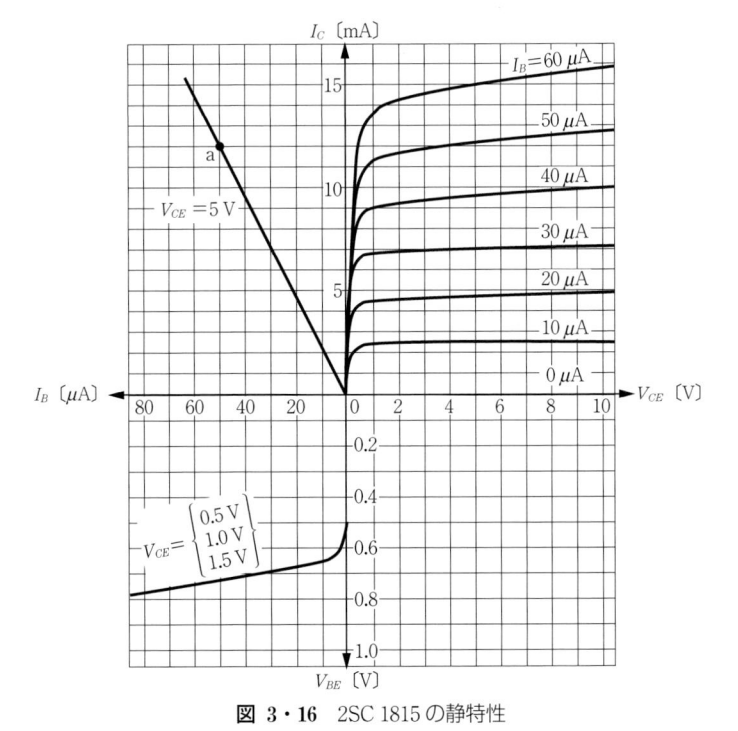

図 3・16　2SC1815の静特性

解 直流電流増幅率 h_{FE} は

$$h_{FE} = \frac{I_C}{I_B} = \frac{12 \times 10^{-3}}{50 \times 10^{-6}} = \frac{12}{50 \times 10^{-3}} = \frac{12 \times 10^3}{50}$$

$$= 240$$

3・5 静特性の活用

図3・17のようなトランジスタ増幅回路に入力信号電圧 v_i を加えたとき，出力信号 v_o を求めるには，図3・18のように，

① V_{BE}-I_B 特性を用いて入力信号 v_i による i_b を求める．
② I_B-I_C 特性を用いて i_b による i_c を求める．
③ V_{CE}-I_C 特性に直流負荷線，交流負荷線を求めて i_c による v_o を求める．

なお，この場合の図3・18の特性のことを動特性図という．

トランジスタ増幅回路による動特性図を用いた増幅作用については第4章，第5章にてしっかり学習することとする．

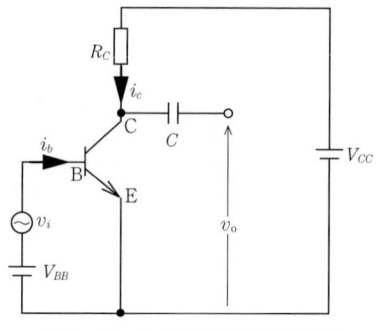

図 3・17 トランジスタ増幅回路

3・5 静特性の活用　**35**

(a) V_{BE}-I_B 特性

- ① 入力信号 v_i による i_b を求める
- $i_b = \dfrac{v_i}{h_{ie}}$ 第4章にて学ぶ
- v_i, i_b, i_c および v_o の正弦波交流の式については第4章にて学ぶ
- 第4章にて学ぶ
- V_{CE} 一定
- V_{BE}-I_B 特性
- バイアス電圧 V_{BB}
- v_i 入力信号

(b) I_B-I_C 特性

- 電流伝達特性 I_B-I_C 特性
- V_{CE} 一定
- $i_c = h_{fe} i_b$ 第4章にて学ぶ
- ② i_b による i_c を求める

(c) V_{CE}-I_C 特性

- V_{CE}-I_C 特性
- I_{B2} [μA] 一定
- 第4章で学ぶ直流負荷線
- I_{B1} [μA] 一定
- ③ i_c による v_o を求める（v_o は出力信号）

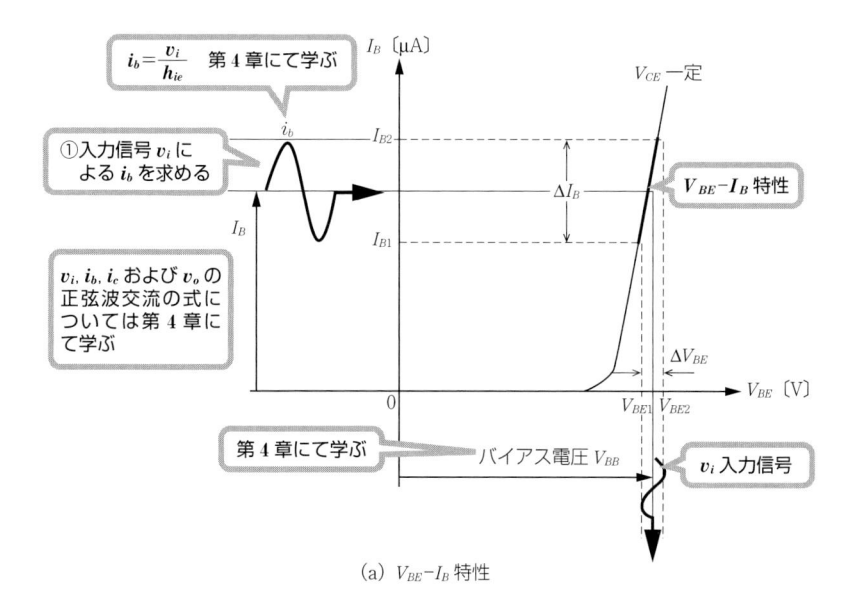

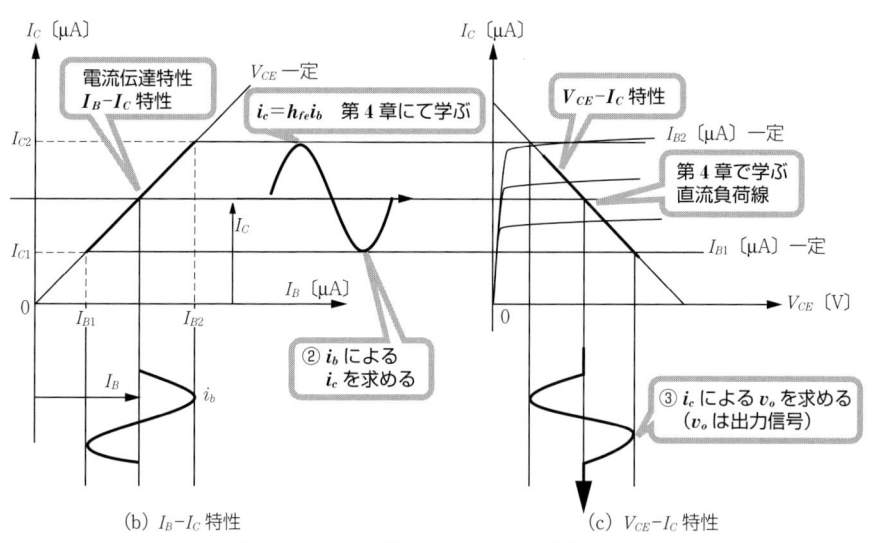

図 3・18　入力信号 v_i のときの出力信号 v_o

例題 3-3　図 3・19 にエミッタ接地トランジスタの静特性を示す．この特性より，ベース電流 $I_B=40\,\mu\text{A}$，コレクタ・エミッタ間の電圧 $V_{CE}=6\,\text{V}$ における電流増幅率 β（または h_{fe}）および出力抵抗 r_o 〔Ω〕の値を求めよ．

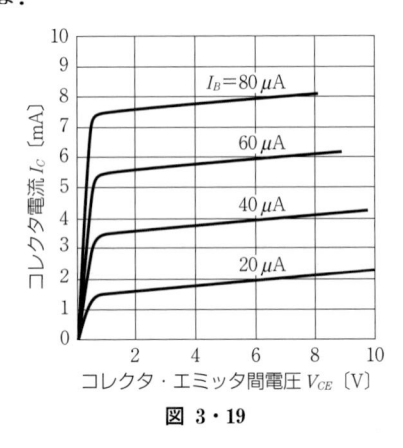

図 3・19

解　電流増幅率 $h_{fe}=\varDelta I_C/\varDelta I_B$（$V_{CE}$ 一定）で与えられるから，図 3・19 より

$I_B=40\,\mu\text{A}$，　$V_{CE}=6\,\text{V}$ のとき $I_C=4\,\text{mA}$

$I_B{}'=60\,\mu\text{A}$，　$V_{CE}=6\,\text{V}$ のとき $I_C{}'=6\,\text{mA}$

であるから

$$\beta=h_{fe}=\left(\frac{\varDelta I_C}{\varDelta I_B}\right)_{(V_{CE}\,-定(6\text{V}))}=\frac{I_C{}'-I_C}{I_B{}'-I_B}=\frac{(6-4)\times 10^{-3}}{(60-40)\times 10^{-6}}=100$$

出力アドミタンス $h_{oe}=\varDelta I_C/\varDelta V_{CE}$（$I_B$ 一定）で与えられるから，出力抵抗 $r_o=\varDelta V_{CE}/\varDelta I_C$（$I_B$ 一定）となる．

$I_B=40\,\mu\text{A}$，　$V_{CE}=6\,\text{V}$ のとき $I_C=4\,\text{mA}$

$I_B=40\,\mu\text{A}$，　$V_{CE}{}'=4\,\text{V}$ のとき $I_C{}'=3.8\,\text{mA}$

であるから

$$r_o=\left(\frac{\varDelta V_{CE}}{\varDelta I_C}\right)_{(I_B\,-定(40\,\mu\text{A}))}$$

$$=\frac{V_{CE}-V_{CE}{}'}{I_C-I_C{}'}=\frac{6-4}{(4-3.8)\times 10^{-3}}=\frac{2\times 10^3}{0.2}=10\,000\,\Omega$$

章末の演習問題

問 1 エミッタ接地のトランジスタにおいて，コレクタ電圧を一定に保ちベース電流を $15\,\mu\mathrm{A}$ 変化させると，コレクタ電流が $0.93\,\mathrm{mA}$ 変化した．電流増幅率 β を求めよ．

問 2 図 3・20(a) のような特性をもつトランジスタを用いて，図(b) のような回路 (第 5 章で学ぶ二電源方式バイアス回路) をつくった．
(1) ベース電流 I_B を求めよ．
(2) コレクタ電流 I_C を求めよ．
(3) ベース直流電源 V_{BB} に直列に最大値 $50\,\mathrm{mV}$ の交流を加えたとき，ベース電流 I_B，コレクタ電流 I_C を求めよ．

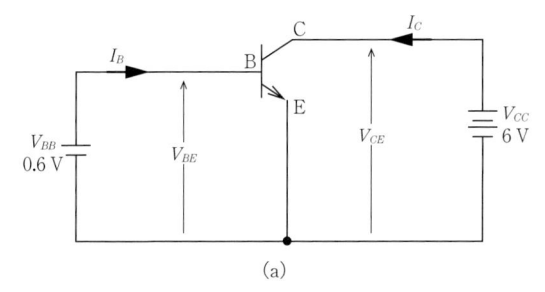

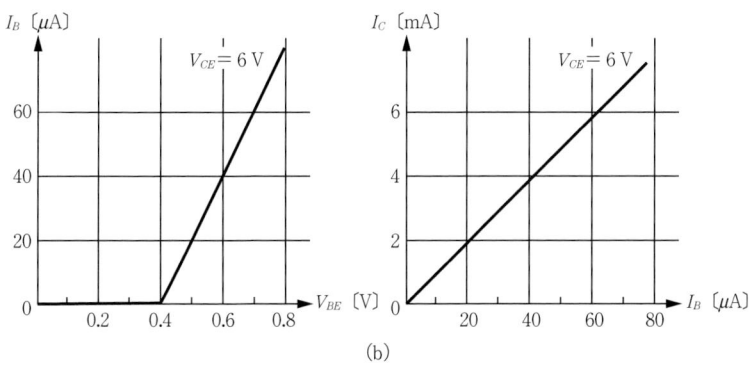

図 3・20

問 3 図 3・21 の I_C-I_B 特性の点 P における直流電流増幅率および小信号電流増幅率の値を求めよ．

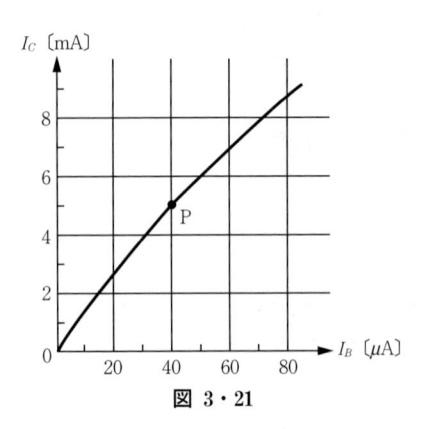

図 3・21

問 4 図 3・22（第 5 章で学ぶ二電源方式バイアス回路）において $V_{BB}=0.7$ V の直流電圧を与え，入力信号電圧 $v_i=0.1\sin\omega t$ 〔V〕を加えたところ，ベース直流電流 $I_{BB}=100$ μA，ベース入力信号電流 $i_b=50\sin\omega t$ 〔μA〕が流れた．

このときのトランジスタの $h_{FE}=120$, $h_{fe}=100$ とすると

(1) コレクタ直流電流 I_{CC} を求めよ．
(2) コレクタ出力信号電流 i_c を求めよ．

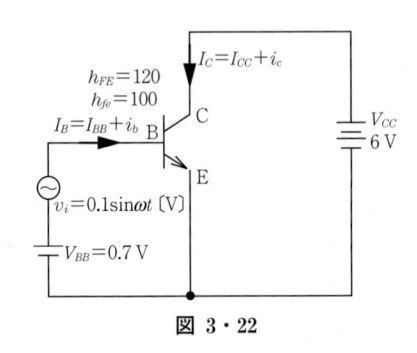

図 3・22

第4章
トランジスタの増幅作用

ポイント

　トランジスタの重要な働きの一つに**増幅作用**（amplify action）がある．入力側に微弱な信号を加えて出力側より大きな信号を取り出すことが増幅である．このためには，トランジスタの各端子に適切な直流電圧を加える必要がある．

　本章では，まず直流回路のキルヒホッフの第1,2法則について学習し，また，トランジスタの増幅作用の勉強に必要な正弦波交流（sinusoidal action）について学習する．その後，バイアス電圧と動作点を学ぶ．

　次に，トランジスタの**静特性**（static characteristic）を用いた**電流増幅作用**（current amplification action），この電流の増幅を抵抗とコンデンサの働きによって取り出す**電圧増幅作用**（voltage amplification action）および**電力増幅作用**（electric power amplification action）を学ぶ．また，**直流負荷線**（DC load line）および**動特性**（dynamic characteristic）についても理解する．さらに**等価回路**（equivalent circuit）についても学ぶ．

4・1　直流回路の基礎

1　オームの法則

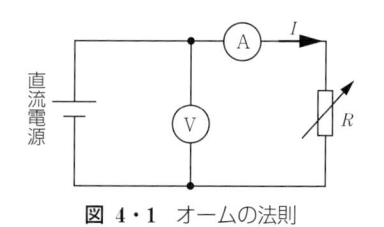

　図4・1に示すように，直流電源・電圧計・電流計・抵抗器を接続し，抵抗の値を一定にして電源の電圧を増加させると，電流は電圧に比例する．次に，電源の電圧を一定にして抵抗の値を増加させると，電流は抵抗に反比例する．したがって，電流 I〔A〕，電圧 V

図 4・1　オームの法則

〔V〕，抵抗 R 〔Ω〕の間には，次の関係が成り立つ．

$$I = \frac{V}{R} \tag{4・1}$$

$$I = GV \tag{4・2}$$

この関係を**オームの法則**という．

電気抵抗の単位には Ω，kΩ $= 10^3$ Ω，MΩ $= 10^6$ Ω がよく用いられる．式 (4・1)，(4・2) から $G = 1/R$ という関係が成り立つ．G はコンダクタンスと呼ばれ，単位にはジーメンス〔S〕が使われる．コンダクタンス G 〔S〕は，電流の流れやすさを示す量である．

2 抵抗の直列接続

図 4・2 のように，n 個の抵抗 R_1 〔Ω〕，R_2 〔Ω〕，…，R_n 〔Ω〕が直列に接続されている場合，

$$V = V_1 + V_2 + \cdots + V_n$$

オームの法則より，$V_1 = R_1 I$，$V_2 = R_2 I$，…，$V_n = R_n I$

∴ $V = R_1 I + R_2 I + \cdots + R_n I = (R_1 + R_2 + \cdots + R_n) I$

したがって，合成抵抗 R_o は，$R_o = V/I$ より

$$R_o = R_1 + R_2 + \cdots + R_n \; 〔Ω〕 \tag{4・3}$$

$$\therefore \; I = \frac{V}{R_1 + R_2 + \cdots + R_n} = \frac{V}{R_o} \; 〔A〕 \tag{4・4}$$

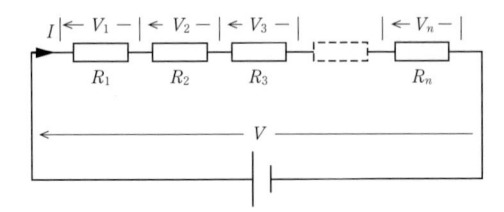

図 4・2 抵抗の直列接続

3 抵抗の並列接続

図 4・3 のように，n 個の抵抗 R_1，R_2，…，R_n が並列に接続されている場合

$$I = I_1 + I_2 + \cdots + I_n \; 〔A〕$$

オームの法則より $I_1 = \dfrac{V}{R_1}$, $I_2 = \dfrac{V}{R_2}$, $\cdots$, $I_n = \dfrac{V}{R_n}$ 〔A〕

$\therefore \quad I = V\left(\dfrac{1}{R_1} + \dfrac{1}{R_2} + \cdots + \dfrac{1}{R_n}\right)$ 〔A〕 (4・5)

したがって，合成抵抗 R_o は，$R_o = V/I$ より

$$R_o = \dfrac{1}{\dfrac{1}{R_1} + \dfrac{1}{R_2} + \cdots + \dfrac{1}{R_n}} \;〔\Omega〕 \tag{4・6}$$

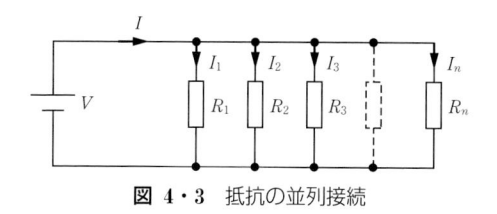

図 4・3 抵抗の並列接続

4 キルヒホッフの第1法則

電気回路の接続点において**流入する電流の和＝流出する電流の和**が成り立つ．

図 4・4 の接続点 a で流入する電流は I_0〔A〕，流出する電流は I_1，I_2〔A〕で

$$I_0 = I_1 + I_2 \;〔A〕 \tag{4・7}$$

となり，接続点 a に入る電流と出る電流は等しくなる．

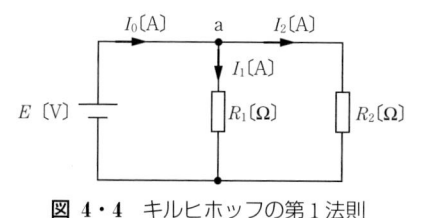

図 4・4 キルヒホッフの第1法則

5 キルヒホッフの第2法則

図 4・5 の閉回路①内において

起電力の和＝電圧降下の和

が成り立つ．起電力の和は E_1+E_2〔V〕，電圧降下は R_1I+R_2I〔V〕なので

$$E_1+E_2=R_1I+R_2I \text{〔V〕} \tag{4・8}$$

となり，起電力の和と電圧降下の和は等しくなる．

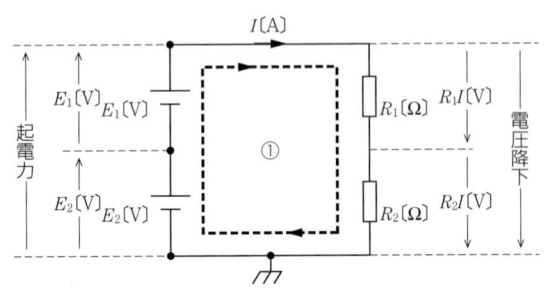

図 4・5 キルヒホッフの第2法則

6 電位の進んだ学習

図 4・6 の直流回路の a, b, c 点の電位を求める．

図 4・7 から V_{ab}, V_{ac}, V_{cb} が求まり，また，

$$V_{ab}=V_{ac}+V_{cb}$$

が成り立つ．上式から

$$V_{cb}=V_{ab}-V_{ac}$$
$$=5-2\times1=3 \text{ V}$$

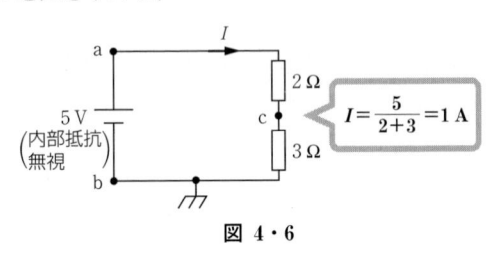

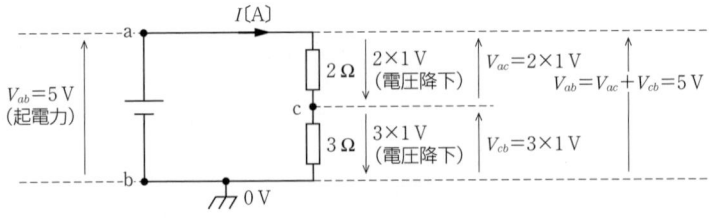

図 4・6

図 4・7

図 4·8

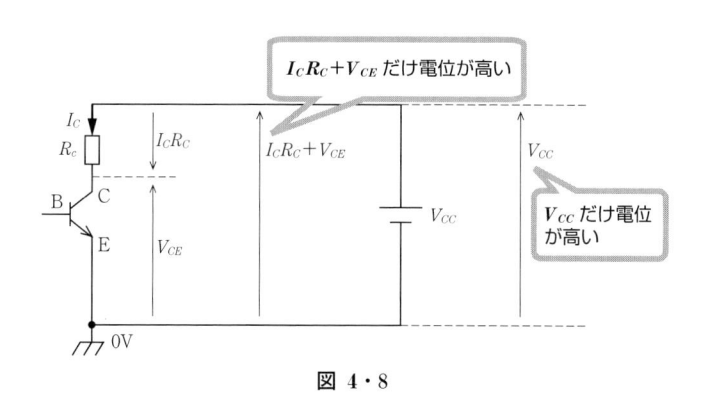

図 4·8 において

$$V_{cc} = I_c R_c + V_{CE}$$

$$\boldsymbol{V_{CE} = V_{cc} - I_c R_c} \tag{4·9}$$

式 (4·9) は**トランジスタ増幅回路の直流負荷線を求めるときによく用いられる重要な式**である．

4·2 正弦波交流の周波数と位相

　正弦波交流は**図4·9**の0〜a，a〜b，b〜cのように同じ変化を周期的に繰り返している．この1回の変化を**1周波**という．1周波に要する時間を**周期**といい，T〔s〕で表す．また，1秒間に繰り返される周波の回数を周波数といい，f〔Hz〕で表す．

　すなわち，周期 T と周波数 f〔Hz〕の間には次式が成り立つ．

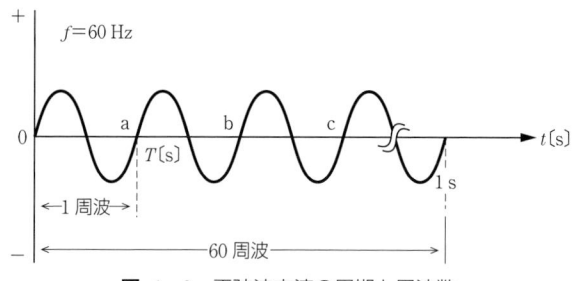

図 4·9 正弦波交流の周期と周波数

$$T = \frac{1}{f} \text{ (s)} \quad \text{または} \quad f = \frac{1}{T} \text{ (Hz)} \tag{4・10}$$

なお，1周期に要する角度は 2π 〔rad〕であるから，1秒間に f 回の波があれば角速度 ω は次のようになる．

$$\omega = 2\pi f \text{ (rad/s)} \tag{4・11}$$

図 4・10 の三つの交流電圧 v_1, v_2, v_3 〔V〕（瞬時値）の波形には時間的なずれがあり，このずれの角度を**位相差**といい

$$\left. \begin{array}{l} v_1 = V_m \sin \omega t \\ v_2 = V_m \sin(\omega t - \theta_1) \\ v_3 = V_m \sin(\omega t - 180°) = -V_m \sin \omega t \end{array} \right\} \tag{4・12}$$

で表される．**v_3 は v_1 に対して位相が反転している**．

すなわち，三角関数の加法定理 $\sin(\alpha \pm \beta) = \sin\alpha\cos\beta \pm \cos\alpha\sin\beta$ より

$$\begin{aligned} v_3 &= V_m \sin(\omega t - 180°) \\ &= V_m \sin \omega t \cos 180° - V_m \cos \omega t \sin 180° \\ &= -V_m \sin \omega t \quad (\because \cos 180° = -1, \sin 180° = 0) \end{aligned}$$

となるから，**$v_3 = -V_m \sin \omega t$ は $v_1 = V_m \sin \omega t$ に対して，位相が 180° 遅れ，各瞬時値の符号は反対になっているから，v_1 に対して位相が反転していることになる**．

第 3 章のトランジスタ増幅回路のエミッタ接地方式で学んだように，出力信号 v_o は入力信号 v_1 に対して位相が反転する．このとき，$v_1 = V_m \sin \omega t$ とすると，v_o は $v_o = -V_m' \sin \omega t = V_m' \sin(\omega t - 180°)$ となる．このことは，この後，例題などでしっかり学習することとする．

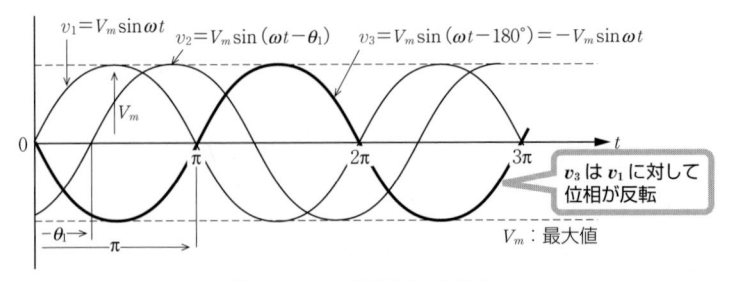

図 4・10　交流電圧の位相角

4・3 バイアス電圧と動作点

図 4・11 のようにトランジスタに増幅作用をさせるには，V_{BB}，V_{CC} の直流電源が必要である．

直流電源 V_{BB} をベース・バイアス電源または単にバイアス電源という．バイアス電源 V_{BB} によってトランジスタのベース・エミッタ間に

図 4・11 バイアス電源

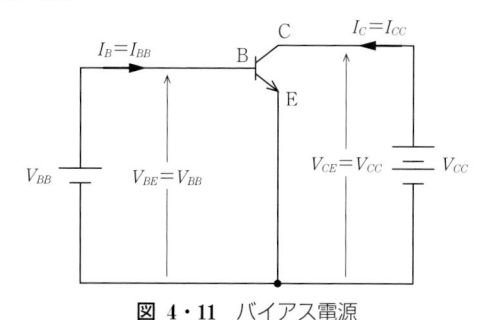

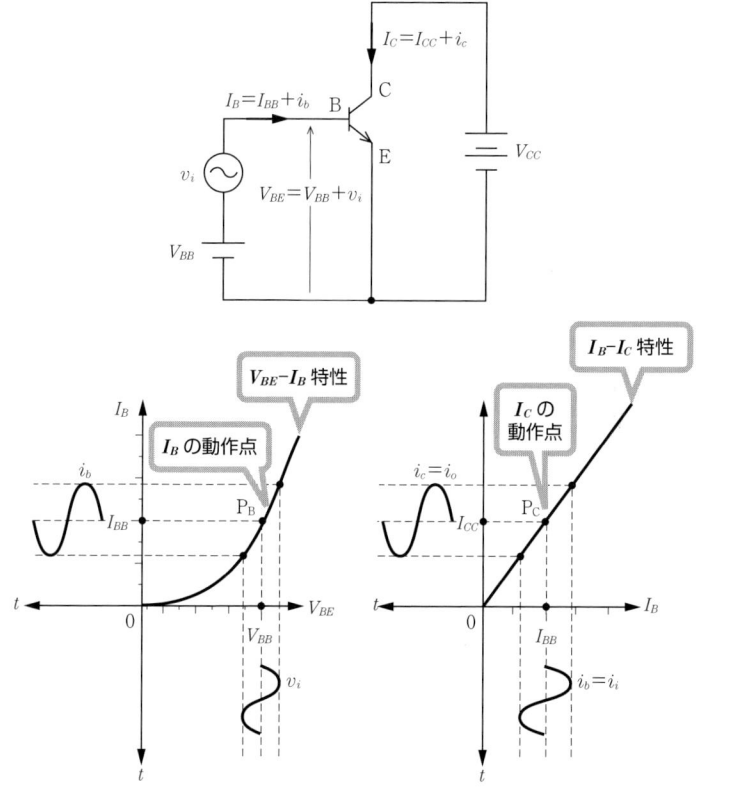

図 4・12 適正なバイアス電圧のもとで入力信号電圧 v_i を加えたときのベース電流の変化とベース電流の変化によるコレクタ電流の変化

加わる直流電圧 $V_{BE}=V_{BB}$〔V〕をベース・バイアス電圧または単に**バイアス電圧** (bias voltage)（適正なバイアス電圧により，適正なベース電流 i_b，適正なコレクタ電流 i_c が流れる）という．

図 4・12 に示すようにバイアス電圧 $V_{BE}=V_{BB}$〔V〕によって決まる点 P_B $(I_B=I_{BB})$，点 P_C $(I_C=I_{CC})$ を，ベース電流 I_B，コレクタ電流 I_C の**動作点**という．いま，入力信号電圧 v_i を加えると V_{BE} が V_{BB}〔V〕（バイアス電圧）**を中心に変化し，さらに I_B，I_C は各動作点を中心に変化する**．また，直流電源 V_{BB}，V_{CC} はトランジスタに増幅作用をさせるためのエネルギー源と考えることができる．

4・4 電流増幅作用と電圧増幅作用および電力増幅作用

▶ 1 電流増幅作用

トランジスタの入力側の小さな電流変化（ΔI_B）によって，出力側の大きな電流変化（ΔI_C）を得る動作が**増幅作用の基本**になる．

図 4・13 に示すような I_B-I_C 特性をもっているトランジスタは，I_B の変化の 100 倍の大きさの I_C を変化させている．図 4・13 の回路における電流増幅度 A_i

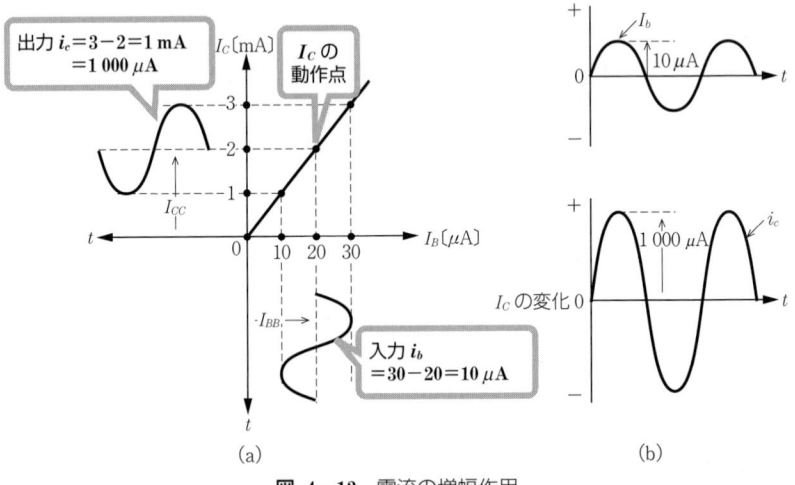

図 4・13 電流の増幅作用

(current amplification) は式 (4・13) で表される．

$$A_i = \frac{\text{出力信号電流}}{\text{入力信号電流}} = \frac{i_c}{i_b} = \frac{i_o}{i_i} \text{〔倍〕} \tag{4・13}$$

2 電圧増幅作用

図 4・14 のようにコレクタ側にコレクタ抵抗 R_c を接続すると，R_c に出力信号電流（$i_o = i_c$）が流れ，その電圧降下を出力信号電圧 v_o として取り出すことができ，コンデンサ C（カップリングコンデンサ）は直流分を阻止して，出力信号 v_o だけを取り出す働きをもつ．v_o は図(a) のように，a-b 端子から取り出しても a-c 端子から取り出しても，全く同じ出力が得られるが，エミッタ端子（アース端子）が，入力と出力の共通端子として使用できるという利点から，出力を a-c 端子から取り出し，一般に図(b) のように表示する．

入力信号電圧 v_i と出力信号電圧 v_o との比を電圧増幅度（voltage amplification）といい，記号 A_v で表す．

$$A_v = \frac{\text{出力信号電圧}}{\text{入力信号電圧}} = \frac{v_o}{v_i} \text{〔倍〕} \tag{4・14}$$

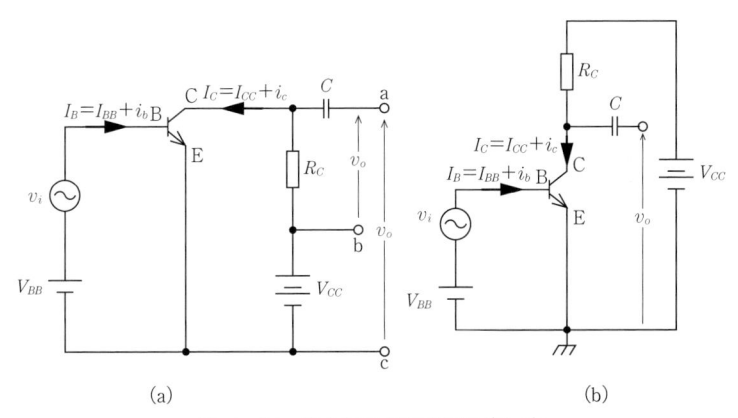

図 4・14　出力信号電圧の取り出し方

3 電力増幅作用

トランジスタは,電流増幅作用と電圧増幅作用が同時に行われる素子だから,**電力増幅素子**であるといえる.

入力信号電力と出力信号電力の関係を図 4・15 に示す.また,**入力信号電力** P_i **と出力信号電力** P_o **との比を電力増幅度**(power amplification)といい記号 A_p で表す.

$$A_p = \frac{出力信号電力}{入力信号電力} = \frac{P_o}{P_i} = \frac{v_o \cdot i_o}{v_i \cdot i_i} \text{〔倍〕} \tag{4・15}$$

また,次式が成り立つ.

$$A_p = A_i \cdot A_v \tag{4・16}$$

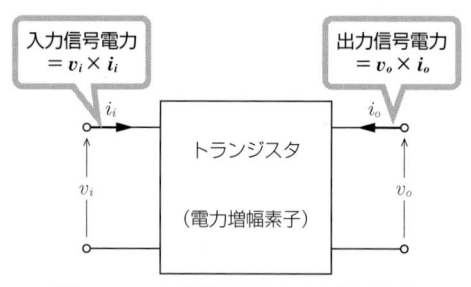

図 4・15 入力信号電力と出力信号電力

4・5 基本増幅回路

1 直流負荷線

図 4・16(a) の基本増幅回路において

$$V_{CC} = I_C R_C + V_{CE}$$
$$\boldsymbol{V_{CE}} = V_{CC} - I_C R_C = 8 - I_C \times 10^{-3} \times 2 \times 10^3 = \boldsymbol{8 - I_C \times 2 \text{ V}} \tag{4・17}$$

なお,式(4・17)はキルヒホッフの第 2 法則からも導ける.

式(4・17)において,$V_{CE}=0$ のとき $I_C = \dfrac{8}{2} = 4\,\text{mA}$ ……点 A

式(4・17)において,$I_C=0$ のとき $V_{CE}=8\,\text{V}$ ……点 B

4・5 基本増幅回路

(a) 基本増幅回路

- 第5章で学ぶ二電源方式バイアス回路
- R_C 2 kΩ
- $I_C R_C + V_{CE}$ だけ電位が高い
- V_{CC} だけ電位が高い
- V_{CC} = 8 V
- V_{BB} = 0.6 V
- R_C = 2 kΩ
  として、
  V_i = 0.05 sin ωt [V] の入力信号電圧を加える
- $I_C R_C + V_{CE} = V_{CC}$

① V_{BE}-I_B 特性を用いて入力信号 v_i による i_b を求める

- 入力信号と同相のベース電流 $i_b = 10 \times 10^{-6} \sin \omega t$ [A] が流れる
- 入力信号 $v_i = 0.05 \sin \omega t$ [V]
- 入力インピーダンス
$$h_{ie} = \frac{\Delta V_{BE}}{\Delta I_B} = \frac{v_i}{i_b} = \frac{0.05}{10 \times 10^{-6}} = 5\,000\,\Omega = 5\,\text{k}\Omega$$

② I_B-I_C 特性を用いて i_b による i_c を求める

- コレクタ電流 $i_c = 1$ mA
- ベース電流 $i_b = 10 \times 10^{-6} \sin \omega t$ [A]
- 電流増幅率
$$h_{fe} = \frac{\Delta I_C}{\Delta I_B} = \frac{i_c}{i_b} = \frac{1 \times 10^{-3}}{10 \times 10^{-6}} = 100$$

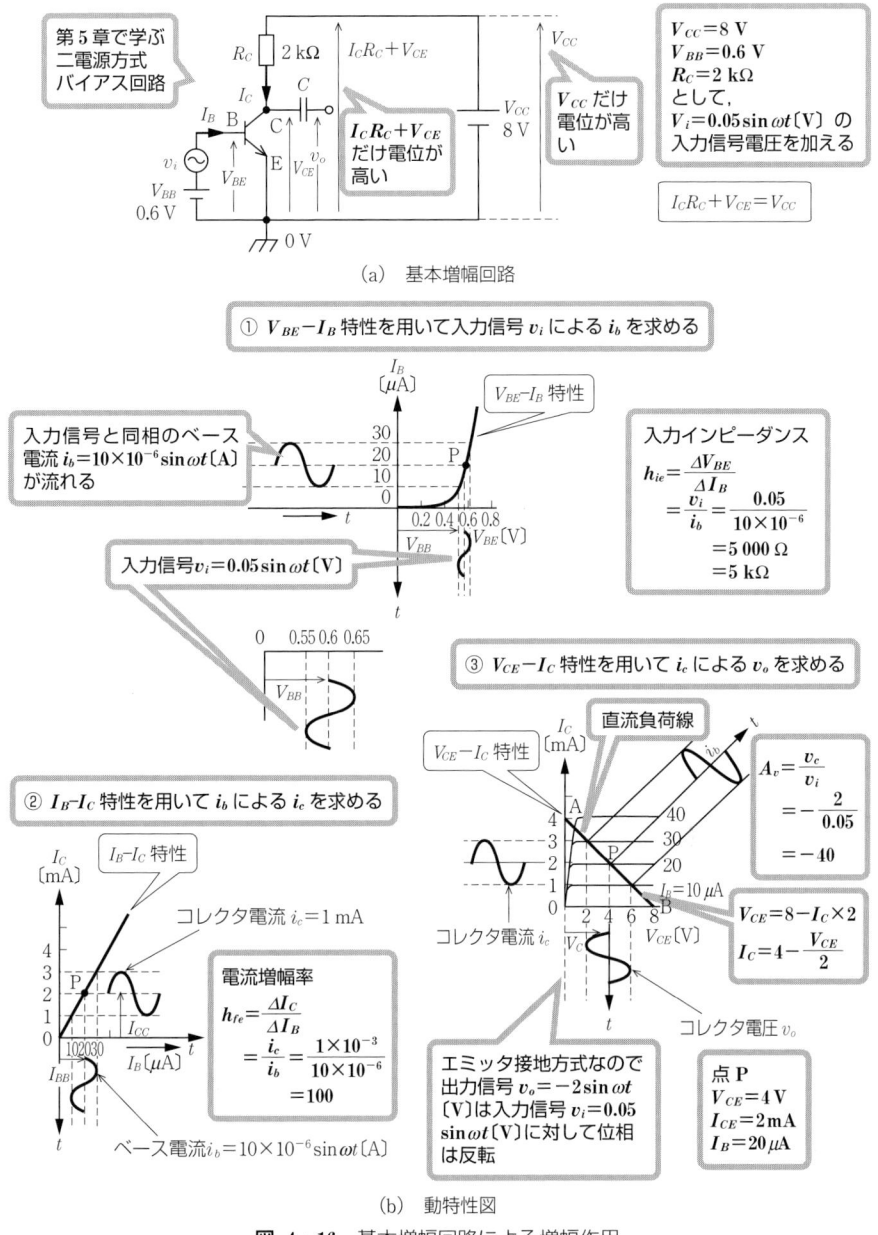

③ V_{CE}-I_C 特性を用いて i_c による v_o を求める

- 直流負荷線
- コレクタ電流 i_c
- コレクタ電圧 v_o
- エミッタ接地方式なので出力信号 $v_o = -2 \sin \omega t$ [V] は入力信号 $v_i = 0.05 \sin \omega t$ [V] に対して位相は反転
- $$A_v = \frac{v_o}{v_i} = -\frac{2}{0.05} = -40$$
- $V_{CE} = 8 - I_C \times 2$
- $I_C = 4 - \frac{V_{CE}}{2}$
- 点 P
  V_{CE} = 4 V
  I_{CE} = 2 mA
  I_B = 20 μA

(b) 動特性図

図 4・16 基本増幅回路による増幅作用

図 4・16(b) の点 A と点 B を直線で結ぶ．この直線 AB は，トランジスタの特性にかかわらず，この回路での V_{CE} と I_C の関係を示し，傾きが R_C によって決まる．この直線を**直流負荷線**（DC load line）という．

2　動作点

ひずみなく増幅して大きな出力を得るためには，出力交流電圧が直流負荷線上で $\frac{V_{CC}}{2}$ を中心に振れるようにすればよい．この直流負荷線 AB の中心の点 P を**動作点**（operating point）といい，動作点から次の値が読み取れる．

$V_{CE} = 4\text{V}$　　　$I_C = 2\text{mA}$　　　$I_B = 20\,\mu\text{A}$

3　動特性

図 4・16(b) は，動特性図と呼ばれ，回路の動作状態を負荷線上に表したものである．

① V_{BE}-I_B 特性上で，図中の I_B が $20\,\mu\text{A}$ のとき V_{BE} が 0.6V である．入力電圧 v_i が，この値を中心に $50\text{mV} = 0.05\text{V}$ の変化をしているので，v_i は点 P を中心にして変化する．

② v_i の変化は図中のように i_b の変化となって現れる．

③ さらに I_B-I_C 特性上で図中の i_c の変化となって現れる．

④ これをもとに V_{CE}-I_C 特性の直流負荷線上の点 P を中心にして，振幅 2V の v_c が現れる．

　　ここまでを整理すると，**入力電圧 v_i の変化により i_b の変化が生じ，i_b の変化により i_c の変化が生じ，さらに i_c の変化により v_c の変化が生じる．**

⑤ **コンデンサ C で直流分が阻止され，出力電圧 v_o が 2V の交流分だけとなる．**入力電圧の 40 倍に増幅されるが，図中のように，入力電圧 v_i と出力電圧 v_o との間には $180°$ の位相差があり，**入出力の位相が反転**していることがわかる．

⑥ 図中に示すように入力インピーダンス $h_{ie} = 5\text{k}\Omega$，電流増幅度 $A_i = 10$ 倍，電圧増幅度 $A_v = 40$ 倍となるので，電力増幅度 $A_p = A_i \times A_v = 10 \times 40 = 400$ 倍となる．

例題 4-1 図 4·17 において，下記の（ア）〜（カ）を求めよ．ただし，動作点は負荷線の中央とする．

(a) 回路図

(b) 入力信号電圧

(c) 特性図

図 4·17

(1) 動作点 $\begin{cases} V_{CE} = \boxed{（ア）} \text{［V］} \\ I_C = \boxed{（イ）} \text{［mA］} \\ I_{BB} = \boxed{（ウ）} \text{［μA］} \end{cases}$

(2) $A_i = \boxed{（エ）}$ 倍

(3) $A_v = \boxed{（オ）}$ 倍

(4) $A_p = \boxed{（カ）}$ 倍

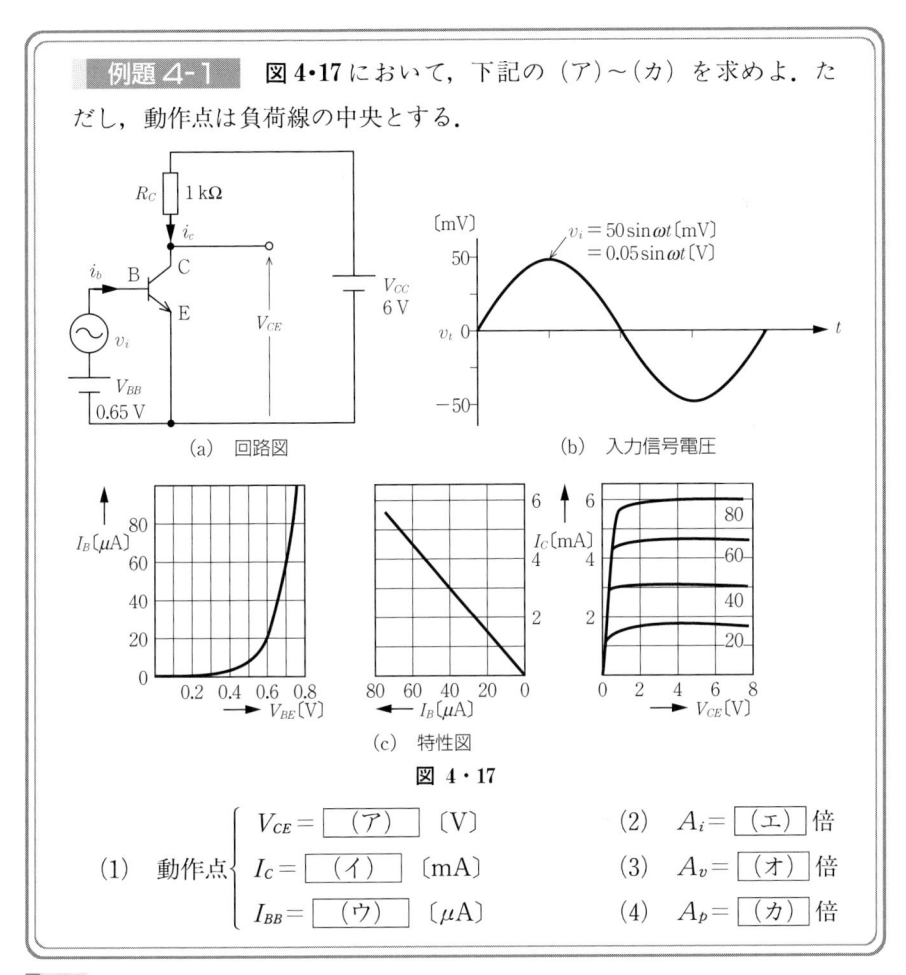

解

図 4·18(a) の回路図より

$$V_{CC} = I_C R_C + V_{CE} \rightarrow \boldsymbol{V_{CE}} = V_{CC} - I_C R_C = V_{CC} - I_C \times 10^{-3} \times 1 \times 10^3 = \boldsymbol{V_{CC} - I_C}$$

ちなみに上式は，キルヒホッフの第 2 法則からも導ける．

したがって，負荷線は

$$I_C = V_{CC} - V_{CE} = 6 - V_{CE} \quad (\text{ただし } V_{CE} \text{ は［V］}, I_C \text{ は［mA］とする})$$

となり動作点 P も図のようになる．また，入力信号電圧により動特性も図に示すようになる．したがって

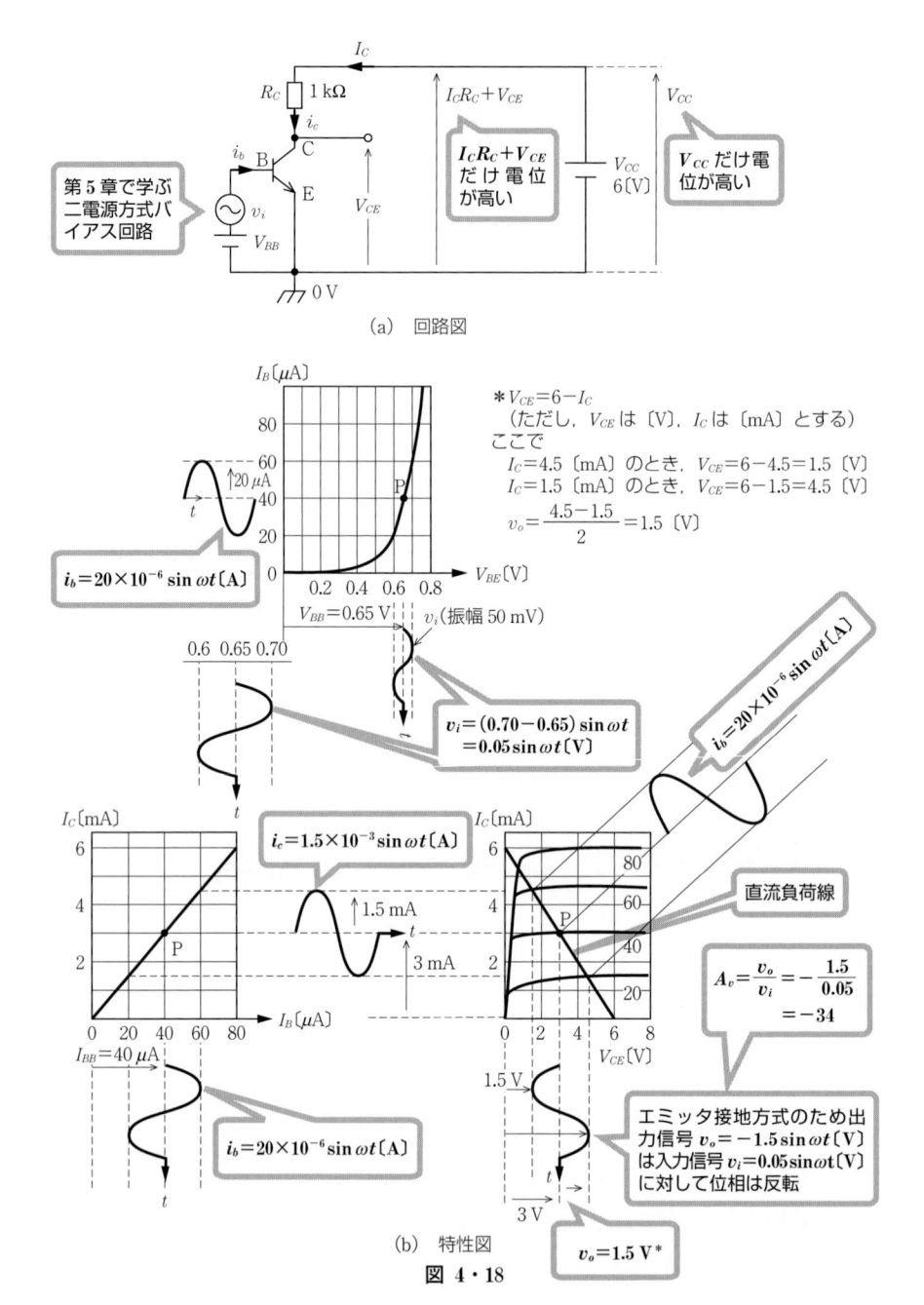

第4章 トランジスタの増幅作用

(a) 回路図

第5章で学ぶ二電源方式バイアス回路

$I_C R_C + V_{CE}$ だけ電位が高い

V_{CC} だけ電位が高い

V_{CC} 6 (V)

$*V_{CE} = 6 - I_C$
（ただし，V_{CE} は〔V〕，I_C は〔mA〕とする）
ここで
$I_C = 4.5$〔mA〕のとき，$V_{CE} = 6 - 4.5 = 1.5$〔V〕
$I_C = 1.5$〔mA〕のとき，$V_{CE} = 6 - 1.5 = 4.5$〔V〕
$$v_o = \frac{4.5 - 1.5}{2} = 1.5 \text{〔V〕}$$

$i_b = 20 \times 10^{-6} \sin \omega t$〔A〕

$V_{BB} = 0.65$ V

v_i（振幅 50 mV）

$v_i = (0.70 - 0.65) \sin \omega t$
$= 0.05 \sin \omega t$〔V〕

$i_b = 20 \times 10^{-6} \sin \omega t$〔A〕

$i_c = 1.5 \times 10^{-3} \sin \omega t$〔A〕

直流負荷線

$$A_v = \frac{v_o}{v_i} = -\frac{1.5}{0.05} = -34$$

$I_{BB} = 40 \ \mu A$

$i_b = 20 \times 10^{-6} \sin \omega t$〔A〕

エミッタ接地方式のため出力信号 $v_o = -1.5 \sin \omega t$〔V〕は入力信号 $v_i = 0.05 \sin \omega t$〔V〕に対して位相は反転

$v_o = 1.5 \text{ V}^*$

(b) 特性図

図 4・18

(1) 動作点 $\begin{cases} V_{CE} = (ア) \boxed{3} \text{ V} \\ I_C = (イ) \boxed{3} \text{ mA} \\ I_{BB} = (ウ) \boxed{40} \text{ μA} \end{cases}$

(2) $A_i = \dfrac{1.5 \times 10^{-3}}{20 \times 10^{-6}} = \dfrac{1.5}{20 \times 10^{-3}} = \dfrac{1.5 \times 10^3}{20} = (エ) \boxed{75}$ 倍

(3) $A_v = \dfrac{-1.5}{50 \times 10^{-3}} = \dfrac{1.5 \times 10^3}{50} = (オ) \boxed{-30}$ 倍

(4) $A_p = A_i \times A_v = 75 \times 30 = (カ) \boxed{2250}$ 倍

4・6 等価回路

図4・19(a)のエミッタ接地回路において,入出力の電圧,電流を図のように決め,トランジスタの h パラメータを用いて,電圧と電流の関係を表すと次のようになる.

$$\left.\begin{array}{l} v_i = h_{ie} i_i + h_{re} v_o \\ i_o = h_{fe} i_i + h_{oe} v_o \end{array}\right\} \tag{4・18}$$

式 (4・18) を同じような働きをする電気回路に置き換えたものを **等価回路** といい,図(b)を h パラメータ π 形等価回路という.h_{re}, h_{oe} は小さい値となるので省略し,h_{ie} と h_{fe} だけを用いると図(c)の簡易等価回路が得られる.

図(b)の簡易等価回路において,h_{ie} は図(a)の交流に対するベース・エミッタ間の入力インピーダンスである.また,**$h_{fe} i_i$ は負荷抵抗 R_C に一定の電流を流す源になり,理想電流源(まわりの回路とは無関係に,一定の電流を流す理想的な電源)と呼ばれる**.

簡易等価回路より,電圧増幅度 A_v は

$$A_v = \dfrac{v_o}{v_i} = \dfrac{-i_o R_C}{v_i} = -\dfrac{h_{fe} i_i R_C}{h_{ie} i_i} = -\dfrac{h_{fe}}{h_{ie}} R_C \tag{4・19}$$

となる.

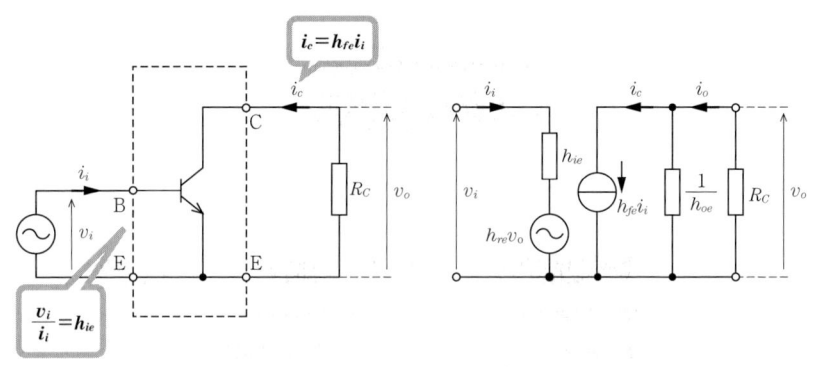

(a) 入出力の交流電圧

(b) h パラメータ π 形等価回路

$$A_v = \frac{v_o}{v_i} = \frac{-i_c R_C}{h_{ie} i_i} = \frac{-h_{fe} i_i R_C}{h_{ie} i_i} = \frac{-h_{fe}}{h_{ie}} R_C$$

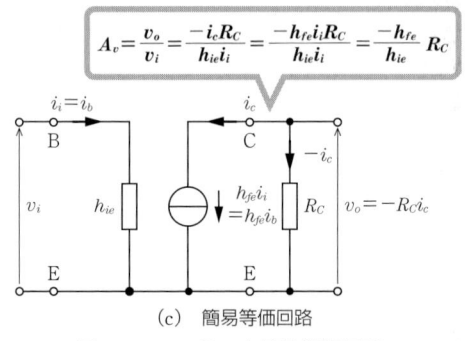

(c) 簡易等価回路

図 4・19 エミッタ接地増幅回路

例題 4-2 $h_{ie}=4\,\text{k}\Omega$, $h_{fe}=100$ のトランジスタに, $R_C=5\,\text{k}\Omega$ の負荷を接続した. 電圧増幅度 A_v を求めよ.

解 $A_v = -\dfrac{h_{fe}}{h_{ie}} R_C = -\dfrac{100}{4\times 10^3} \times 5\times 10^3 = -\dfrac{5}{4}\times 100 = \mathbf{-125}$

章末の演習問題

問 1 図 4·20 のようなトランジスタ増幅器の交流に注目した回路において，交流の入力信号電圧 $v_i=12\,\mathrm{mV}$ を加えたところ，ベース入力信号電流 $i_b=5\,\mu\mathrm{A}$ が流れた．次の問に答えよ．ただし，トランジスタの電流増幅率 $h_{fe}=120$，抵抗 $R_C=2\,\mathrm{k\Omega}$ とする．
(1) コレクタに流れる出力信号電流 i_c〔mA〕を求めよ．
(2) 抵抗 R_C の両端の信号電圧 v_o〔V〕を出力したとき，電圧増幅度を求めよ．

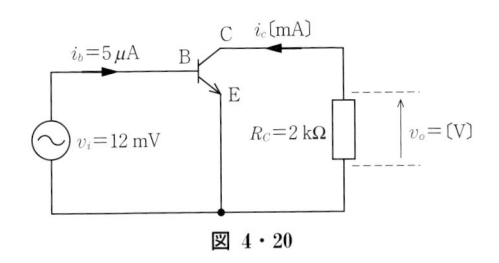

図 4·20

問 2 図 4·21 のようなトランジスタ増幅回路において，入力側の電圧 $v_i=0.2\,\mathrm{V}$，電流 $i_i=40\,\mu\mathrm{A}$ であるとき，出力側の電圧 $v_o=5\,\mathrm{V}$，電流 $i_o=4\,\mathrm{mA}$ であった．この増幅回路の電力利得〔dB〕の値を求めよ．ただし，$\log_{10}2=0.301$，$\log_{10}3=0.477$，$\log_{10}5=0.699$ とする．

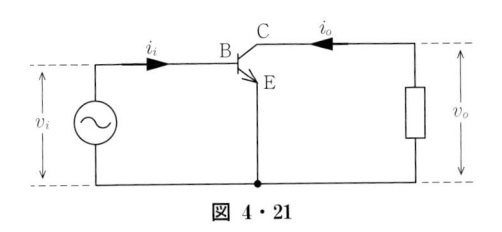

図 4·21

問 3 図 4·22(a) の回路と図(b)，(c) を参照して，次の文章の空欄に適当な語句または数値を記入せよ．
(1) 図(a) の回路で，電源電圧 V_{CC} を ① 〔V〕，負荷抵抗 R_C を ② 〔kΩ〕として入力側に $v_i=$ ③ $\sin\omega t$〔V〕の入力信号電圧を加えた．
(2) ④ 電圧 $V_{BB}=$ ⑤ 〔V〕を与えると，図(b) の ⑥ 特性，図

(c) の ⑦ 特性と ⑧ から各 ⑨ はベース電流 I_B は ⑩ 〔μA〕，コレクタ電流 I_C は ⑪ 〔mA〕，コレクタ・エミッタ間電圧 V_{CE} は ⑫ 〔V〕の点にあることがわかる．

(3) コンデンサ C によって ⑬ を阻止して V_{CE} の変化分，すなわち出力信号電圧 v_o を最大値 ⑭ 〔V〕として取り出している．したがって，電圧増幅度 A_v は ⑮ 倍となる．

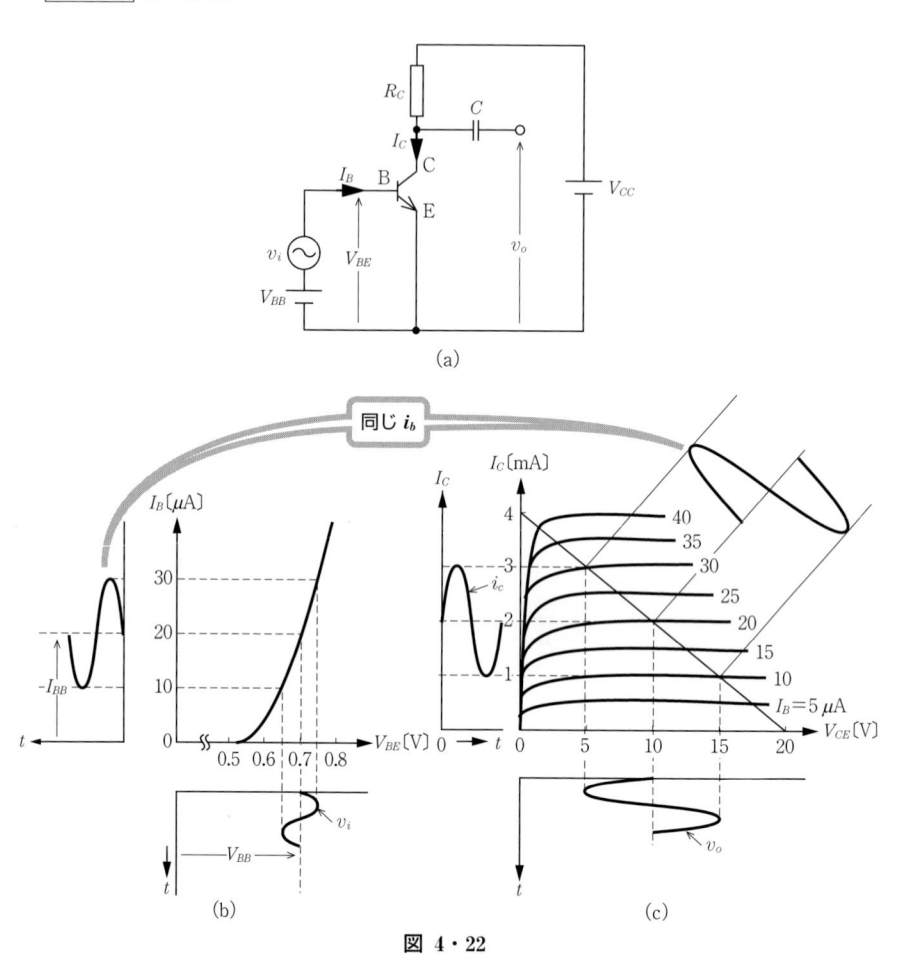

図 4・22

第5章
トランジスタのバイアス回路

ポイント

　トランジスタの増幅回路は，トランジスタを動作させるためのエネルギーを供給する直流回路と，入力信号を適正に増幅して伝送する交流回路から構成されている．トランジスタを正しく動作させるために直流電圧を供給することを**バイアスを与える**といい，そのための直流回路を**バイアス回路**という．

　バイアスの加え方はトランジスタの特性を大きく左右し，トランジスタを良好に動作させるために重要である．

　本章ではまず**二電源方式**について学び，続けて代表的なバイアス回路の**固定バイアス回路**（fixed bias circuit），**自己バイアス回路**（self bias circuit）および**電流帰還バイアス回路**（current feedback bias circuit）について学び，**交流負荷線**（AC load line）について学ぶ．

5・1　二電源方式

図 **5・1** に示す電源方式はすでに第 4 章にて用いられた方式で入力側のベースと

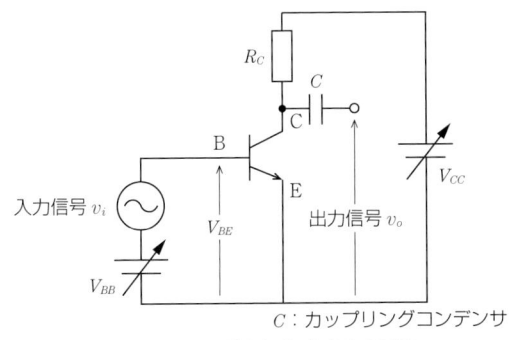

図 5・1　二電源方式バイアス回路

出力側のコレクタにそれぞれ独立した電源を接続している．カップリングコンデンサ C は交流に対して抵抗と同じ働きをする容量リアクタンス X_C〔Ω〕をもっている．容量リアクタンス X_C は

$$X_C = \frac{1}{2\pi fc} \text{〔Ω〕} \tag{5・1}$$

で表され，周波数 $f=0$〔Hz〕の直流に対しては，分母が 0 になり，X_C は∞〔Ω〕になる．つまり直流は通さないということになる．

この二電源方式バイアス回路は別々の電源にてバイアス電圧が決められるので，自由度が高く，簡単であるが，電源を二つ使うことから，経済性・小型化の面で不利である．

5・2　固定バイアス回路

図 5・2 に示すように電源電圧 V_{CC} の電圧を抵抗 R_B で降下して，バイアス電圧 V_{BE} を得る回路を**固定バイアス回路**（fixed bias circuit）という．図に示すように電源を V_{CC} の一つにし，その代わりに抵抗 R_B を一つ追加している．

各端子電圧の和は電源電圧になる．

抵抗 R_B の端子電圧を V_{RB} とすると，電源電圧 V_{CC} は，図に示すように V_{CC} と $V_{RB}+V_{BE}$ が等しいから

$$V_{CC} = V_{RB} + V_{BE} \tag{5・2}$$

となる．式（5・2）より

$$V_{RB} = V_{CC} - V_{BE} \tag{5・3}$$

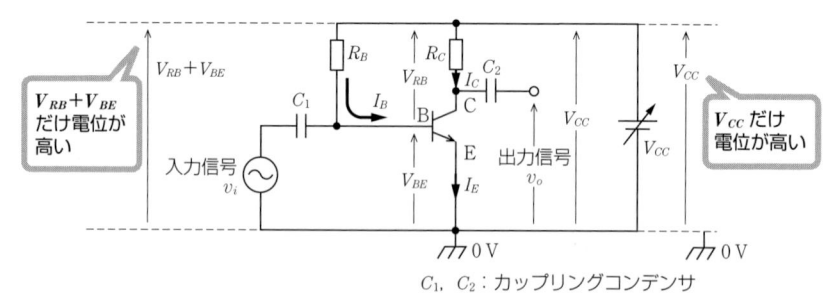

図 5・2　固定バイアス回路

となり，$V_{RB} = R_B I_B$ より

$$R_B = \frac{V_{RB}}{I_B} = \frac{V_{CC} - V_{BE}}{I_B} \tag{5・4}$$

となる．

　この固定バイアス回路は，一つの電源と抵抗 R_B を一つ追加するだけでできることから，簡単で経済的で小型化も可能だ．しかし，トランジスタの温度が変化すると，出力電流 I_C も変化し，不安定である．

例題 5-1　固定バイアス回路を用いて増幅するとき，出力波形を適切に得るためのバイアス電流 I_B が 50 μA，バイアス電圧 V_{BE} が 0.7 V，電源電圧 V_{CC} が 9 V である．R_B を求めよ．

解　式（5・4）より

$$R_B = \frac{V_{CC} - V_{BE}}{I_B} = \frac{9 - 0.7}{50 \times 10^{-6}} = 166 \text{ k}\Omega$$

例題 5-2　図 5・3 の固定バイアス回路において，$V_{CC} = 9$ V，$I_C = 2$ mA であるとき，バイアス抵抗 R_B の値を求めよ．ただし，直流電流増幅率 $h_{FE} = 100$，$V_{BE} = 0.6$ V とする．

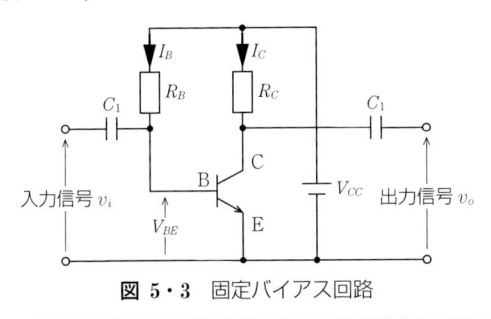

図 5・3　固定バイアス回路

解　与えられた回路より，電源 V_{CC} → バイアス抵抗 R_B → V_{BE} の閉回路における各端子電圧の和は電源電圧になるから，次式が成り立つ．

$$V_{CC} = I_B R_B + V_{BE} \cdots\cdots ①$$

また，直流電流増幅率 h_{FE} と，ベース電流 I_B，コレクタ電流 I_C の間には，

$$h_{FE} = \frac{I_C}{I_B} \longrightarrow I_B = \frac{I_C}{h_{FE}} \cdots\cdots ②$$

の関係が成り立つ．式①より

$$R_B = \frac{V_{CC} - V_{BE}}{I_B} \cdots\cdots ③$$

式③に式②を代入し，題意のそれぞれの値を用いると

$$R_B = \frac{V_{CC} - V_{BE}}{I_C} h_{FE}$$

$$= \frac{9 - 0.6}{2 \times 10^{-3}} \times 100 = \frac{8.4}{2} \times 10^5 = 4.2 \times 10^5 \, \Omega = 420 \times 10^3 \, \Omega = \mathbf{420 \, k\Omega}$$

となる．

5・3　自己バイアス回路

図 **5・4** に示すように，コレクタ・エミッタ間の電圧 V_{CE} をベース・バイアス抵抗で降下することにより順方向のバイアス電圧 V_{BE} を得る回路を**自己バイアス回路** (self biass circuit) または**電圧帰還バイアス回路** (current feedback bias circuit) という．固定バイアス回路と同じように，電源が一つ，追加する抵抗も一つの簡単なバイアス回路である．各端子電圧の和は電源電圧になる．

抵抗 R_B の端子電圧を V_{RB}，抵抗 R_C の端子電圧を V_{RC} とすると，図に示すように

$$V_{CC} = V_{RC} + V_{CE} \tag{5・5}$$

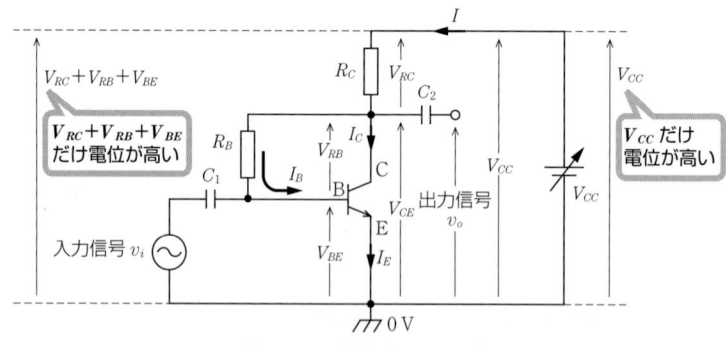

図 **5・4**　自己バイアス回路

$$V_{CE} = V_{RB} + V_{BE}$$

となる．また，図より

$$V_{CC} = V_{RC} + V_{RB} + V_{BE} \tag{5・6}$$

となり，$V_{RB} = R_B I_B$ より式（5・6）は

$$V_{CC} = V_{RC} + V_{BE} + V_{RB} = V_{RC} + V_{BE} + R_B I_B$$

$$R_B = \frac{V_{CC} - V_{RC} - V_{BE}}{I_B} \tag{5・7}$$

次に，回路図より，電流 I はコレクタ電流 I_C とベース電流 I_B の和であるから

$$I = I_B + I_C \tag{5・8}$$

いま，**I_B は I_C に比べて非常に小さい**（トランジスタの入力インピーダンスが大きいから）ので

$$I \fallingdotseq I_C \tag{5・9}$$

$V_{RC} \fallingdotseq I \cdot R_C \fallingdotseq I_C R_C$ を用いると，式（5・7）は

$$R_B = \frac{V_{CC} - I_C \cdot R_C - V_{BE}}{I_B} \tag{5・10}$$

また，回路図より $V_{RB} = V_{CE} - V_{BE}$ となり

$$R_B = \frac{V_{RB}}{I_B} = \frac{V_{CE} - V_{BE}}{I_B} \tag{5・11}$$

となる．

　この自己バイアス回路は，固定バイアス回路に比べて，安定性が向上する．その理由は，直流回路（直流電圧-電流）のみの**図 5・5** の自己バイアス回路（トランジスタの温度上昇により I_C が増加しようとした場合）で理解できる．すなわち，図 5・5 より，次のブロック図が得られる（**図 5・6**）．

　つまり I_C が増加すると I_B が減少し，式（3・7）の $I_C = h_{FE} I_B$ より I_C が減少し安定性が向上することになる．

　また，このように，出力側（I_C）の変化を入力側（V_{BE}）に帰還させ，出力側の変化を抑えるような働きを**負帰還**（negative feedback）と呼んでいる．また，コレクタ側の I_C の変化を入力側の V_{BE} に電圧帰還させていることから**電圧帰還バイアス回路**とも呼ばれている．

　しかし，この自己バイアス回路では，交流にも負帰還がかかってしまうので見かけ上の増幅度が低下する．

①温度上昇により I_C が増加する

②$V_{RC}=R_C I_C$ により V_{RC} が増加する

⑤I_B が減少すれば I_C も減少するので，I_C の増加がおさえられる

①I_C が増加する
②
③
⋮
⑤I_C の増加がおさえられる

④$I_B = \dfrac{V_{CE}-V_{BE}}{R_B}$
$= \dfrac{V_{CC}-V_{RC}-V_{BE}}{R_B}$
により I_B が減少する

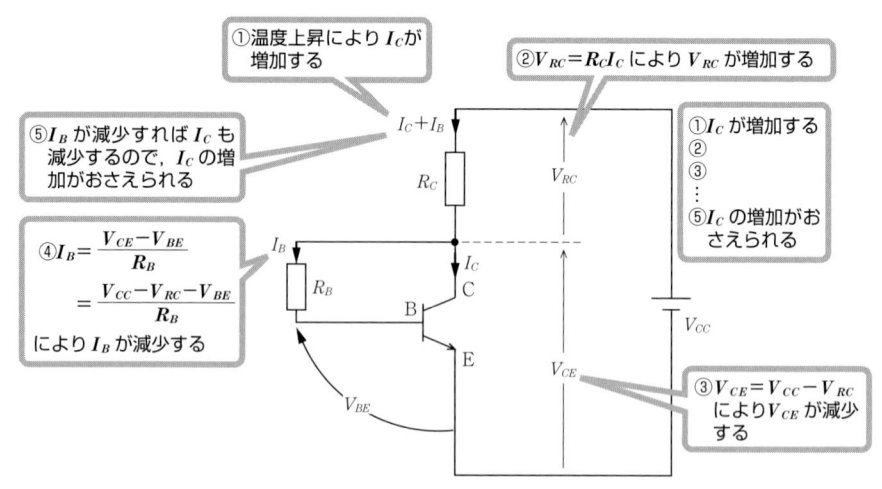

③$V_{CE}=V_{CC}-V_{RC}$ により V_{CE} が減少する

図 5・5 自己バイアス回路（トランジスタの温度上昇により I_C が増加しようとした場合）

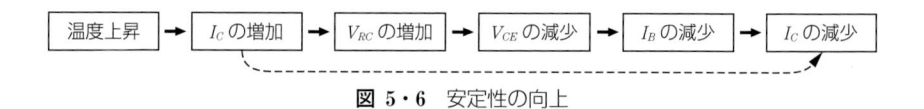

温度上昇 → I_C の増加 → V_{RC} の増加 → V_{CE} の減少 → I_B の減少 → I_C の減少

図 5・6 安定性の向上

例題 5-3 図5・4の自己バイアス回路にて，$V_{CC}=12\,\text{V}$，$R_C=3\,\text{k}\Omega$ のとき，$I_C=2\,\text{mA}$ にするには R_B の値をいくらにすればよいか．ただし，$V_{BE}=0.7\,\text{V}$，トランジスタの h_{FE} は 160 とする．

解 式（3・7）より

$$I_C = h_{FE} I_B \longrightarrow I_B = \dfrac{I_C}{h_{FE}} = \dfrac{2\,\text{mA}}{160} = 0.0125\,\text{mA} = 1.25 \times 10^{-5}\,[\text{A}]$$

となる．また，式（5・10）より

$$\boldsymbol{R_B} = \dfrac{V_{CC}-I_C R_C - V_{BE}}{I_B} = \dfrac{12 - 2\times 10^{-3}\,\text{A} \times 3 \times 10^3\,\Omega - 0.7}{1.25 \times 10^{-5}} = \dfrac{12-6-0.7}{1.25 \times 10^{-5}}$$

$$= \dfrac{5.3}{1.25 \times 10^{-5}} = 4.24 \times 10^5\,\Omega = 424 \times 10^3\,\Omega = \boldsymbol{424\,\text{k}\Omega}$$

5・4 電流帰還バイアス回路

図 5・7 のように，電源電圧 V_{CC} を抵抗 R_{B1} と R_{B2} で分圧した電圧 V_{RB2} と，エミッタ回路に挿入した抵抗 R_E による電圧 V_E とによってバイアス電圧 V_{BE} を得る回路を**電流帰還バイアス回路**という．

自己バイアス回路に比べて，抵抗が二つ，コンデンサが一つ増えている．

バイアス電圧 V_{BE} は

$$V_{BE} = V_{RB2} - V_E \tag{5・12}$$

各電流 I_E，I_C，I_B の流れ方は固定バイアス回路と同じであるが，もうひとつ重要な役目をする電流ループ I_{B2} があり，この I_{B2} を**ベース・ブリーダ電流**，抵抗 R_{B1} と R_{B2} を**ベース・ブリーダ抵抗** という．エミッタ抵抗 R_E はバイアスを安定にする働きがあるので**安定抵抗**とも呼ぶ．

回路では次のような式が成立する．

$$V_{RB2} = R_{B2} \cdot I_{B2} = V_{BE} + V_E \tag{5・13}$$

$$V_{RB1} = R_{B1} \cdot I_{B1} = R_{B1}(I_B + I_{B2}) = V_{CC} - V_{RB2} \tag{5・14}$$

$$V_E = R_E \cdot I_E = R_E(I_B + I_C) \tag{5・15}$$

これらの式より，R_{B2}，R_{B1} および R_E は次式によって求めることができる．

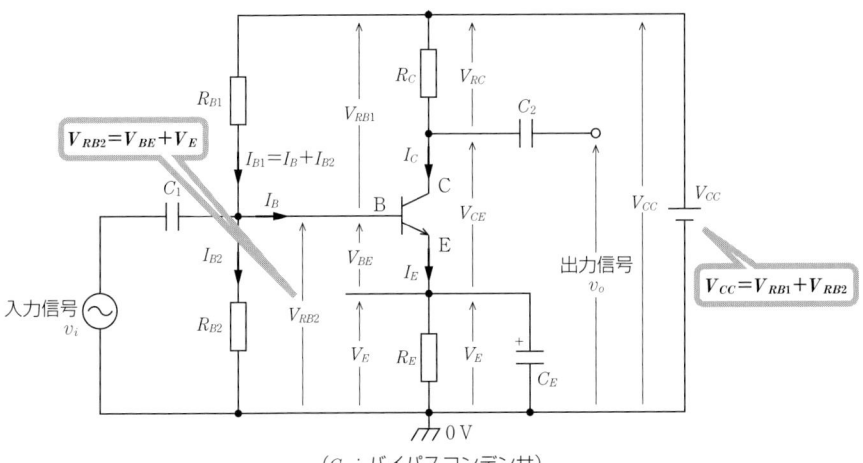

図 5・7 電流帰還バイアス回路
(C_E：バイパスコンデンサ)

$$R_{B2} = \frac{V_{RB2}}{I_{B2}} = \frac{V_{BE} + V_E}{I_{B2}} \tag{5・16}$$

$$R_{B1} = \frac{V_{CC} - V_{RB2}}{I_B + I_{B2}} = \frac{V_{CC} - V_E - V_{BE}}{I_B + I_{B2}} \tag{5・17}$$

$$R_E = \frac{V_E}{I_E} = \frac{V_E}{I_B + I_C} \tag{5・18}$$

一般に V_E の大きさは V_{CC} の 10～20% 程度に，ベース・ブリーダ電流 I_{B2} は I_B の 10 倍程度以上（$I_{B2} \geq 10 I_B$）を目安に選ばれる．

例題 5-4 図 5・7 の電流帰還バイアス回路で，$V_{CC} = 9$ V，$V_{BE} = 0.6$ V，$I_C = 2$ mA，$I_B = 20$ μA のとき，バイアス抵抗 R_{B1}，R_{B2}，R_E の値を求めよ．ただし，$V_E = 0.9$ V とする．

解 式 (5・17) より

$$R_{B1} = \frac{V_{CC} - V_E - V_{BE}}{I_B + I_{B2}} = \frac{9 - 0.9 - 0.6}{20 \times 10^{-6} + 10 \times 20 \times 10^{-6}} = \frac{7.5 \times 10^6}{220}$$

$$\fallingdotseq 34\,091\ \Omega \fallingdotseq 34.1 \times 10^3\ \Omega = 34.1\ \text{k}\Omega$$

（∵ $I_{B2} = 10\,I_B = 10 \times 20 \times 10^{-6}$）

式 (5・16) より

$$R_{B2} = \frac{V_{RB2}}{I_{B2}} = \frac{V_{BE} + V_E}{I_{B2}} = \frac{0.6 + 0.9}{10 \times 20 \times 10^{-6}} = \frac{1.5 \times 10^6}{200} = 7\,500\ \Omega = 7.5\ \text{k}\Omega$$

式 (5・18) より

$$R_E = \frac{V_E}{I_B + I_C} = \frac{0.9}{20 \times 10^{-6} + 2 \times 10^{-3}} = \frac{0.9}{(20 \times 10^{-3} + 2) 10^{-3}} = \frac{0.9 \times 10^3}{2.02}$$

$$\fallingdotseq 445.5\ \Omega \fallingdotseq \mathbf{446\ \Omega}$$

この電流帰還バイアス回路も安定性がよく，広く用いられている．その理由は**図 5・8** の直流回路（直流電圧・電流）のみの電流帰還バイアス回路（トランジスタの温度上昇により I_C が増加しようとした場合）にて理解できる．すなわち，図 5・8 より，**図 5・9** のブロック図が得られる．

つまり，温度上昇により I_C **が増加すると** I_B **が減少**し，式 (3・7) の $I_C = h_{FE} I_B$ **より** I_C **が減少し安定性が向上する**ことになる．

このバイアス回路では I_{B2} は I_B の 10 倍程度にし，エミッタ抵抗 R_E の端子電

5・4 電流帰還バイアス回路

⑥I_Bの減少によりI_Cも減少する．すなわちI_Cの増加がおさえられる

①温度上昇によりI_Cが増加する

①I_Cが増加する
②I_Eが増加する
⋮
⑥I_Cの増加がおさえられる

⑤V_{BE}の減少によりI_Bが減少する

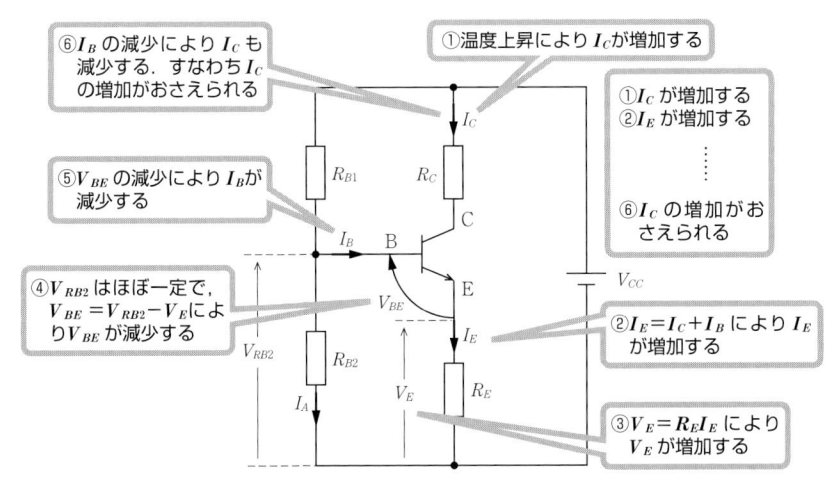

④V_{RB2}はほぼ一定で，$V_{BE}=V_{RB2}-V_E$によりV_{BE}が減少する

②$I_E=I_C+I_B$によりI_Eが増加する

③$V_E=R_E I_E$によりV_Eが増加する

図 5・8 電流帰還バイアス回路
（トランジスタの温度上昇によりI_Cが増加しようとした場合）

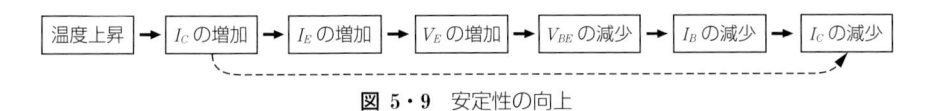

温度上昇 → I_Cの増加 → I_Eの増加 → V_Eの増加 → V_{BE}の減少 → I_Bの減少 → I_Cの減少

図 5・9 安定性の向上

圧 V_E を大きくすると安定度の向上の点でよくないので，電源電圧 V_{CC} の 10% 程度にする．

図 5・10 のように C_E を R_E に並列に接続すると，交流はコンデンサ C_E を通り，直流は抵抗 R_E を通る．

コンデンサ C_E のおかげで，交流には負帰還がかからないので，増幅度は低下せず，直流（バイアス）は負帰還によって安定する（第 6 章の 6・3 節で詳述している）．

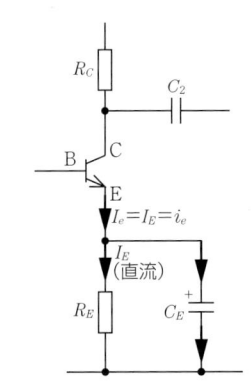

図 5・10 バイパスコンデンサの働きで交流には負帰還がかからない

例題 5-5 図 5·11 の電流帰還バイアス回路で，$V_{CC}=12$ V，$R_{B1}=47$ kΩ，$R_{B2}=10$ kΩ，$R_C=4.7$ kΩ，$R_E=1$ kΩ のとき，I_B，I_C および V_{CE} の動作点の値を求めよ。ただし，$V_{BE}=0.7$ V，$h_{FE}=180$ とする。

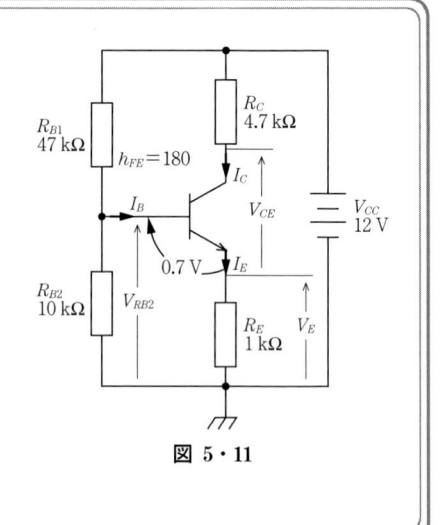

図 5·11

解 ベース電流はきわめて小さいので無視する。図 5·11 より

$$V_{RB2}=\frac{R_{B2}}{R_{B1}+R_{B2}}V_{CC}=\frac{10}{10+47}\times 12 = 2.11 \text{ V}$$

$$V_E = V_{RB2} - V_{BE} = 2.11 - 0.7 = 1.41 \text{ V}$$

$$I_E = \frac{V_E}{R_E} = \frac{1.41}{1\times 10^3} \fallingdotseq I_C = 1.41\times 10^{-3} \text{ A} = \mathbf{1.41 \text{ mA}}$$

$$I_B = \frac{I_C}{h_{FE}} = \frac{1.41\times 10^{-3}}{180} \fallingdotseq 7.83\times 10^{-6} \text{ A} = \mathbf{7.83 \text{ μA}}$$

$$V_{CE} = V_{CC} - (R_C + R_E)I_C = 12 - (4.7+1)\times 10^3 \times 1.41\times 10^{-3} \fallingdotseq \mathbf{4.0 \text{ V}}$$

例題 5-6 図 **5・12** の電流帰還バイアス回路で，トランジスタの $h_{FE}=100$, $V_{BE}=0.7\,\text{V}$, $V_{CC}=10\,\text{V}$, $I_C=2\,\text{mA}$ のとき，ブリーダ抵抗 R_{B1}, R_{B2} と R_E を求めよ．ただし，エミッタ電圧 V_E は，V_{CC} の 10% とし，I_{B2} は I_B の 10 倍とする．

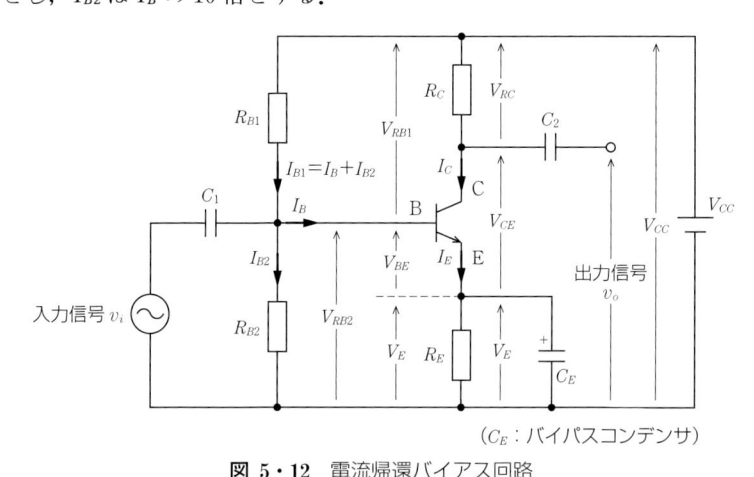

図 5・12 電流帰還バイアス回路

解 エミッタ電圧 V_E は V_{CC} の 10% より $V_E = 0.1 \times 10 = 1\,\text{V}$ となる．I_B は I_E に比べてきわめて小さいので，$I_E \fallingdotseq I_C$ とすると，

$$R_E = \frac{V_E}{I_E} = \frac{V_E}{I_C} = \frac{1}{2 \times 10^{-3}} = \mathbf{500\ \Omega}$$

となる．次に，I_B は

$$I_B = \frac{I_C}{h_{FE}} = \frac{2 \times 10^{-3}}{100} = 20 \times 10^{-6}\,\text{A} = 20\,\mu\text{A}$$

I_{B2} は I_B の 10 倍であるから

$$I_{B2} = 10 I_B = 10 \times 20 \times 10^{-6} = 200 \times 10^{-6}\,\text{A} = 200\,\mu\text{A}$$

となるから，抵抗 R_{B2} は

$$R_{B2} = \frac{V_{RB2}}{I_{B2}} = \frac{V_{BE} + V_E}{I_{B2}} = \frac{0.7 + 1}{200 \times 10^{-6}} = 8\,500\,\Omega = \mathbf{8.5\ k\Omega}$$

となる．また，抵抗 R_{B1} は

$$R_{B1} = \frac{V_{RB1}}{I_{B1}} = \frac{V_{CC} - V_{RB2}}{I_B + I_{B2}} = \frac{V_{CC} - (V_{BE} + V_E)}{I_B + I_{B2}} = \frac{10 - 1.7}{(20 + 200) \times 10^{-6}}$$

$$= \frac{8.3}{220 \times 10^{-6}} \fallingdotseq 37727.27 \text{ Ω} \fallingdotseq \mathbf{37.7 \text{ k}Ω}$$

5・5 直流負荷線と交流負荷線

1 固定バイアス回路の直流負荷線と交流負荷線

　直流負荷線については第4章で学んだが，動作点Pを中心に増幅作用が行われていることがわかった．

　図5・13に示すような固定バイアス回路の出力端子に負荷抵抗 R_L を接続すると，この回路では直流に対する負荷 R_{DC} と交流に対する負荷 R_{AC} の両方を考える必要がある．R_{DC} により決まる負荷線を第4章で述べたように**直流負荷線**，R_{AC} により決まる負荷線を**交流負荷線**（AC load line）という．

（1）直流負荷線の求め方

　直流に対しては，結合コンデンサ C_2 のリアクタンスは無限大となり負荷抵抗 R_L は接続されていないことになるから，**図5・14**(a)に示すように**直流に対する負荷 R_{DC} は R_C のみとなる**．

　直流に対するコレクタ電流 I_C は $V_{CC} \to R_C \to$ コレクタ・エミッタ間の経路にて流れるから，コレクタ・エミッタ間電圧 V_{CE} は図5・14(a)の $\boldsymbol{V_{CC} = R_C I_C + V_{CE}}$ より

$$V_{CE} = V_{CC} - R_C \cdot I_C \tag{5・19}$$

式（5・19）より

$$\boldsymbol{I_C} = \frac{V_{CC} - V_{CE}}{R_C} = \frac{\boldsymbol{V_{CC}}}{\boldsymbol{R_C}} - \frac{\boldsymbol{1}}{\boldsymbol{R_C}} \boldsymbol{V_{CE}} \tag{5・20}$$

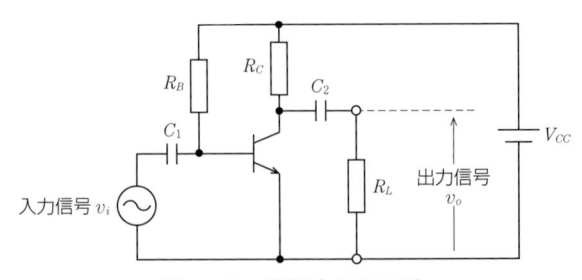

図5・13　固定バイアス回路

5・5 直流負荷線と交流負荷線

式（5・20）は直流負荷線を求めるための重要な式である．式（5・20）より

$V_{CE}=0$ のときは $I_C=\dfrac{V_{CC}}{R_C}$ ……点 A

$I_C=0$ のときは $V_{CE}=V_{CC}$ ……点 B

したがって，図 5・15 に示すように点 A と点 B を結べば，**直流負荷線が得**

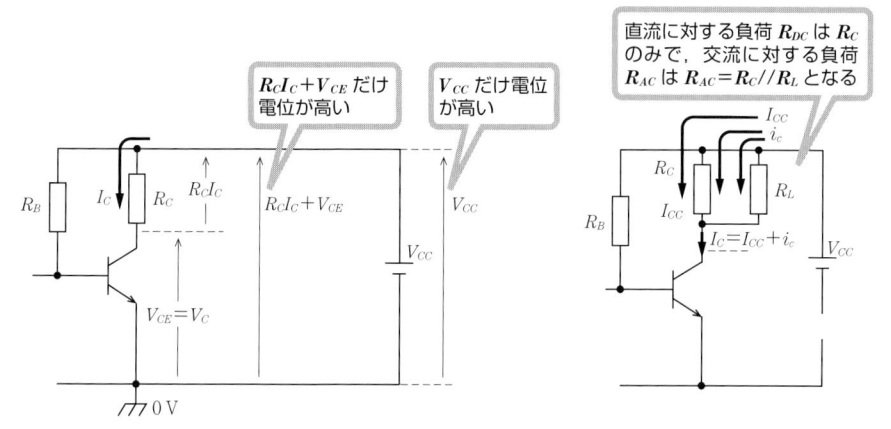

(a) 直流負荷 $R_{DC}=R_C$

(b) 交流負荷 $R_{AC}=R_C//R_L$

図 5・14　直流負荷と交流負荷

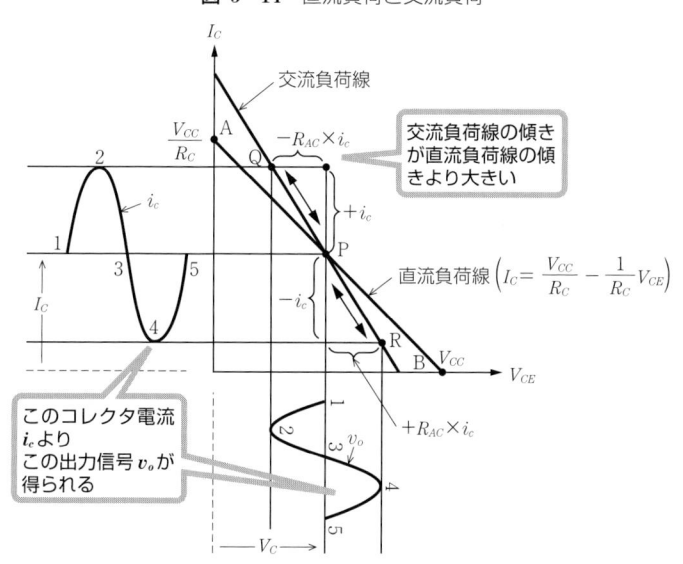

図 5・15　固定バイアス回路の直流負荷線と交流負荷線

られる．
（2） 交流負荷線の求め方

交流信号に対しては C_2 のリアクタンスは非常に小さく短絡状態に等しいから，図 5·14(b) に示すように**交流に対する負荷 R_{AC} は R_C と R_L の並列合成抵抗 $R_{AC} = R_C // R_L = R_C R_L / (R_C + R_L)$** となる．

次に，入力信号が加えられたときの動作を図 5·14(b) で考えると，コレクタには直流分 I_{CC} に重畳して信号分 i_c が流れる．

この信号分 i_c は交流に対する負荷の R_C と R_L を分流するから，i_c による電圧降下は $R_{AC} \times i_c$ となる．コレクタ電流が i_c だけ増加すると $I_C = I_{CC} + i_c$ となり，V_{CE} は $R_{AC} \times i_c$ だけ減少するから $V_{CE} = V_C - R_{AC} \times i_c$ となる．

逆に**コレクタ電流が i_c だけ減少すると，$I_C = I_{CC} - i_c$ となり，V_{CE} は $R_{AC} \times i_c$ だけ増加するから $V_{CE} = V_C + R_{AC} \times i_c$** となる．すなわち，入力信号が加わると，図 5·15 に示すように動作点 P を中心に Q 点と R 点を結ぶ直線上を移動して動作することになる．この動作点 P を通り Q 点と R 点を結んだ直線が**交流負荷線**となる．

図 5·15 のコレクタ電流 ($1 \to 2 \to 3 \to 4 \to 5$) により，出力信号 v_o ($1 \to 2 \to 3 \to 4 \to 5$) が得られることになる．

（3） 交流負荷線の傾きと直流負荷線の傾き

式 (5·20) より，直流負荷線の傾きは $-\dfrac{1}{R_C}$ で，また図 5·15 より，交流負荷線の傾きは $-\dfrac{i_c}{R_{AC} \times i_c} = -\dfrac{1}{R_{AC}}$ となる．

ここで，$\dfrac{R_C}{R_{AC}} = \dfrac{R_C}{\dfrac{R_C R_L}{R_C + R_L}} = \dfrac{R_L + R_C}{R_L} = 1 + \dfrac{R_C}{R_L}$ より $R_C > R_{AC}$ となる．

$R_C > R_{AC}$ であるから $\dfrac{1}{R_{AC}} > \dfrac{1}{R_C}$ となり図 5·15 に示すように**交流負荷線の傾きが直流負荷線の傾きより大きくなる．**

2　電流帰還バイアス回路の直流負荷線と交流負荷線

さらに，図 5・16(a) の電流帰還バイアス回路に負荷抵抗 R_L を接続した場合について考えてみる．

（1）直流負荷線の求め方

直流に対するコレクタ電流 I_C は $V_{CC} \to R_C \to$ コレクタ・エミッタ間 $\to R_E \to V_{CC}$ の経路にて流れるから，$I_C \fallingdotseq I_E$ としてコレクタ・エミッタ間電圧 V_{CE} は，図(a) に示すように $V_{CC} = R_C I_C + V_{CE} + R_E I_C$ が成り立つ．したがって，

$$V_{CE} = V_{CC} - (R_C + R_E) \cdot I_C \tag{5・21}$$

となる．式 (5・21) より，直流に対する負荷 R_{DC} は

$$R_{DC} = R_C + R_E \tag{5・22}$$

式 (5・21) より

$$I_C = \frac{V_{CC} - V_{CE}}{R_C + R_E} = \frac{V_{CC}}{R_C + R_E} - \frac{1}{R_C + R_E} V_{CE} \tag{5・23}$$

式 (5・23) は，電流帰還バイアス回路の直流負荷線を求めるための重要な式である．

$V_{CE} = 0$ のときは $I_C = \dfrac{V_{CC}}{R_C + R_E}$ ……点 A

$I_C = 0$ のときは $V_{CE} = V_{CC}$ ……点 B

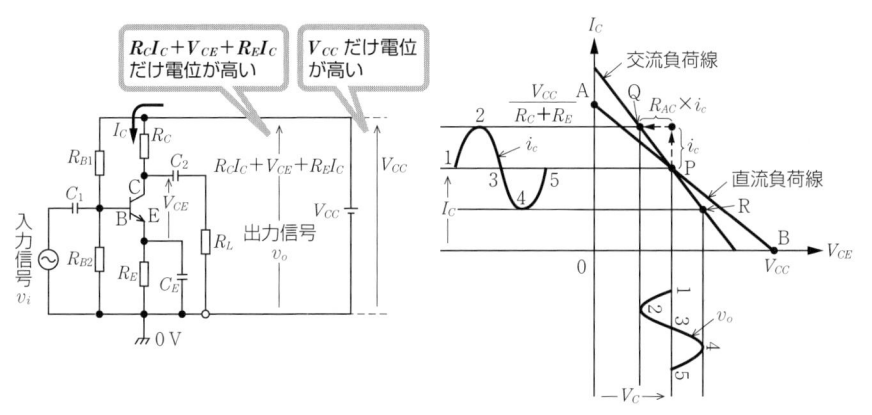

(a) 電流帰還バイアス回路

(b) 直流負荷線と交流負荷線

図 5・16

したがって，図(b) に示す点 A と点 B を結べば，**直流負荷線が得られる**．

(2) 交流負荷線の求め方

交流に対しては，C_2 と C_E のリアクタンスはほぼ 0 と考えられるため，エミッタ抵抗 R_E は短絡状態となる．したがって，交流負荷 R_{AC} は図 5・14 と同様 $\boldsymbol{R_{AC} = R_C \mathbin{/\mkern-6mu/} R_L = R_C R_L / (R_C + R_L)}$ となる．交流負荷線は図 5・15 と同様に図 5・16(b) で求められる．この場合も $R_C + R_E > R_{AC} \longrightarrow \dfrac{1}{R_{AC}} > \dfrac{1}{R_C + R_E}$ となり，同図(b) に示すように**交流負荷線の傾きが直流負荷線の傾きより大きくなる**．

例題 5-7 次の文章は低周波増幅回路に関する記述である．次の　　　　の中に当てはまる数値を記入せよ．

図 5・17 のような特性をもつトランジスタを用いて図 5・18 のような増幅回路をつくった．直流のみに対する負荷 R_{DC} は 　(1)　 kΩ で，交流のみに対する負荷 R_{AC} は 　(2)　 kΩ である．電流増幅度 $A_i =$

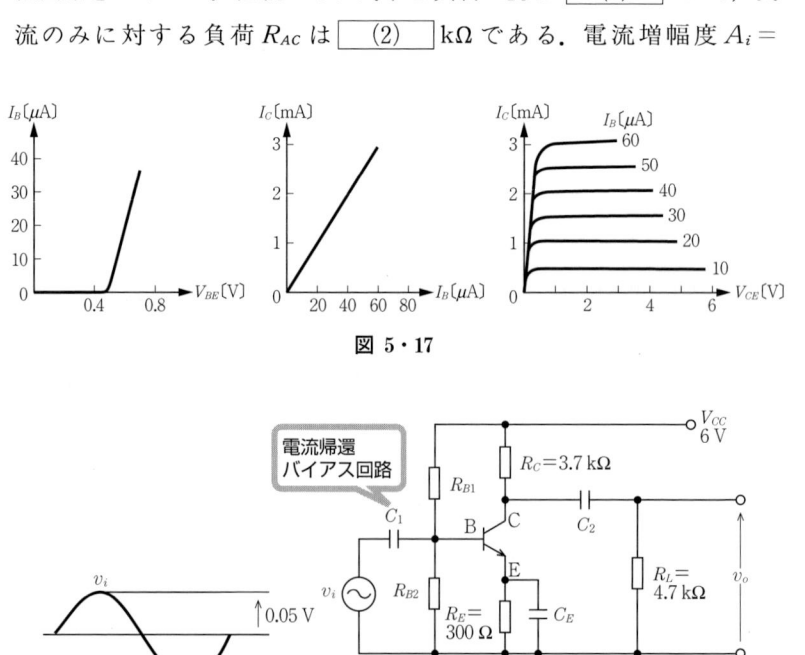

図 5・17

図 5・18

5・5 直流負荷線と交流負荷線

　　(3)　倍，電圧増幅度 $A_v =$　(4)　倍，電力増幅度 $A_p =$　(5)　倍となる．ただし，トランジスタは $I_C = 1.0\,\mathrm{mA}$ の点に動作点をおいて増幅作用を行わせるものとする．

解　(1)　図5・16の増幅回路より直流のみに対する負荷 $\boldsymbol{R}_{DC} = R_C + R_E = 3.7 + 0.3 = \boldsymbol{4\,\mathrm{k\Omega}}$ となる．また，
$$V_{CE} = V_{CC} - I_C R_{DC} = 6 - I_C \times 4 \cdots\cdots ①$$
　　　ただし，I_C は〔mA〕，R_{DC} は〔kΩ〕

式①より，$I_C \times 4 = 6 - V_{CE}$

$$I_C = \frac{6}{4} - \frac{1}{4} V_{CE} \cdots\cdots ②$$

式②より，直流負荷線は**図5・19**(c) のようになる．

(2)　交流のみに対する負荷 R_{AC} は
$$\boldsymbol{R}_{AC} = \frac{R_C \times R_L}{R_C + R_L} = \frac{3.7 \times 4.7}{3.7 + 4.7} \fallingdotseq \boldsymbol{2\,\mathrm{k\Omega}}$$

(3)～(5)　**直流負荷線と $I_C = 1\,\mathrm{mA}$ との交点 P が動作点となる．**

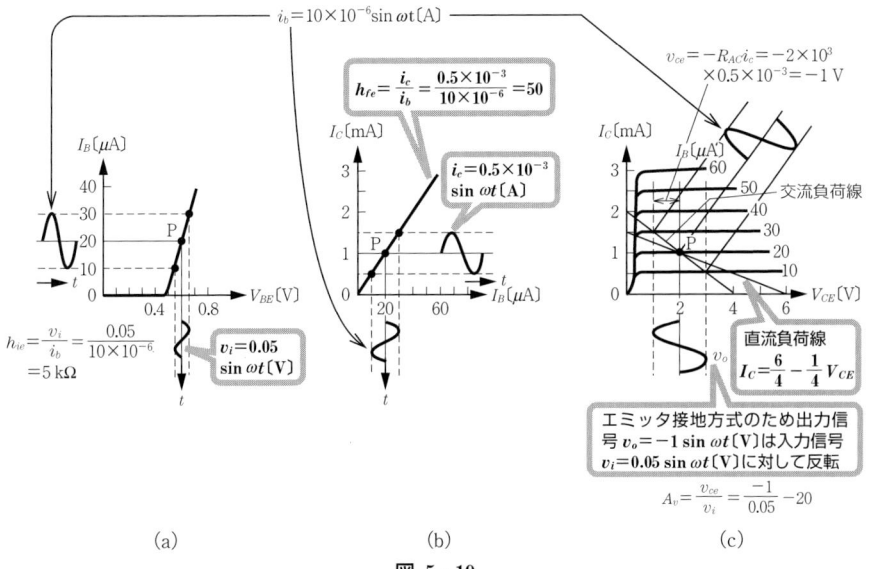

(a)　　　　　　　　(b)　　　　　　　　(c)

図5・19

図5·19(b) の I_B-I_C 特性上に $I_C=1\,\mathrm{mA}$, $I_B=20\,\mu\mathrm{A}$ の点 P と図(a) の V_{BE}-I_B 特性上に $I_B=20\,\mu\mathrm{A}$, $V_{BE}=0.6\,\mathrm{V}$ の点 P を記入する.

図(a) のように V_{BE}-I_B 特性上に入力 v_i を作図して i_b を求めると, $i_b=10\,\mu\mathrm{A}$ (最大値) となる. 図(b) のように I_B-I_C 特性上に i_b を作図して i_c を求めると, $i_c=0.5\,\mathrm{mA}$ (最大値) となる.

図5·19(c) の直流負荷線の $I_C=1\,\mathrm{mA}$ の点 P が動作点 P となるので, V_{CE}-I_C 特性上に v_{ce} を求めると, $v_{ce}=R_{AC}\times i_c=2\times10^3\times0.5\times10^{-3}=1\,\mathrm{V}$ (最大値) となるので, 交流電圧の出力 v_{ce} が求まる.

電流増幅度 $A_i=\dfrac{i_c}{i_b}=\dfrac{0.5\,\mathrm{mA}}{10\,\mu\mathrm{A}}=\dfrac{0.5}{10\times10^{-3}}=\dfrac{0.5\times10^3}{10}=\mathbf{50\,倍}$

電圧増幅度 $A_v=\dfrac{v_{cc}}{v_i}=-\dfrac{1}{0.05}=\mathbf{-20\,倍}$

電力増幅度 $A_p=A_i\times A_v=50\times20=\mathbf{1000\,倍}$

なお, 図5·19 には h_{ie}, h_{fe} の算出結果も示している.

章末の演習問題

問 1 図5·20 の固定バイアス回路で, $V_{CC}=10\,\mathrm{V}$, $I_C=2\,\mathrm{mA}$, $V_{BE}=0.7\,\mathrm{V}$, $V_{CE}=V_{CC}/2$ として R_B, R_C を求めよ. ただし, $h_{FE}=160$ とする.

問 2 図5·21 の自己バイアス回路で $V_{CC}=12\,\mathrm{V}$, $R_C=2\,\mathrm{k\Omega}$, $I_C=2.4\,\mathrm{mA}$ のときの R_B の値を求めよ. ただし, $V_{BE}=0.7\,\mathrm{V}$, $h_{FE}=120$ とする. また, I_B を考慮したときの R_B の値を求めよ.

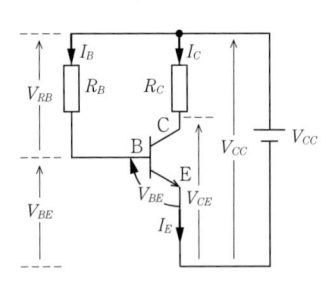

図 5・20　固定バイアス回路

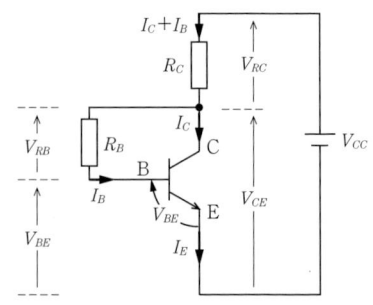

図 5・21　自己バイアス回路

問 3 図 5・22 の電流帰還バイアス回路において，$V_{CC}=12\,\mathrm{V}$，$I_C=1\,\mathrm{mA}$，$h_{FE}=100$ のときの R_{B2}，R_{B1}，R_E および R_C の値を求めよ．ただし，$V_E=V_{CC}$ の 10%，$I_{B2}=20I_B$，$V_{BE}=0.7\,\mathrm{V}$，$V_{CE}=V_{CC}/2$ とする．

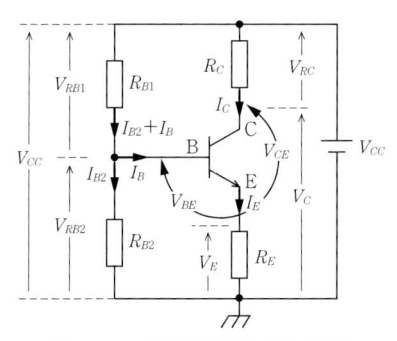

図 5・22　電流帰還バイアス回路

問 4 電源電圧 12 V，負荷抵抗が 1.5 kΩ のときの負荷線を図 5・23(b) の出力特性に記入して，その中点を動作点として，I_B，I_C，V_{CE} および図(a) の入力特性から V_{BE} を読み取り，図 5・22 の電流帰還バイアス回路の R_{B2}，R_{B1}，R_E および R_C の値を求めよ．ただし，V_E は V_{CC} の 10%，$I_{B2}=10I_B$ に設定するものとする．

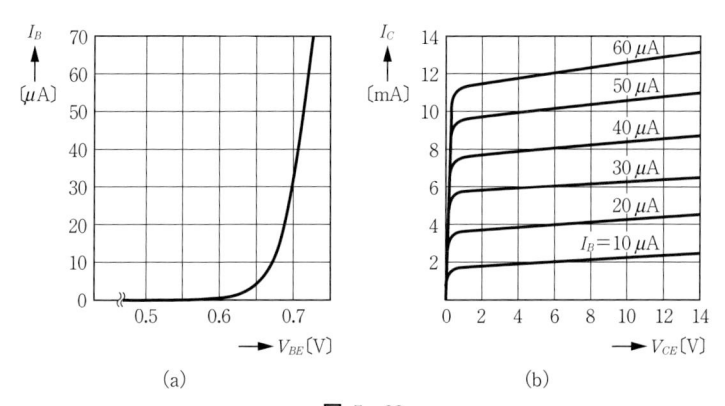

(a)　　　　　　　　　　(b)

図 5・23

問 5 次の文章は直流負荷線および交流負荷線に関する記述である．次の ☐ の中に当てはまる数値を記入せよ．

いま，電源電圧を V_{CC}，直流のみに対する負荷を R_{DC}，コレクタ・エミッタ間の直流電圧を V_{CE} とし，さらにコレクタ直流電流を I_C とするとき，$V_{CE}=$ ☐ (1) ☐ が成り立

つ.

　ある増幅回路の負荷線を求めたところ，**図5・24**のようになった．電源の電圧 V_{CC} は 9 V，直流のみに対する負荷 R_{DC} は ◯(2)◯ 〔kΩ〕，交流のみに対する負荷 R_{AC} は ◯(3)◯ 〔kΩ〕となる．また，入力信号が0のときのコレクタ電流は ◯(4)◯ 〔mA〕で，コレクタ・エミッタ間電圧 V_{CE} は ◯(5)◯ 〔V〕となる．

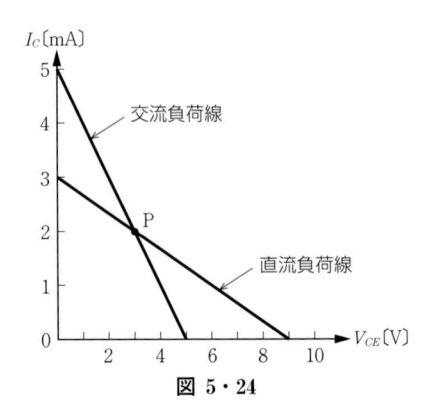

図 5・24

第6章
トランジスタ増幅回路の等価回路

> **ポイント**
>
> 本章では，第3，4章で学んだ重要な基本方式と等価回路を再度学ぶ．
>
> さらに，**低周波小信号増幅回路**（low frequency small signal coupled amplifier）の **CR 結合増幅回路**（capacitance-resistance coupled amplifier），**2段 CR 結合増幅回路**（two-stage capacitance-resistance coupled amplifier）および**差動増幅回路**（differential amplitier circuit）について学ぶ．

6・1　h 定数と等価回路

第3章で学んだ h 定数の静特曲線からの算出，h 定数を用いたトランジスタの動作基本式と等価回路および増幅度と利得を復習する．

1　h 定数の静特性曲線からの算出

(1) h_{fe} は I_C-I_B 特性から求めることができる（**図 6・1**(1)）．

　　電流増幅率の $h_{fe} = \dfrac{\varDelta I_C}{\varDelta I_B}$

(2) h_{ie} は I_B-V_{BE} 特性から求めることができる（図 6・1(2)）．

　　入力インピーダンスの $h_{ie} = \dfrac{\varDelta V_{BE}}{\varDelta I_B}$ 〔Ω〕

(3) h_{oe} は，I_C-V_{CE} 特性から求めることができる（図 6・1(3)）．

　　出力アドミタンスの $h_{oe} = \dfrac{\varDelta I_C}{\varDelta V_{CE}}$ 〔S〕

(4) h_{re} は V_{BE}-V_{CE} 特性からも求めることができる（図 6・1(4)）．

　　電圧帰還率の $h_{re} = \dfrac{\varDelta V_{BE}}{\varDelta V_{CE}}$

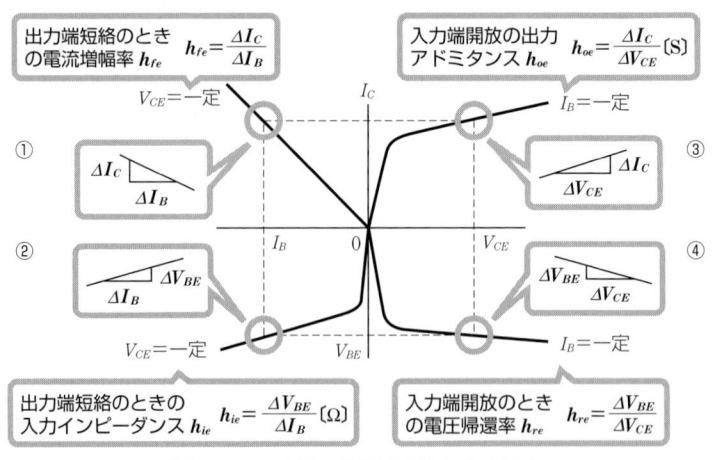

図 6・1 h 定数の静特性曲線からの算出

2　h 定数を用いたトランジスタの動作基本式と等価回路

$$\left.\begin{array}{l} v_{be}=h_{ie}\cdot i_b+h_{re}\cdot v_{ce} \\ i_c=h_{fe}\cdot i_b+h_{oe}\cdot v_{ce} \end{array}\right\} \quad (6\cdot1)$$

いま

$$\left.\begin{array}{l} h_{re}\cdot v_{ce}\ll h_{ie}\cdot i_b \\ h_{oe}\cdot v_{ce}\ll h_{fe}\cdot i_b \end{array}\right\} \quad (6\cdot2)$$

であるから，式（6・1）は次のようになり，**図 6・3** の簡易等価回路が得られる．

$$\left.\begin{array}{l} v_{be}=h_{ie}\cdot i_b+h_{re}\cdot v_{ce}=h_{ie}\cdot i_b \\ i_c=h_{fe}\cdot i_b+h_{oe}\cdot v_{ce}=h_{fe}\cdot i_b \end{array}\right\} \quad (6\cdot3)$$

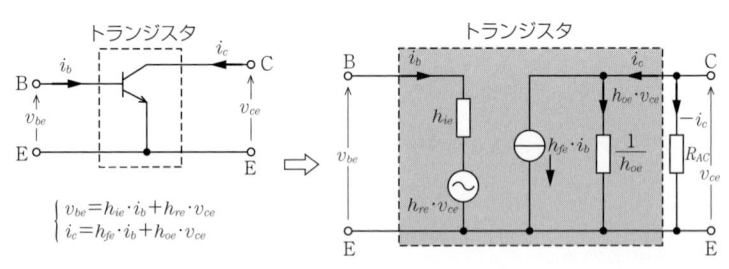

図 6・2　等価回路

6・1 h 定数と等価回路

コレクタ電流 $i_c = h_{fe} \cdot i_b$ = 電流増幅率×ベース電流は $R_L = R_{AC}$ とは無関係に入力信号電圧 v_i と静特性曲線から定まるので定電流源となる

入力インピーダンス

$h_{re} \cdot v_{ce} \ll h_{ie} \cdot i_b$
$h_{oe} \cdot v_{ce} \ll h_{fe} \cdot i_b$

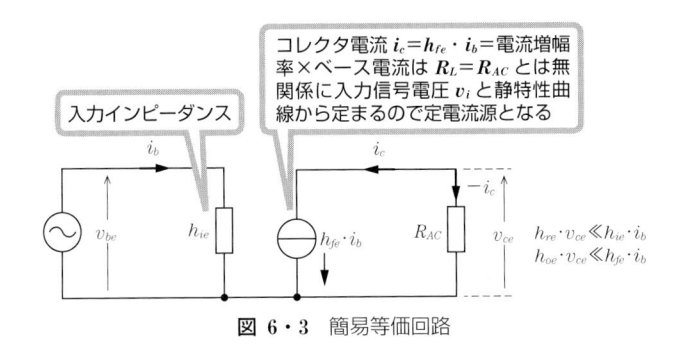

図 6・3 簡易等価回路

3 増幅度と利得

図 6・3 の簡易等価回路より，次の各式が得られる．

$$\left.\begin{array}{l} i_b = \dfrac{v_i}{h_{ie}} \\[6pt] v_{ce} = -i_c \times R_{AC} = -h_{fe} \times i_b \times R_{AC} = -h_{fe} \times \dfrac{v_i}{h_{ie}} \times R_{AC} \end{array}\right\} \quad (6\cdot4)$$

式 (3・2) より，電圧増幅度 A_v は

$$A_v = \frac{v_2}{v_1} = \frac{v_{ce}}{v_i}$$

$$A_v = \frac{v_{ce}}{v_i} = -\frac{h_{fe}}{h_{ie}} \times R_{AC} \qquad (6\cdot5)$$

エミッタ接地方式だから A_v は−（負号）

また，電流増幅度 A_i は

$$A_i = \frac{(出力電流)}{(入力電流)} = \frac{h_{fe} \times i_b}{i_b} = h_{fe} \qquad (6\cdot6)$$

電力増幅度 A_p は

$$A_p = \frac{(出力電力)}{(入力電力)} = \frac{v_{ce} \times -i_c}{v_i \times i_b} = -\frac{h_{fe} \times \dfrac{v_i}{h_{ie}} \times R_{AC} \times -h_{fe} \times i_b}{v_i \times i_b} = \frac{h_{fe}^2}{h_{ie}} \times R_{AC}$$

（図 6・2 の $-i_c$ に注意） $(6\cdot7)$

式 (6・5)～(6・7) より

$$\left.\begin{array}{l} \text{電圧利得} \quad G_v = 20\log_{10} A_v \ [\text{dB}] \\ \text{電流利得} \quad G_i = 20\log_{10} A_i \ [\text{dB}] \\ \text{電力利得} \quad G_p = 10\log_{10} A_p \ [\text{dB}] \end{array}\right\} \quad (6\cdot8)$$

が得られる．

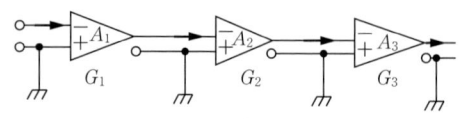

図 6・4 3段増幅回路

また，図 6・4 の各増幅回路の増幅度 A_1, A_2, A_3 および利得 G_1, G_2, G_3 の3段増幅回路の総合増幅度 A_o と総合利得 G_o は

$$A_o = A_1 \cdot A_2 \cdot A_3 \tag{6・9}$$

$$G_o = 20 \log A_o = 20 \log A_1 \cdot A_2 \cdot A_3 = 20(\log A_1 + \log A_2 + \log A_3)$$
$$= G_1 + G_2 + G_3 \tag{6・10}$$

例題 6-1 図 6・5 は，エミッタ接地増幅回路の交流分に対する簡略化した回路を示している．

入力電圧を v_1〔V〕，出力電圧を v_2〔V〕，電圧増幅度を 50 としたとき，この回路の負荷抵抗 R_L〔Ω〕はいくらか．ただし，このトランジスタのエミッタ接地 h 定数は，入力インピーダンス $h_{ie}=1\,000\,Ω$，電流増幅率 $h_{fe}=100$，電圧帰還率 $h_{re}≒0$，出力アドミタンス $h_{oe}≒0\,s$ とする．

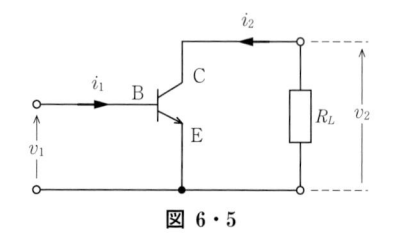

図 6・5

解 式（6・3）より

$$v_{be} = h_{ie} \cdot i_b, \quad i_c = h_{fe} \cdot i_b \cdots\cdots ①$$

図 6・6 より

$$v_o = -R_L i_c = -R_L h_{fe} i_b \cdots\cdots ②$$

電圧増幅度 $A_v = \dfrac{v_o}{v_i} = -\dfrac{R_L h_{fe} i_b}{h_{ie} i_b}$

$$= -\dfrac{h_{fe} R_L}{h_{ie}} \cdots\cdots ③$$

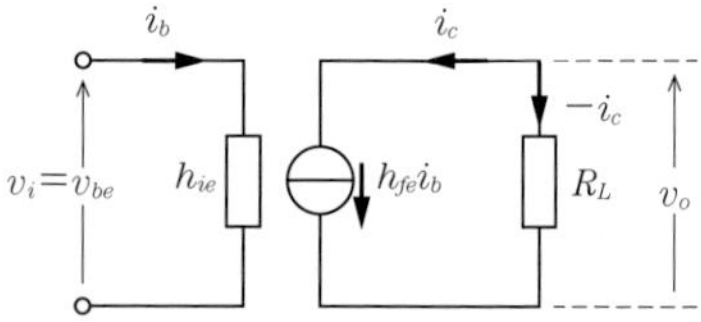

図 6・6

式③から

$$\boldsymbol{R_L} = -\dfrac{h_{ie}}{h_{fe}} A_v = -\dfrac{1\,000}{100} \times (-50) = \boldsymbol{500\ Ω} \quad (A_v は-50)$$

例題 6-2 次の文章は，トランジスタの利得に関する記述である．次の □ の中に当てはまる数値を記入せよ．

図 $6\cdot 7$ の増幅回路において，$h_{fe}=200$, $h_{ie}=4\,\text{k}\Omega$, $R_L=6\,\text{k}\Omega$ とすると，電圧増幅度 $A_v=$ □(1)□ で，電力増幅度 $A_P=$ □(2)□ となる．

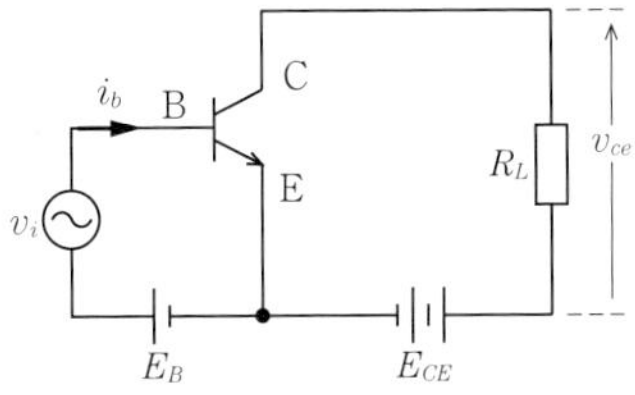

さらに，電圧利得 $G_v=$ □(3)□ 〔dB〕，電流利得 $G_i=$ □(4)□ 〔dB〕，電力利得 $G_P=$ □(5)□ 〔dB〕となる．ただし，$\log_{10}2=0.301$, $\log_{10}3=0.477$ とする．

図 $6\cdot 7$

解 式 $(6\cdot 5)\sim(6\cdot 7)$ により

$$A_v=-h_{fe}/h_{ie}\times R_L, \quad A_i=h_{fe}, \quad A_P=h_{fe}^2/h_{ie}\times R_L$$

である．したがって，

$$A_v=-200/(4\times 10^3)\times 6\times 10^3=\boldsymbol{-300}$$

$$A_i=200$$

$$A_P=200^2\times 6\times 10^3/(4\times 10^3)=\boldsymbol{60\times 10^3}$$

となる．

$$G_v=20\log_{10}|A_v|=20\log_{10}300$$
$$=20(\log_{10}3+\log_{10}100)=20(0.477+2)\fallingdotseq\boldsymbol{50\,\text{dB}}$$

$$G_i=20\log_{10}A_i=20\log_{10}200$$
$$=20(\log_{10}2+\log_{10}100)=20(0.301+2)\fallingdotseq\boldsymbol{46\,\text{dB}}$$

$$G_P=10\log_{10}A_P=10\log_{10}(60\times 10^3)$$
$$=10\log_{10}6\times 10^4=10(\log_{10}6+\log_{10}10^4)=10(0.778+4)\fallingdotseq\boldsymbol{48\,\text{dB}}$$

例題 6-3 図6・8の増幅回路で，$h_{ie}=2\,\mathrm{k\Omega}$，$h_{fe}=100$ で，$R_C=4\,\mathrm{k\Omega}$ のとき，増幅度 A_i，A_v，A_P および入力インピーダンス Z_i を求めよ．

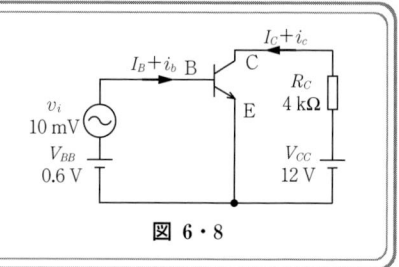

図 6・8

解 電流増幅度 $A_i = h_{fe} = \mathbf{100}$

電圧増幅度 $A_v = \dfrac{-h_{fe}}{h_{ie}} R_C = -\dfrac{100}{2\times 10^3}\times 4\times 10^3 = \mathbf{-200}$

（エミッタ接地方式だから $A_v = -200$）

電力増幅度 $A_P = \dfrac{h_{fe}^{\,2}}{h_{ie}}\times R_C = \dfrac{100^2}{2\times 10^3}\times 4\times 10^3 = \mathbf{20\,000}$

入力インピーダンス $Z_i = h_{ie} = \mathbf{2\,k\Omega}$

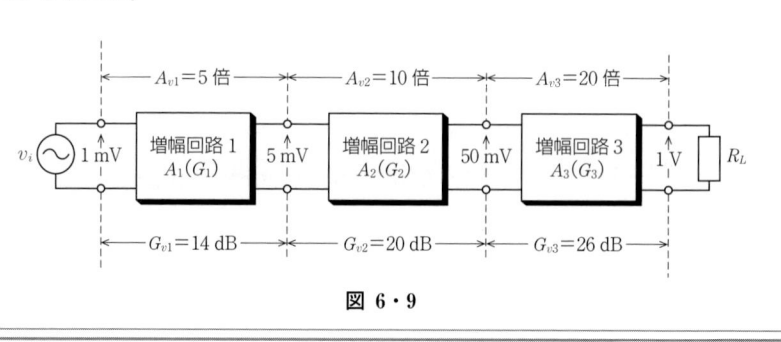

例題 6-4 図6・9の3段増幅回路で，総合増幅度 A_o，総合利得 G_o を求めよ．

図 6・9

解 式 (6・9) より $A_o = A_1 \cdot A_2 \cdot A_3 = 5\times 10\times 20 = \mathbf{1\,000}$

式 (6・10) より $G_o = G_1 + G_2 + G_3 = 14 + 20 + 26 = \mathbf{60\,dB}$

6・2 増幅回路の分類

接地方式とその特徴は第3章の3・3節にて既に述べた．そこで，ここでは動作点と周波数によって増幅回路を分類する．

1 動作点による分類

表 6・1

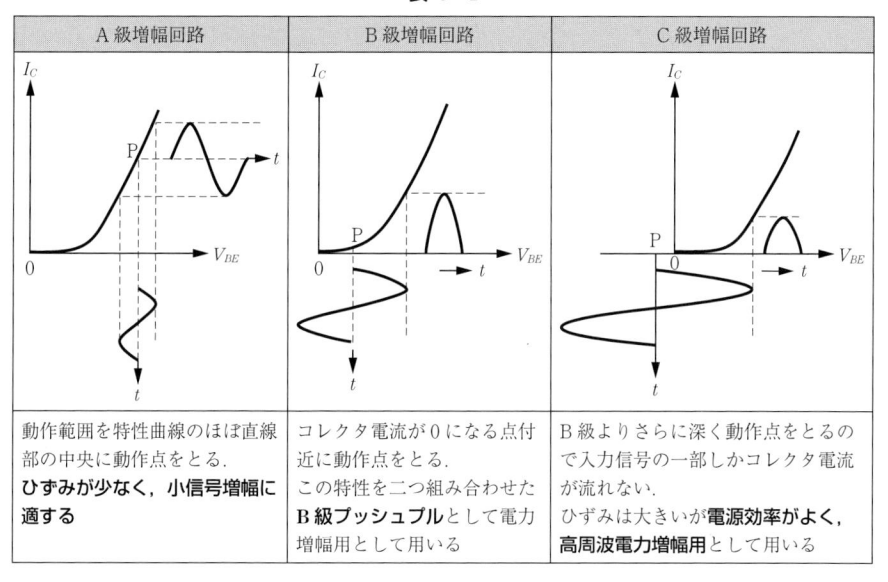

A級増幅回路	B級増幅回路	C級増幅回路
動作範囲を特性曲線のほぼ直線部の中央に動作点をとる．**ひずみが少なく，小信号増幅に適する**	コレクタ電流が0になる点付近に動作点をとる．この特性を二つ組み合わせた**B級プッシュプル**として電力増幅用として用いる	B級よりさらに深く動作点をとるので入力信号の一部しかコレクタ電流が流れない．ひずみは大きいが**電源効率がよく，高周波電力増幅用**として用いる

2 周波数による分類

①	超低周波増幅回路	20 Hz 以下
②	低周波増幅回路	20〜100 kHz
③	高周波増幅回路	100 kHz〜300 MHz
④	超高周波増幅回路	300 MHz 以上（〔GHz〕$=10^9$〔Hz〕含）
⑤	映像増幅回路	0〜4 MHz

例題 6-5 図 $6\cdot 10$ の増幅回路で，h パラメータの値が $h_{ie}=2$ kΩ，$h_{fe}=200$，$h_{re}=1.0\times 10^{-4}$，$h_{oe}=20\times 10^{-6}$ s で，負荷抵抗 $R_C=4$ kΩ のとき，各増幅度およびトランジスタの入出力インピーダンスを求めよ。

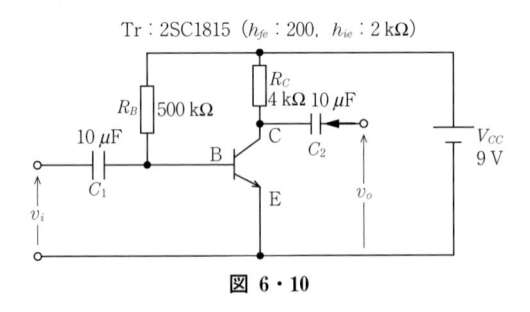

Tr：2SC1815（h_{fe}：200，h_{ie}：2 kΩ）

図 $6\cdot 10$

解 式 (6・5)〜式 (6・7) より

電圧増幅度 $A_v = -\dfrac{h_{fe}}{h_{ie}}R_C = -\dfrac{200}{2\times 10^3}\times 4\times 10^3$

$\qquad\qquad = -\mathbf{400}$ （エミッタ接地方式だから－（マイナス））

電流増幅度 $A_i = h_{fe} = \mathbf{200}$

電力増幅度 $A_P = \dfrac{h_{fe}^{\,2}}{h_{ie}}\times R_C = \dfrac{200^2}{2\times 10^3}\times 4\times 10^3 = \mathbf{80\,000}$

また，入力インピーダンス Z_i は $\boldsymbol{Z}_i = h_{ie} = \mathbf{2\ k\Omega}$

出力インピーダンス Z_o は式 (3・18)′ より

$\boldsymbol{Z}_o = \dfrac{1}{h_{oe}} = \dfrac{1}{20\times 10^{-6}} = \mathbf{50\ k\Omega}$

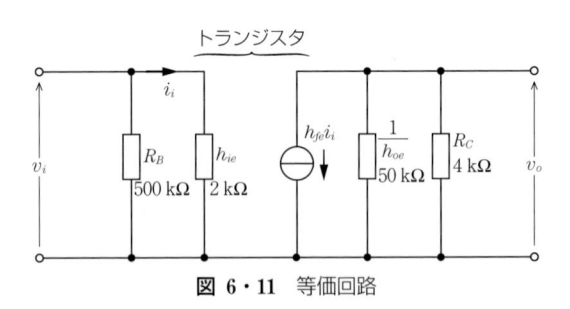

図 6・11 等価回路

なお，等価回路は図 6・11 のようになる．

6・3　CR 結合増幅回路

1　コンデンサの作用

コンデンサ C の容量リアクタンス X_C は，式（5・1）で示したように

$$X_C = \frac{1}{\omega C} = \frac{1}{2\pi f C} \ [\Omega]$$

で与えられる．ただし，$\omega = 2\pi f$〔rad/s〕は角速度で，f〔Hz〕は周波数である．

直流に対しては，$\omega = 2\pi f$ の $f = 0 \to \omega = 0$ となり，上式より $X_C = 1/0 = \infty$ となり，**コンデンサ C は直流は通さないことになる**．

交流に対しては，$\omega = 2\pi f$ が大きいとき，すなわち**高い周波数のときは** $X_C = 1/\omega C$ が小さくなって**通しやすく**，$\omega = 2\pi f$ が小さいとき，すなわち**低い周波数のときは** $X_C = 1/\omega C$ が大きくなって**通しにくくなる**．

2　CR 結合増幅の基本回路

エミッタ接地回路で 2 段以上にわたって増幅するとき，お互いの動作点を乱さないように段間を接続する必要がある．コレクタ抵抗（負荷抵抗）に生じた信号電圧（交流電圧）だけをコンデンサによって取り出し，次段に結合していく方法が **CR 結合増幅回路** である．図 6・12 に 1 段だけの CR 結合増幅回路（電流帰還バイアスによるエミッタ接地増幅回路）を示す．C_1，C_2 が**結合コンデンサ**で，また，C_E はエミッタ電流の交流分のみを通すことから**バイパスコンデンサ**と呼ぶ．

3　コンデンサの働き

（1）直流を通さない結合コンデンサ C_1，C_2 の働き

結合コンデンサ C_1 は入力交流電圧 v_i をベース・バイアス電圧に加えている．

結合コンデンサ C_2 は R_C の両端に生じる電圧のうち交流分のみを R_l に加えている．図 6・13 にこの様子を示す．

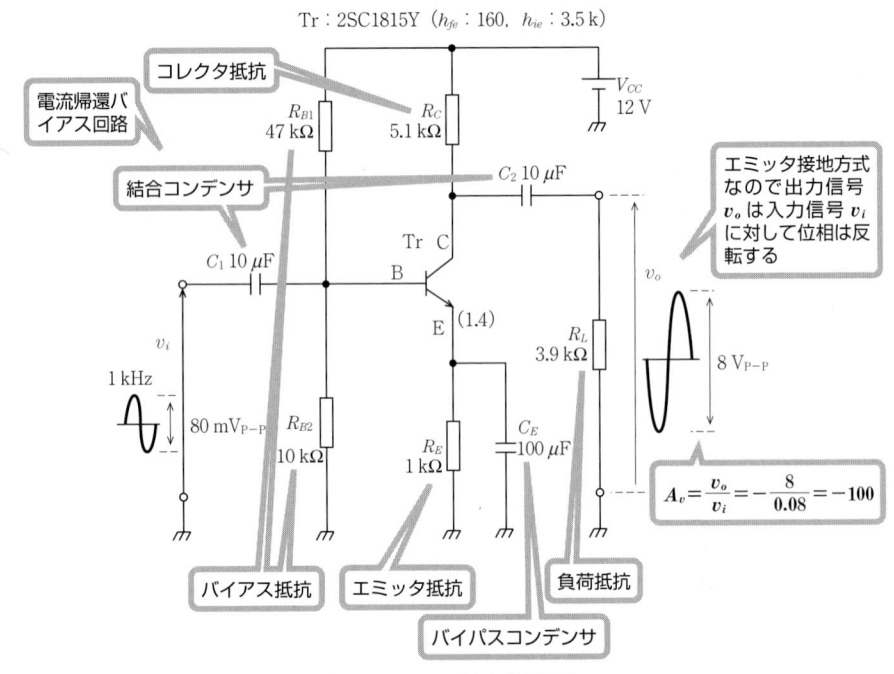

図 6・12 CR 結合増幅回路

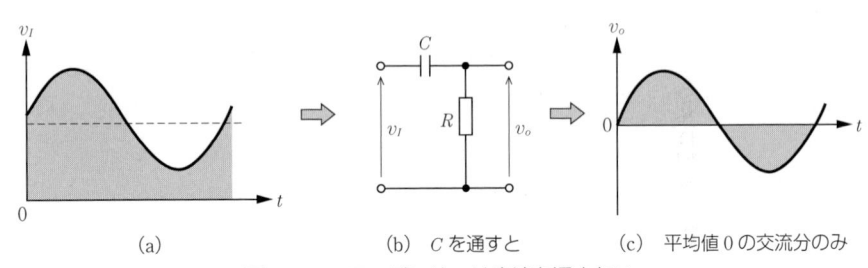

図 6・13 コンデンサ C は直流を通さない

(a)　　(b) C を通すと　　(c) 平均値 0 の交流分のみ

（2） 出力の低下を防ぐバイパスコンデンサ C_E の働き

図6・14 (a) のように，バイパスコンデンサ C_E がないときはベースとエミッタ間に加わる交流電圧は，入力信号電圧 v_i より，R_E にかかる交流電圧 v_E を引いた式 (6・11) の電圧しか加わらないことになる．

6・3 CR結合増幅回路

$$v_i - v_E = v_i - i_e R_E \qquad (6・11)$$

一方，図(b)のようにバイパスコンデンサ C_E を接続し，C_E の値を十分大きくするとコンデンサの容量リアクタンス $\dfrac{1}{\omega C_E}=0$ となり，交流電流 i_e は C_E の方にのみ流れ，エミッタとアース間の交流電圧は C_E に吸い込まれて0となるから，ベース・エミッタ間に加わる交流電圧は

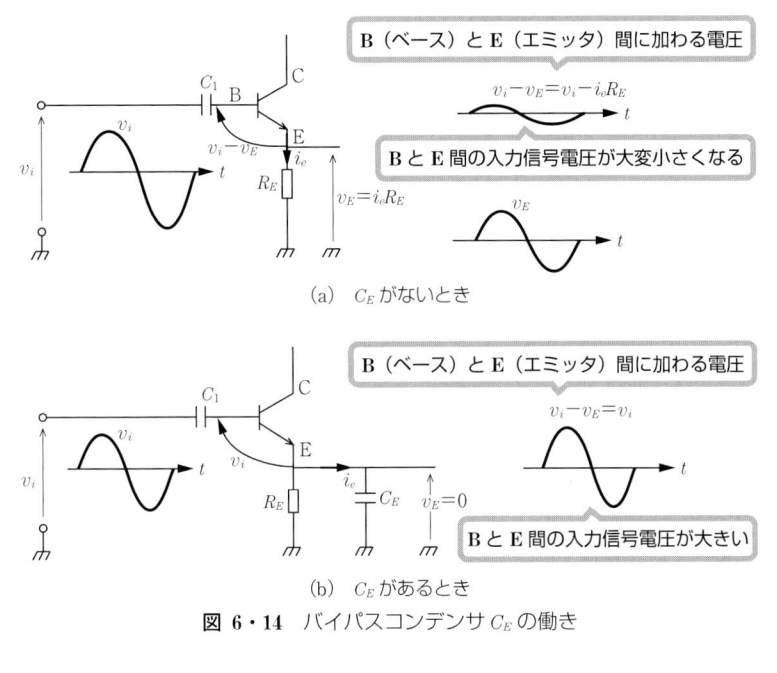

(a) C_E がないとき

(b) C_E があるとき

図 6・14　バイパスコンデンサ C_E の働き

(a) 直流分　　(b) 交流分

図 6・15　Trへの直流分と交流分の入力

$$v_i - v_E = v_i \tag{6・12}$$

となる.

すなわち，v_i の入力信号電圧がそのままベース・エミッタ間に加わることになり，R_E による出力の低下を防ぐことができる．また，R_E には図 6・15 のように直流電流 I_E のみが流れることになる．

4 等価回路による電圧増幅度 A_v，電流増幅度 A_i の算出

取り扱う周波数では，結合コンデンサやバイパスコンデンサのリアクタンスは十分に小さく無視してよいので，交流分に関する回路は図 6・16(a) のようになり，さらにトランジスタを h 定数等価回路で置き換えると図(b) を得る．この等価回路より電圧増幅度 A_v，電流増幅度 A_i を求める．

図 6・16(b) の等価回路において

$$i_b = \frac{v_i}{h_{ie}}$$

$$R_{BB} = R_{B2} // R_{B1} = \frac{1}{\frac{1}{R_{B2}} + \frac{1}{R_{B1}}} \qquad R_{AC} = R_C // R_l = \frac{1}{\frac{1}{R_C} + \frac{1}{R_l}}$$

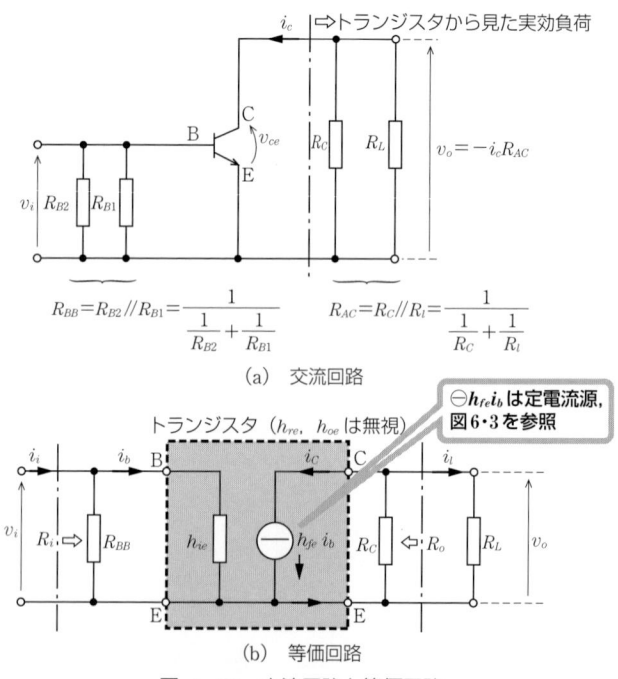

(a) 交流回路

$\ominus h_{fe}i_b$ は定電流源，図 6・3 を参照

(b) 等価回路

図 6・16 交流回路と等価回路

$$i_l R_L = -h_{fe} i_b \times \frac{R_C R_L}{R_C + R_L} \longrightarrow i_l = -h_{fe} i_b \times \frac{R_C}{R_C + R_L} \tag{6・13}$$

が成り立つ（i_l は $i_c = h_{fe} i_b$ の逆方向だから－（負号）がつく）.

$$v_o = i_l \cdot R_L = \left(-h_{fe} i_b \frac{R_C}{R_C + R_L} \right) \times R_L$$

$$= -h_{fe} \frac{v_i}{h_{ie}} \times \frac{R_C R_L}{R_C + R_L}$$

$$= -\frac{h_{fe}}{h_{ie}} R_{AC} v_i \quad \left(\because R_{AC} = R_C /\!/ R_L = \frac{R_C R_L}{R_C + R_L} \right) \tag{6・14}$$

式（6・14）の**負号は出力 v_o が入力 v_i とは逆位相になることを意味する**. したがって電圧増幅度 A_v は

$$\boldsymbol{A_v} = \frac{v_o}{v_i} = \left(-\frac{h_{fe}}{h_{ie}} R_{AC} v_i \right) \Big/ v_i = -\frac{\boldsymbol{h_{fe}}}{\boldsymbol{h_{ie}}} \boldsymbol{R_{AC}} \tag{6・15}$$

式（6・13）より

$$\frac{i_l}{i_b} = -h_{fe} \times \frac{R_C}{R_C + R_L} \tag{6・16}$$

図6・16(b) の等価回路において

$$i_b h_{ie} = i_i \times \frac{R_{BB} h_{ie}}{R_{BB} + h_{ie}} \longrightarrow \frac{i_b}{i_i} = \frac{R_{BB}}{h_{ie} + R_{BB}} \tag{6・17}$$

電流増幅度 A_i は

$$A_i = \frac{i_l}{i_i} = \frac{i_l}{i_b} \cdot \frac{i_b}{i_i} \tag{6・18}$$

式（6・18）に式（6・16），（6・17）を代入すると

$$\boldsymbol{A_i} = \left(-h_{fe} \times \frac{R_C}{R_C + R_L} \right) \cdot \left(\frac{R_{BB}}{h_{ie} + R_{BB}} \right) = -\frac{\boldsymbol{h_{fe}}}{\boldsymbol{h_{ie}}} \cdot \frac{\boldsymbol{R_C R_i}}{\boldsymbol{R_C + R_L}} \tag{6・19}$$

ただし，$R_i = R_{BB} /\!/ h_{ie}$ で入力端子から増幅回路を見た入力抵抗に相当する. すなわち

$$R_i = R_{BB} /\!/ h_{ie} = \frac{1}{\frac{1}{R_{B2}} + \frac{1}{R_{B1}} + \frac{1}{h_{ie}}} \tag{6・20}$$

また，負荷抵抗から増幅回路を見た出力抵抗 R_o は

$$\boldsymbol{R_o} = \boldsymbol{R_C} \tag{6・21}$$

5　最適動作点の求め方

小信号増幅では，信号による変動は小さいので，出力信号のひずみはあまり考えなくてよい．しかし，大きな振幅の信号が入った場合にも，できるだけひずまないように**動作点**を決めなければならない．

図 6・12 の CR 結合増幅回路はエミッタ接地式電流帰還バイアス回路であるから，図 6・17(a) の回路を用いて最適動作点を求める．

(a) 電流帰還バイアス回路　　(b) 最適動作点の求め方

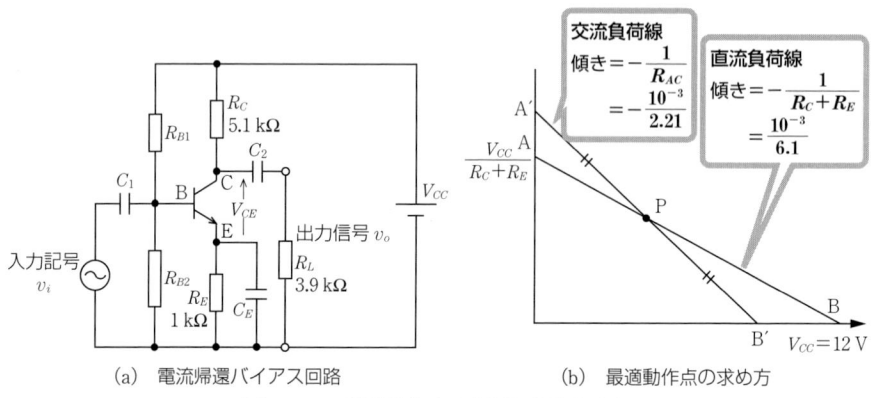

図 6・17　最適動作点の作図による求め方

式 (5・23) より

$$I_C = \frac{V_{CC} - V_{CE}}{R_C + R_E} = \frac{V_{CC}}{R_C + R_E} - \frac{1}{R_C + R_E} V_{CE} \qquad (6 \cdot 22)$$

式 (6・22) により図 6・17(b) の**点 A，点 B** が求まり，**直流負荷線 AB** が引ける．一方，交流負荷線の傾きは $-\dfrac{1}{R_{AC}}$ となる（5・5 節参照）．

交流負荷線を左右に移動させ，$\overline{A'B'}$ が $\overline{AB}$ との交点によって 2 等分される点 P が**最適動作点**である．次に，**この最適動作点を与えるために必要なバイアス抵抗 R_{B2}，R_{B1} を求めればよい．**

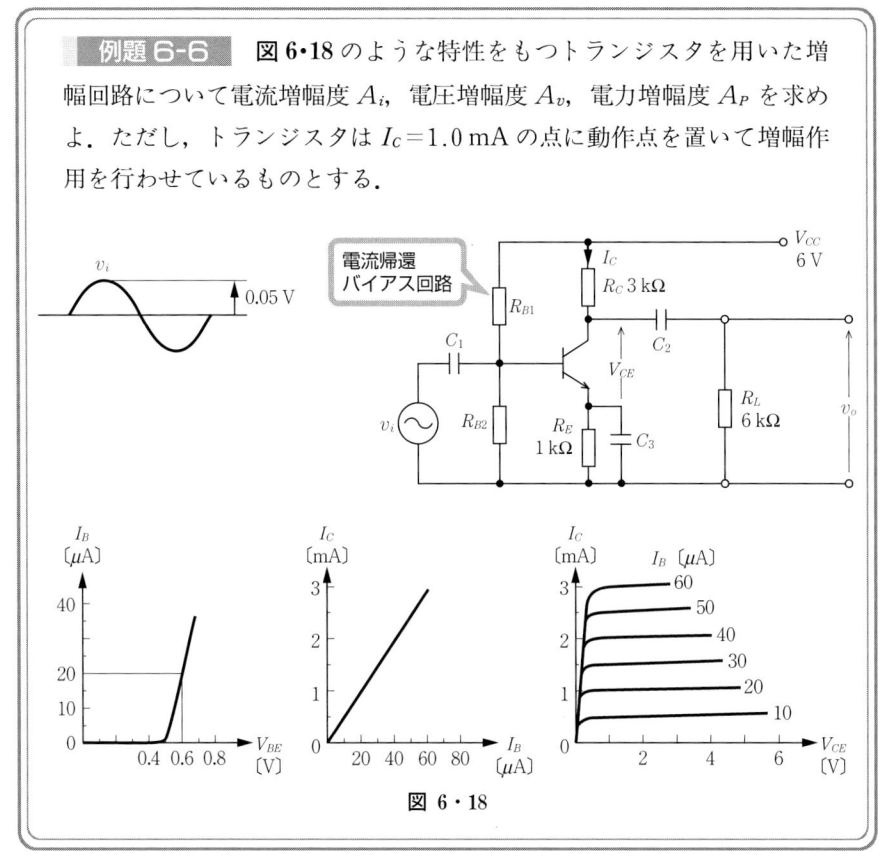

例題 6-6
図 6・18 のような特性をもつトランジスタを用いた増幅回路について電流増幅度 A_i，電圧増幅度 A_v，電力増幅度 A_P を求めよ．ただし，トランジスタは $I_C=1.0\,\mathrm{mA}$ の点に動作点を置いて増幅作用を行わせているものとする．

図 6・18

例題 5-7 の $R_C=3.7\,\mathrm{k\Omega}$，$R_E=300\,\Omega$，$R_L=4.7\,\mathrm{k\Omega}$ がそれぞれ本例題では $R_C=3\,\mathrm{k\Omega}$，$R_E=1\,\mathrm{k\Omega}$，$R_L=6\,\mathrm{k\Omega}$ に変わっている．

解

$$V_{CE}=V_{CC}-R_{DC}I_C\cdots\cdots\text{①}$$

式①に $V_{CC}=6\,\mathrm{V}$，$R_{DC}=R_C+R_E=4\,\mathrm{k\Omega}$ を代入すると

$$V_{CE}=6-4I_C \longrightarrow I_C=\frac{6}{4}-\frac{1}{4}V_{CE}\cdots\cdots\text{②}$$

式②より直流負荷線は図 6・19 に示すようになる．
$I_C=1\,\mathrm{mA}$ と直流負荷線との交点 P も示した．

図 6・19 の説明:

- 同じ i_b
- $i_b = 10 \times 10^{-6} \sin\omega t \,[\mathrm{A}]$
- $h_{ie} = \dfrac{v_i}{i_b} = \dfrac{0.05}{10 \times 10^{-3}} = 5\,\mathrm{k\Omega}$
- $h_{fe} = \dfrac{i_c}{i_b} = \dfrac{0.5 \times 10^{-3}}{10 \times 10^{-6}} = 50$
- $i_c = 0.5 \times 10^{-3} \sin\omega t \,[\mathrm{A}]$
- 交流負荷線
- 直流負荷線 $I_C = \dfrac{6}{4} - \dfrac{1}{4} V_{CE}$
- $v_i = 0.05 \sin\omega t \,[\mathrm{V}]$
- $i_b = 10 \times 10^{-6} \sin\omega t \,[\mathrm{A}]$
- $v_o = -1 \sin\omega t \,[\mathrm{V}]$
- エミッタ接地方式だから出力信号 v_o の位相は入力信号 v_i に対して反転する
- $A_v = \dfrac{v_o}{v_i} = -\dfrac{1}{0.05} = -20$

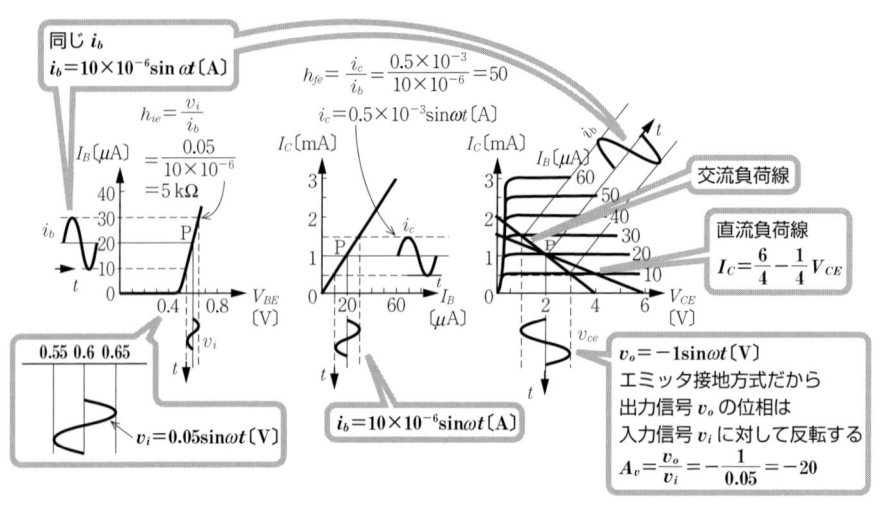

図 6・19

交流負荷抵抗 $R_{AC} = \dfrac{3 \times 6}{3+6} = 2\,\mathrm{k\Omega}$ より

$$\text{交流負荷線の傾き} = -\frac{1}{R_{AC}} = -\frac{1}{2}$$

となる．したがって交流負荷線も図(c) に示すようになる．また，I_B-I_C 特性，V_{BE}-I_B 特性上に動作点 P も記入した．

次に，V_{BE}-I_B 特性上に入力 v_i を作図し i_b を求めると，$i_b = 10\,\mu\mathrm{A}$（最大値）となる．さらに I_B-I_C 特性上に i_b を作図し，i_c を求めると $i_c = 0.5\,\mathrm{mA}$（最大値）となる．また，V_{CB}-I_C 特性上に i_c を作図し，v_o を求めると $1\,\mathrm{V}$（最大値）となる．

したがって，v_i，i_b，i_c，v_o の値から A_i，A_v および A_p は

電流増幅度 $A_i = \dfrac{i_c}{i_b} = \dfrac{0.5\,\mathrm{mA}}{10\,\mu\mathrm{A}} = \dfrac{0.5 \times 10^{-3}}{10 \times 10^{-6}} = \dfrac{0.5 \times 10^3}{10} = \mathbf{50\,倍}$

電圧増幅度 $A_v = \dfrac{v_o}{v_i} = \dfrac{-1\,\mathrm{V}}{0.05\,\mathrm{V}} = \mathbf{-20\,倍}$

電力増幅度 $A_p = A_i \times A_v = 50 \times 20 = \mathbf{1000\,倍}$

（ただし，A_v の符号（−の負号）は省く）

すなわち，例題 5-7 の解答と同じ結果となる．

なお，図 6・19 には h_{ie}，h_{fe} の算出結果も示している．

【例題 5-7 と例題 6-6 の結果が同じになることについて】

例題 5-7 では，$R_C=3.7\text{ k}\Omega$，$R_E=300\text{ }\Omega=0.3\text{ k}\Omega$ で，$R_{DC}=R_C+R_E=3.7+0.3=4\text{ k}\Omega$ である．

$$V_{CE}=V_{CC}-I_C\times R_{DC}=6-I_C\times 4\times 10^3$$

となり，直流負荷線の式は

$$I_C=\frac{6}{4\times 10^3}-\frac{1}{4\times 10^3}V_{CE}\text{ [A]}=\frac{6}{4}-\frac{1}{4}V_{CE}\text{ [mA]}$$

$$R_{AC}=\frac{R_C\times R_L}{R_C+R_L}=\frac{3.7\times 4.7}{3.7+4.7}\fallingdotseq 2\text{ k}\Omega$$

交流負荷線の傾きは $-\dfrac{1}{R_{AC}}=-\dfrac{1}{2\times 10^3}$

例題 6-6 では，$R_C=3\text{ k}\Omega$，$R_E=1\text{ k}\Omega$ で，$R_{DC}=R_C+R_E=3+1=4\text{ k}\Omega$ である．

すなわち，R_{DC} は例題 5-7 と同じ，$V_{CC}=6\text{ V}$ も例題 5-7 と同じであるから，直流負荷線の式は

$$I_C=\frac{6}{4}-\frac{1}{4}V_{CE}\text{ [mA]}\quad\text{となる．}$$

$$R_{AC}=\frac{R_C\times R_L}{R_C+R_L}=\frac{3\times 6}{3+6}=2\text{ k}\Omega$$

交流負荷線の傾き $=-\dfrac{1}{R_{AC}}=-\dfrac{1}{2\times 10^3}$

となり，例題 5-7 と同じである．

また，V_{BE}-I_B 特性，I_B-I_C 特性も例題 5-7 と同じである．入力信号が同じであるから出力信号も同じとなり，電流増幅度 A_i，電圧増幅度 A_v，電力増幅度 A_p も例題 5-7 と同じとなる．

6 周波数特性

増幅度の周波数に対する変化を表した曲線を**周波数特性曲線**と呼ぶ．CR 結合増幅回路は広い周波数範囲の信号を増幅することができる．しかし，**図 6・20** に示すようにきわめて低い周波数の信号に対してはコンデンサのリアクタンスが無視できなくなり，出力電圧が低下する．

結合コンデンサ C_1，C_2 およびバイパスコンデンサのリアクタンスによる影響

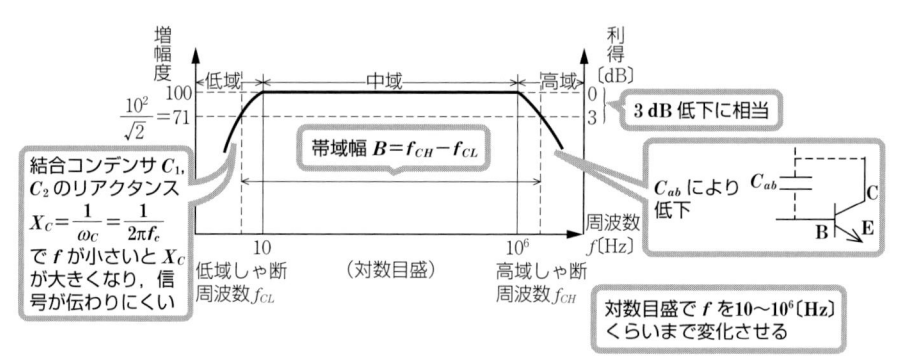

図 6・20 周波数特性曲線

（図中の注釈）
- 結合コンデンサ C_1, C_2 のリアクタンス $X_C = \dfrac{1}{\omega C} = \dfrac{1}{2\pi f_c}$ で f が小さいと X_C が大きくなり，信号が伝わりにくい
- 帯域幅 $B = f_{CH} - f_{CL}$
- 低域しゃ断周波数 f_{CL}
- 高域しゃ断周波数 f_{CH}
- 3 dB 低下に相当
- C_{ab} により低下
- 対数目盛で f を $10 \sim 10^6$ [Hz] くらいまで変化させる
- $\dfrac{10^2}{\sqrt{2}} = 71$

が無視できる場合には，増幅度（電圧）は，周波数が変化しても出力電圧の値は一定である．このような周波数領域を**中域**と呼んでいる．中域より低い周波数や高い周波数では増幅度は低下するから，それぞれ**低域**，**高域**と呼んでいる．

図 6・20 に示すように出力電圧の値が中域に比べて $1/\sqrt{2}$（3 dB に相当）となる低域および高域のそれぞれの点の周波数の値を**低域しゃ断周波数**および**高域しゃ断周波数**と呼び，それぞれ f_{CL} および f_{CH} で表している．また，高域しゃ断周波数と低域しゃ断周波数の差 $B = f_{CH} - f_{CL}$ を**帯域幅**（band width）と呼んでいる．

帯域幅 B は，増幅しようとしている信号の周波数成分が含まれているように，十分に広くする必要がある．

高域での周波数特性はトランジスタ自身の h_{fe} の低下と，ベース・コレクタ間の C_{ab}（コレクタ接合容量）などが影響していると考えられる．

したがって，高域しゃ断周波数を高めるためには，C_{ab} が小さく，h_{fe} の周波数特性のすぐれたトランジスタを使用し，さらに配線に注意して増幅回路をつくる必要がある．

【3 dB 低下の説明】

電圧増幅度 A_v が $\dfrac{1}{\sqrt{2}}$ 倍に低下したときの電圧増幅度を $A_v{}'$ とすると，

$$A_v{}' = \frac{1}{\sqrt{2}} A_v \cdots\cdots ①$$

電圧利得 $G_v{}' = 20 \log_{10} A_v{}' \cdots\cdots ②$

6・3 CR結合増幅回路

式①を式②に代入すると

$$G_v' = 20\log_{10}\frac{1}{\sqrt{2}}A_v = 20\log_{10}1 + 20\log_{10}A_v - 20\times\frac{1}{2}\log_{10}2$$
$$= 20\log_{10}1 + 20\log_{10}A_v - 10\log_{10}2 \cdots\cdots ③$$

ここで，

$$\left.\begin{array}{l} 10^0 = 1 \longrightarrow 0 = \log_{10}1 \\ 10^{0.3010} = 2 \longrightarrow 0.3010 = \log_{10}2 \end{array}\right\} \cdots\cdots ④$$

式④を式③に代入すると

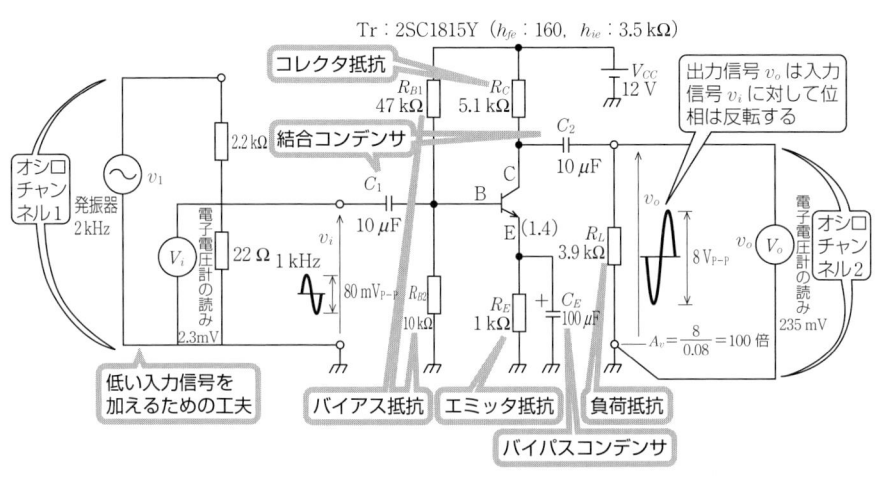

(a) CR結合増幅回路の波形観測の例

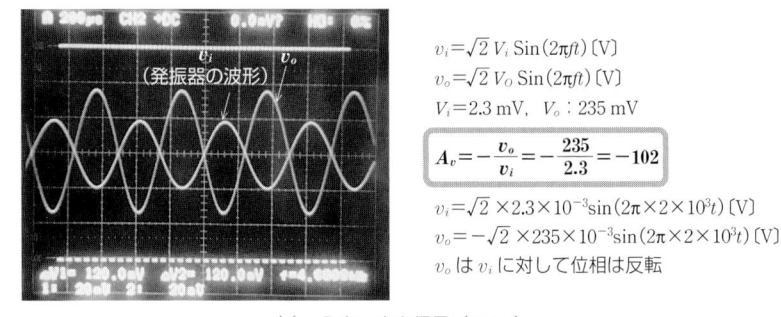

$v_i = \sqrt{2}\,V_i\,\mathrm{Sin}(2\pi ft)\,\mathrm{[V]}$
$v_o = \sqrt{2}\,V_O\,\mathrm{Sin}(2\pi ft)\,\mathrm{[V]}$
$V_i = 2.3\,\mathrm{mV},\quad V_o : 235\,\mathrm{mV}$

$$A_v = -\frac{v_o}{v_i} = -\frac{235}{2.3} = -102$$

$v_i = \sqrt{2}\times 2.3\times 10^{-3}\sin(2\pi\times 2\times 10^3 t)\,\mathrm{[V]}$
$v_o = -\sqrt{2}\times 235\times 10^{-3}\sin(2\pi\times 2\times 10^3 t)\,\mathrm{[V]}$
v_o は v_i に対して位相は反転

(b) 入力, 出力信号 (2 kHz)

図 6・21 CR結合増幅回路の入力, 出力信号の例

$$G_v' = 20\log_{10} A_v - 10 \times 0.3010$$
$$\fallingdotseq 20\log_{10} A_v - 3 \ \text{[dB]} \cdots\cdots ⑤$$

式⑤より電圧増幅度 A_v が $\dfrac{1}{\sqrt{2}}$ 倍に低下したときの電圧利得 G_v' は低下しないときの電圧利得 $20\log_{10} A_v$ より 3dB 低下することがわかる．

$$A_v = 100$$

とすると

$$A_v' = \frac{1}{\sqrt{2}} 100 = 71$$

となる．

図 6・21 に CR 結合増幅回路の入力，出力信号の例を示す．

6・4　2 段 CR 結合増幅回路

図 6・22 に表 6・2 の h 定数をもつ Tr_1, Tr_2 を用いた 2 段 CR 結合増幅回路の例を示す．また，図 6・23 は 2 段 CR 結合増幅回路の中域等価回路である．

この等価回路が示すように，1 段目の実効負荷抵抗 R_{L1} はみかけの負荷抵抗 R_{C1} に 2 段目のバイアス抵抗 R_{A1}，R_{A2}，さらに Tr_2 の入力抵抗 h_{ie2} が並列に接続されていることになり，みかけよりは小さな値になることが予想される．

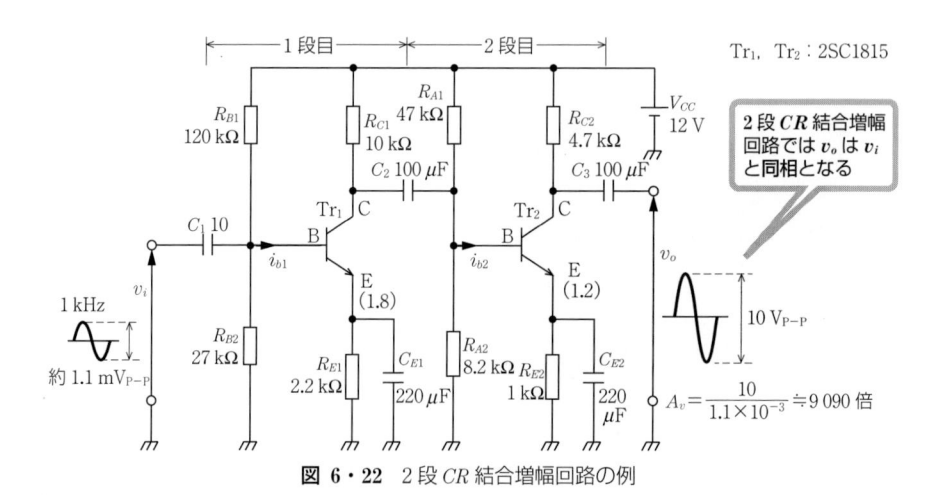

図 6・22　2 段 CR 結合増幅回路の例

表 6・2

	動作点		h 定数			
	V_{CEP} [V]	I_{CP} [mA]	h_{ie} [kΩ]	h_{fe}	h_{re}	h_{oe}
Tr$_1$	2.4	0.8	5.5	140	—	—
Tr$_2$	5.4	1.2	4.3	140	—	—

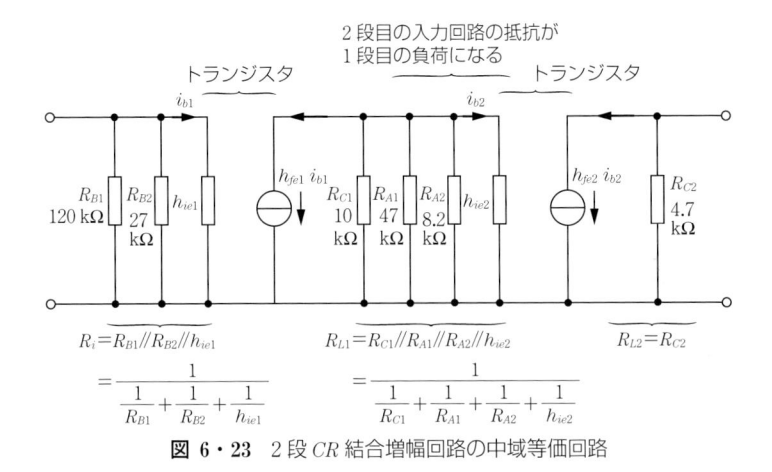

図 6・23 2 段 CR 結合増幅回路の中域等価回路

$$R_i = R_{B1} // R_{B2} // h_{ie1} = \frac{1}{\frac{1}{R_{B1}} + \frac{1}{R_{B2}} + \frac{1}{h_{ie1}}}$$

$$R_{L1} = R_{C1} // R_{A1} // R_{A2} // h_{ie2} = \frac{1}{\frac{1}{R_{C1}} + \frac{1}{R_{A1}} + \frac{1}{R_{A2}} + \frac{1}{h_{ie2}}}$$

$$R_{L2} = R_{C2}$$

一般に，増幅回路を次段に接続することにより，接続前よりかなりの増幅度の低下が起こる．これは次段に伝えられる信号の有効分は h_{ie2} に流れる信号電流の i_{b2} だけによるためである．

したがって，2 段 CR 結合増幅回路の設計にあたっては，これらのことを十分考慮する必要がある．

図 6・24 は 1 段目，2 段目のそれぞれの動作点の様子を示したものである．1 段目の場合には直流負荷線と交流負荷線の傾きがかなり違っており，2 段目は直流負荷線の傾きが大きくなっており，交流負荷線の傾きとあまり違わないことがわかる．

回路全体の増幅度を求める．

① 1 段目の増幅度 A_{v1}

1 段目の負荷抵抗 R_{L1} は図 6・21 より

I_C [mA]

交流負荷線
傾き $= -\dfrac{1}{2.1\,\text{k}} = -\dfrac{1}{2.1\times 10^3}$ ($R_{L1} = 2.1\,\text{k}\Omega$)

P(2.4, 0.8)　$I_{BQ} \fallingdotseq 5.7\,\mu\text{A}$

$I_{CP} = 0.8$

直流負荷線
傾き $= -\dfrac{1}{12.2\,\text{k}} = -\dfrac{1}{12.2\times 10^3}$

$V_{CEP} = 2.4$　5　10　V_{CE} [V]

(a) 1段目

I_C [mA]

交流負荷線
傾き $= -\dfrac{1}{4.7\,\text{k}} = -\dfrac{1}{4.7\times 10^3}$

P(5.4, 1.2)　$I_{BQ} \fallingdotseq 8.6\,\mu\text{A}$

$I_{CP} = 1.2$

直流負荷線
傾き $= -\dfrac{1}{5.7\,\text{k}} = -\dfrac{1}{5.7\times 10^3}$

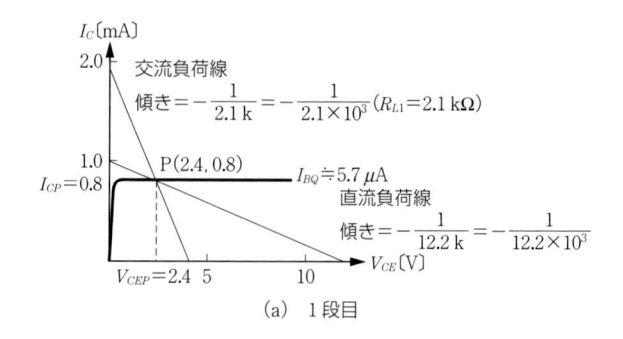

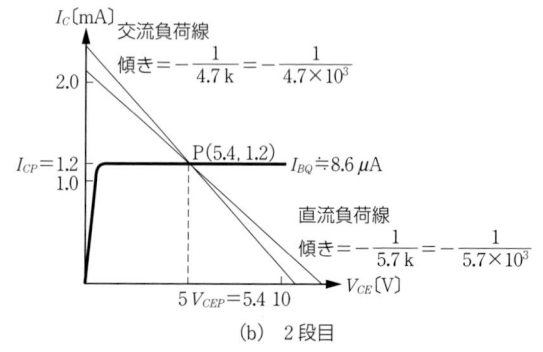

5 $V_{CEP} = 5.4$　10　V_{CE} [V]

(b) 2段目

図 6・24　図6・22の回路の動作点の様子

$$R_{L1} = \dfrac{1}{\dfrac{1}{R_{C1}} + \dfrac{1}{R_{A1}} + \dfrac{1}{R_{A2}} + \dfrac{1}{h_{ie2}}} = \dfrac{1}{\dfrac{1}{10} + \dfrac{1}{47} + \dfrac{1}{8.2} + \dfrac{1}{4.3}} \fallingdotseq 2.1\,\text{k}\Omega$$

したがって，式（6・15）より

$$\boldsymbol{A_{v1}} = -\dfrac{\boldsymbol{h_{fe1}}}{\boldsymbol{h_{ie1}}} \times \boldsymbol{R_{L1}} = -\dfrac{140}{5.5} \times 2.1 \fallingdotseq \boldsymbol{-53\,倍}$$

（1段目の入力に対して1段目の出力が逆位相になるから－（負号）がつく）

② 2段目の増幅度 A_{v2}

$$\boldsymbol{A_{v2}} = -\dfrac{h_{fe2}}{h_{ie2}} \times R_{L2} = -\dfrac{140}{4.3} \times 4.7 \fallingdotseq \boldsymbol{-153\,倍}$$

（2段目の入力に対して2段目の出力が逆位相になるから－（負号）がつく）

③ 回路全体の増幅度 A_v

$$\boldsymbol{A_v} = A_{v1} \times A_{v2} = 53 \times 153 \fallingdotseq \boldsymbol{8\,100\,倍}$$

また，この増幅回路の入力抵抗 R_i は図 6・23 の等価回路より

$$R_i = \cfrac{1}{\cfrac{1}{R_{B1}}+\cfrac{1}{R_{B2}}+\cfrac{1}{h_{ie1}}} = \cfrac{1}{\cfrac{1}{120}+\cfrac{1}{27}+\cfrac{1}{5.5}} \fallingdotseq 4.4 \text{ k}\Omega$$

となる．

図 6・25 に 2 段 CR 結合増幅回路の入力，出力信号の例を示す．

表 6・3

	動作点		h 定 数			
	V_{CEP}[V]	I_{CP}[mA]	h_{ie}[kΩ]	h_{fe}	h_{re}	h_{oe}
Tr$_1$	2.4	0.8	5.5	140	—	—
Tr$_2$	5.4	1.2	4.3	140	—	—

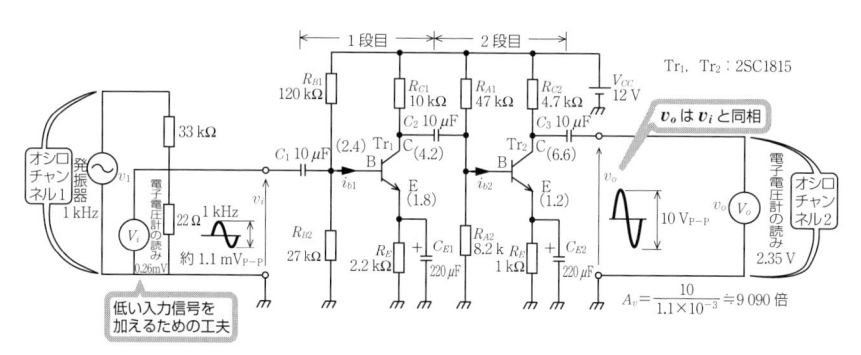

(a) 2 段 CR 結合増幅回路の波形観測の例

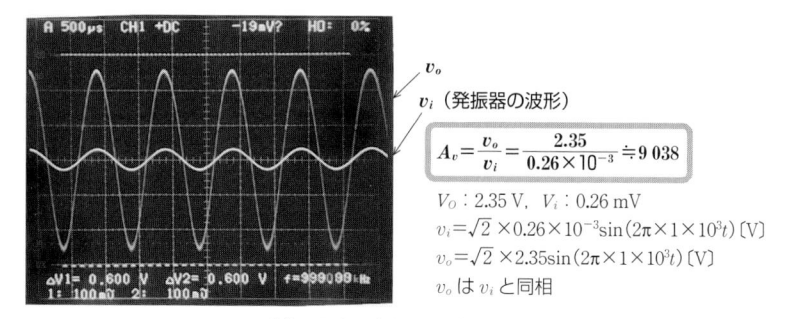

(b) 入力，出力信号（1 kHz）

図 6・25　2 段 CR 結合増幅回路の入力，出力信号の例

$A_v = \cfrac{v_o}{v_i} = \cfrac{2.35}{0.26 \times 10^{-3}} \fallingdotseq 9\,038$

V_O：2.35 V，V_i：0.26 mV
$v_i = \sqrt{2} \times 0.26 \times 10^{-3} \sin(2\pi \times 1 \times 10^3 t)$ [V]
$v_o = \sqrt{2} \times 2.35 \sin(2\pi \times 1 \times 10^3 t)$ [V]
v_o は v_i と同相

6・5 差動増幅回路

1 差動増幅回路

図 6・26(a) のように，特性の等しい 2 個のトランジスタを左右対称に組み合わせた回路が差動増幅回路である．2 組の入力端子よりそれぞれ供給される電圧の差を増幅して，両トランジスタのコレクタ間から出力を取り出している．**出力が二つの入力電圧の差に比例するため，差動増幅回路** (differential amplifier) といわれる．

入力信号を加えていないのに，回路内に生じた変動が増幅される現象を**ドリフト** (drift) というが，差動増幅回路は，左右対称に回路が構成されているためにドラフトが非常に低減される．図 (b) のように，2 組の入力端子を接地すると入力電圧は 0 の状態となるから，差動増幅回路の出力は Tr_1 と Tr_2 のコレクタ間の電位差 $V_{C2} - V_{C1}$ となる．

いま，仮に電源電圧が変動して Tr_1 の V_{C1} と Tr_2 の V_{C2} の電位が低下したとしても，2 個のトランジスタの特性がそろっていれば，$R_{C1} = R_{C2}$，$I_{C1} = I_{C2}$ となり，変化の割合は等しく，$V_{C1} = V_{CC} - R_{C1}I_C = V_{C2}$ となり，出力は 0 となる．

また，温度が上昇したとき，Tr_1 の I_{C1} と Tr_2 の I_{C2} が増加して V_{C1} と V_{C2} が減少しても，特性がそろっていると減少の割合は同じで $V_{C1} = V_{C2}$ が成立し，出力は 0 となる．

(a) 差動増幅回路   (b) ドリフトの低減

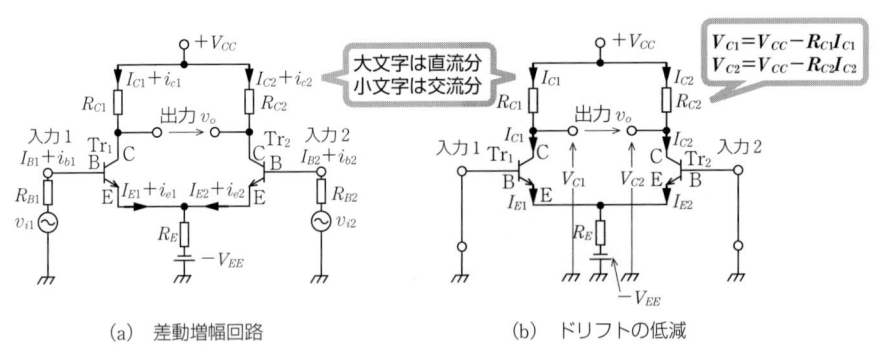

図 6・26 差動増幅回路とドリフトの低減

このように，差動増幅回路は電源電圧や温度の変化によって各トランジスタの動作点は変動するが，出力には全く現れないためドリフトの低減作用があることになる．

したがって，差動増幅回路はドリフトが最も大きく影響する直流増幅回路の初段やドリフトの影響を受けやすい微弱な信号の増幅などに用いられる．

2 差動増幅回路の動作原理

(1) 一つの入力端子に信号を加えた場合

図6・27(a)にTr_1の入力端子のみに信号を加えたときの回路を示す．Tr_1とTr_2の特性は等しく$R_{C1}=R_{C2}$，$R_{B1}=R_{B2}$とする．

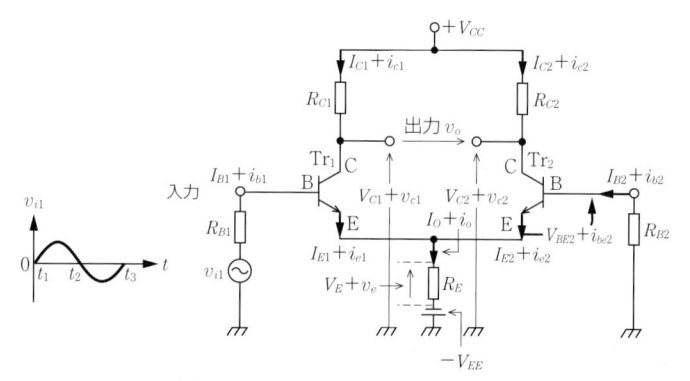

(a) 一つの入力端子に信号を加えたとき

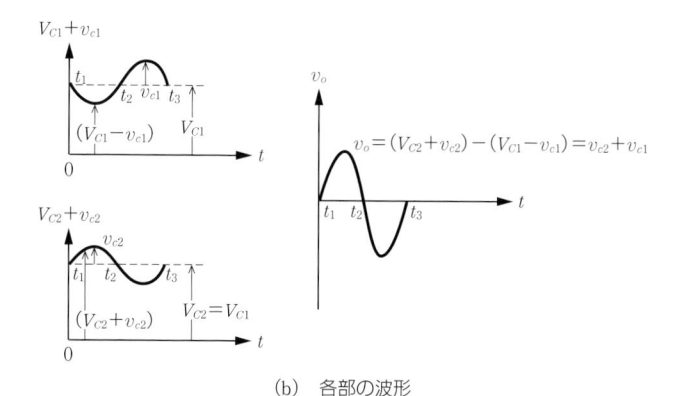

(b) 各部の波形

図 6・27 1入力のときの差動増幅回路と各部の波形

また，コレクタ回路の負荷線のほぼ中央にあり，入力信号が 0 の状態では $I_{C1}=I_{C2}=\dfrac{I_0}{2}$ である．

このとき，図 (a) に示す入力信号を加えると，

① 入力信号 v_{i1} が正の期間 $(t_1 \sim t_2)$：Tr_1 のベース電流 $(I_{B1}+i_{b1})$ が増加してコレクタ電流 $(I_{C1}+i_{c1})$ も増加するから，$(V_{C1}+v_{c1})$ は低下する．すなわち，エミッタ接地方式であるから出力信号 v_{c1} は入力信号 v_{i1} に対して位相が反転し，図 (b) に示すように $V_{C1}+v_{c1}$ は低下する．

また，$(I_{C1}+i_{c1})$ の増加により (I_0+i_0) も増加するから抵抗 R_E の両端の電圧降下 (V_E+v_e) が大きくなり，Tr_2 のエミッタ電圧が高くなり，Tr_2 のベース・エミッタ間電圧 $(V_{BE2}+v_{be2})$ が減少するから $(I_{B2}+i_{b2})$ も減少する．さらに，$(I_{C2}+i_{c2})$ も減少するから $(V_{C2}+v_{c2})$ が高くなる．

整理すると，**図 6・28** のようになる．

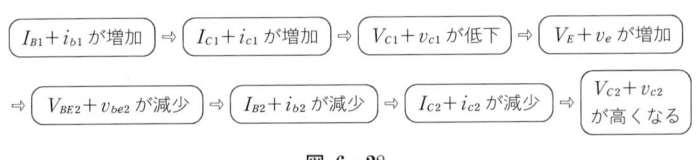

$\boxed{I_{B1}+i_{b1} \text{ が増加}} \Rightarrow \boxed{I_{C1}+i_{c1} \text{ が増加}} \Rightarrow \boxed{V_{C1}+v_{c1} \text{ が低下}} \Rightarrow \boxed{V_E+v_e \text{ が増加}}$

$\Rightarrow \boxed{V_{BE2}+v_{be2} \text{ が減少}} \Rightarrow \boxed{I_{B2}+i_{b2} \text{ が減少}} \Rightarrow \boxed{I_{C2}+i_{c2} \text{ が減少}} \Rightarrow \boxed{V_{C2}+v_{c2} \text{ が高くなる}}$

図 6・28

② 入力信号 v_{i1} が負の期間 $(t_2 \sim t_3)$：Tr_1 のベース電流 $(I_{B1}+i_{b1})$ が減少してコレクタ電流 $(I_{C1}+i_{c1})$ も減少するから $(V_{C1}+v_{c1})$ は高くなる．

また，$(I_{C1}+i_{c1})$ の減少により (I_0+i_0) も減少するから，抵抗 R_E の両端の電圧降下 (V_E+v_e) も小さくなり，Tr_2 のエミッタ電圧が低くなり，Tr_2 のベース・エミッタ間電圧 $(V_{BE2}+v_{be2})$ も増加するから $(I_{B2}+i_{b2})$ が増加する．さらに $(I_{C2}+i_{c2})$ も増加するから $(V_{C2}+v_{c2})$ が低下する．

以上の動作から $(V_{C1}+v_{c1})$ と $(V_{C2}+v_{c2})$ は図 (b) のように変化して，両トランジスタのコレクタ間からの出力電圧 v_o は $v_o=(V_{C2}+v_{c2})-(V_{C1}-v_{c1})=v_{c2}+v_{c1}$ として取り出せば，**増幅された波形が得られる**ことになる．

（2） 入力信号が同一振幅・同一波形の場合

特性の等しい回路に同一振幅・同一波形の入力を Tr_1, Tr_2 のベースに加えた場合，Tr_1 と Tr_2 を流れるコレクタ電流も全く同じ変化をし，図 6・29 に示すようにコレクタ電圧も全く同じになる．したがって，**出力 v_o は 0 となる**．

しかし，実際の回路では，Tr_1 と Tr_2 の特性にばらつきがあるため，同相入力を加えたとしても，出力電圧が生じる．

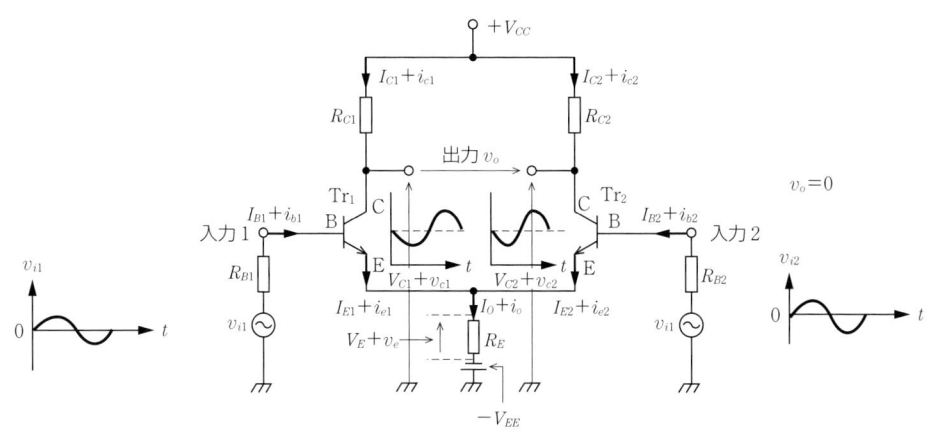

図 6・29 同一振幅・同一波の入力信号のとき

（3） 入力信号が逆位相の場合

図 6・30(a) に示すように，入力1と入力2に逆位相の入力を加えたときの出力電圧 v_o については，図 6・27 と同様にして求めるとよい．

① 図 (b) に示すように，入力 v_{i1} のみを入力1に加えたときのコレクタ電圧 $(V_{C1}-v_{c1})$，$(V_{C2}+v_{c2})$ および出力 v_o は図6・27(b) と同じようになる．

② 逆位相の入力 v_{i2} のみを入力2に加えたときのコレクタ電圧 $(V_{C1}-v_{c1})$，$(V_{C2}+v_{c2})$ および出力 v_o は図 (c) に示すようになる．

③ 入力 v_{i1}，入力 v_{i2} を同時に加えたときのコレクタ電圧 $(V_{C1}-v_{c1})$，$(V_{C2}+v_{c2})$ および出力 v_o は図 (d) に示すようになる．

したがって，入力信号が逆位相の場合は **出力電圧 $v_o = v_{c2} + v_{c1}$ となり増幅される** ことになる．

(a) 逆相入力の差動増幅回路

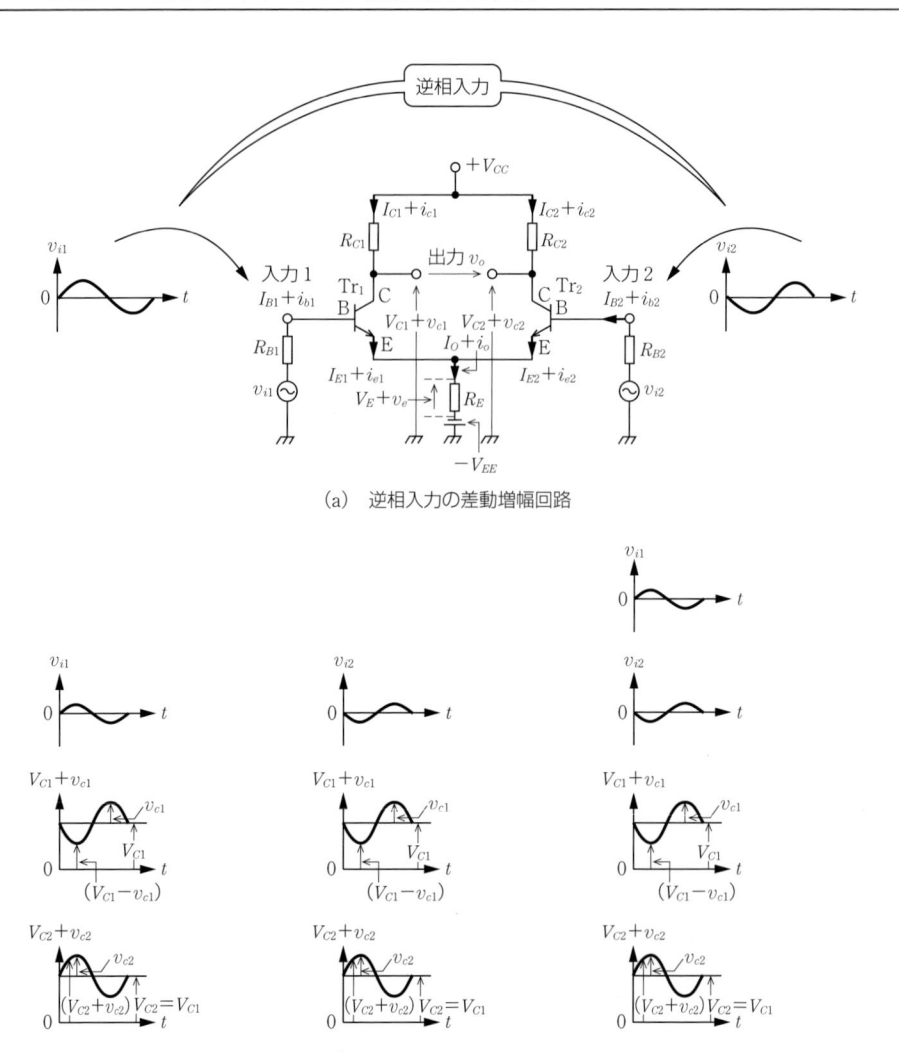

(b) v_{i1} のみを加えたとき　　(c) v_{i2} のみを加えたとき　　(d) v_{i1} と v_{i2} を同時に加えたとき

図 6・30　逆相入力の差動増幅回路と入出力波形

章末の演習問題

問1 図6·31は，あるエミッタ接地トランジスタの静特性である．この特性より，ベース電流 $I_B = 40\,\mu\text{A}$，コレクタ・エミッタ間の電圧 $V_{CE} = 6\,\text{V}$ における電流増幅率 β（または h_{fe}）および出力抵抗 r_o の値を求めよ．

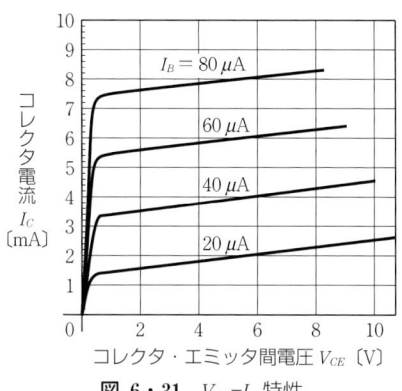

図 6·31 V_{CE}-I_C 特性

問2 図6·32の増幅回路において，$R_{B2} = 10\,\text{k}\Omega$，$R_{B1} = 5\,\text{k}\Omega$，$R_C = 4\,\text{k}\Omega$，$R_E = 2\,\text{k}\Omega$ のとき，入力インピーダンスを R_i〔kΩ〕，出力インピーダンス R_o〔kΩ〕を求めよ．ただし，$h_{ie} = 2\,\text{k}\Omega$，$h_{oe} = 10\,\mu\text{s}$ とし，C_1，C_2，C_E の静電容量の値は十分大きいものとする．

問3 文中の ☐ に当てはまる式を記入せよ．

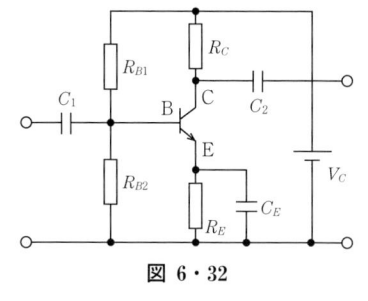

図 6·32

図6·33(a) に示す増幅回路において，静電容量が十分大きなバイパスコンデンサ C_e がある場合と，ない場合について電圧増幅度を求めたい．

a. C_e がある場合，その増幅回路の簡略化した交流小信号等価回路は図(b)で表される．図(b)の等価バイアス抵抗 R_b は，図(a)より ☐(1)☐ と表される．この増幅回路の出力短絡入力インピーダンスを h_{ie}，エミッタ接地電流増幅率を h_{fe} とすれば，この増幅回路の入力インピーダンスは $Z_{in} = $ ☐(2)☐ となるから，電圧増幅度は $A_v = \dfrac{e_{\text{out}}}{e_{\text{in}}} = $ ☐(3)☐ で表すことができる．

b. C_e がない場合は図(c) の増幅回路となる．エミッタ抵抗 R_e を考慮して，図(b) の等価回路を修正すれば，その回路の入力インピーダンスは $Z_{in}' = \boxed{(4)}$ となるから，電圧増幅度 $A_v' = \boxed{(5)}$ で表すことができる．

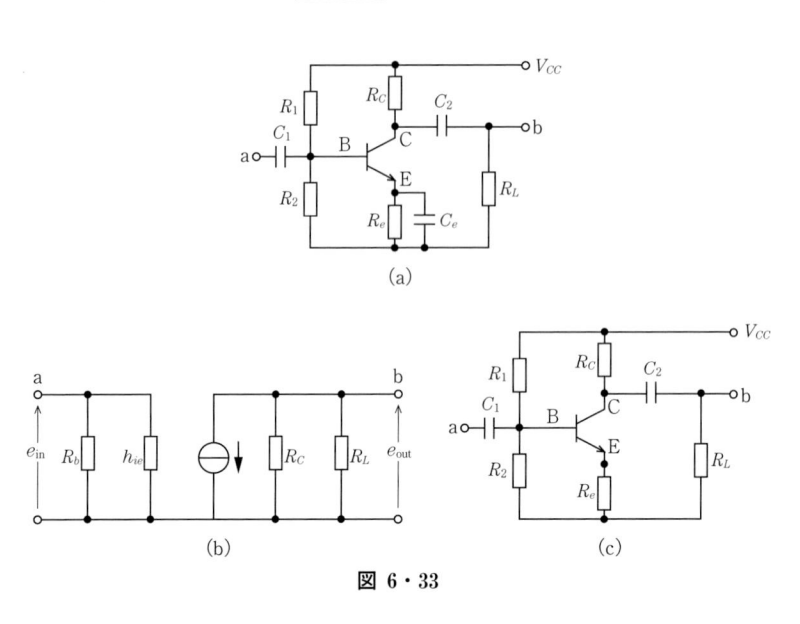

図 6・33

問 4 図 6・34 のような CR 結合増幅回路の中域等価回路をかき，電圧増幅度を求めよ．

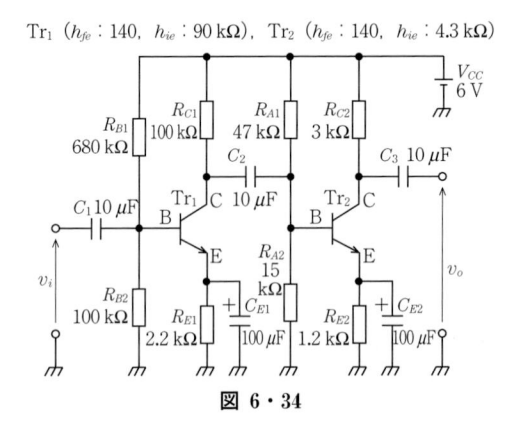

Tr_1 (h_{fe}：140，h_{ie}：90 kΩ)，Tr_2 (h_{fe}：140，h_{ie}：4.3 kΩ)

図 6・34

問 5 次の文章は，トランジスタ増幅回路に関する記述である．文中の ☐ に当てはまる数値（有効数字は3けた，4けた目は四捨五入）を記入せよ．

図 6・35 に示すエミッタ接地増幅回路において，トランジスタの V_{CE}-I_C 特性が図 6・36 に示されるとする．ここで，V_{CE} はコレクタ・エミッタ間電圧，I_C はコレクタ電流，I_B はベース電流であり，V_{CE} が低い領域を除けば特性は横軸に平行で等間隔とする．この増幅回路の電源電圧は $V_{CC}=10$ V であり，トランジスタの動作点は A 点（$V_{CE}=6$ V，$I_C=2$ mA，$I_B=10$ μA）に設定されている．直流負荷線のこう配を決める抵抗値は $R_L+R_E=$ ☐(1)☐ 〔kΩ〕である．また，この直流バイアス回路における電圧，電流の関係を考慮することにより，$R_E=$ ☐(2)☐ 〔kΩ〕と求まる．ただし，トランジスタのベース・エミッタ間電圧 $V_{BE}=0.7$ V とし，ベース・エミッタ間の抵抗およびコレクタ遮断電流は無視する．

次に，交流入力信号に対して図 6・35 の回路を図 6・37 に示す簡易 h パラメータ等価回路に置き換える．

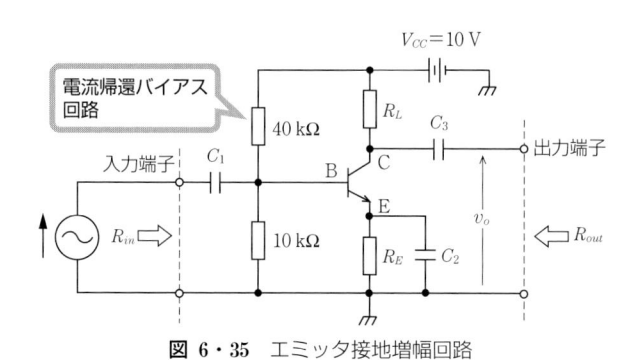

図 6・35　エミッタ接地増幅回路

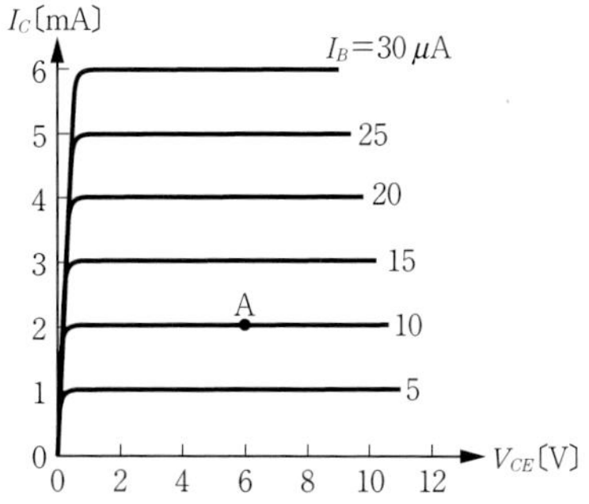

図 6・36　V_{CE}-I_C 特性

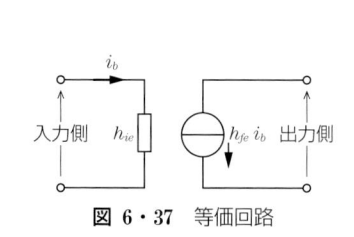

図 6・37　等価回路

ここで，このトランジスタの出力短絡入力抵抗を $h_{ie}=2.5\,\text{k}\Omega$，交流信号電流増幅率を $h_{fe}=200$ とすれば，この交流信号増幅回路の入力抵抗は $R_{\text{in}}=\boxed{(3)}\,[\text{k}\Omega]$ となり，また，出力抵抗は $R_{\text{out}}=\boxed{(4)}\,[\text{k}\Omega]$ となる．

したがって，この回路の入力端子に $5\,\text{mV}$ の交流信号電圧が加わった場合，交流出力電圧の大きさは $v_o=\boxed{(5)}\,[\text{V}]$ となる．

ただし，図 6・35 に示す各コンデンサは交流信号に対して短絡されているものとみなす．

問 6 次の文章は，エミッタ接地 h 定数に関する記述である．次の □ に当てはまる数値を記述せよ．

トランジスタのエミッタ接地 h 定数を求めるために，図 6・38，図 6・39 の二つの回路において各電圧の測定を行い，図に示す値を得た．ただし，交流電源に対して静電容量 C_1，および C_2 の両端は，短絡として近似できるものとする．

このことから，

h_{ie} （出力端短絡インピーダンス）は $\boxed{(1)}\,[\Omega]$

h_{re} （入力端開放帰還電圧比）は $\boxed{(2)}$

h_{fe} （出力端短絡電流増幅率）は $\boxed{(3)}$

h_{oe} （入力端開放出力アドミタンス）は $\boxed{(4)}\,[\text{S}]$

となる．

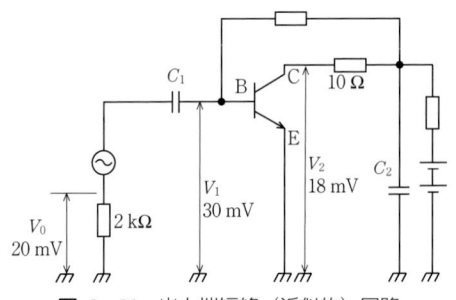

図 6・38 出力端短絡（近似的）回路 　　図 6・39 入力端開放回路

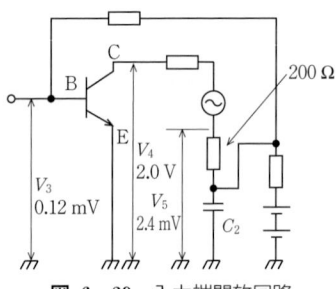

第7章
負帰還増幅回路

ポイント

増幅回路の出力の一部もある方法で入力へ戻すことを**帰還**（feedback）という．すなわち，出力信号の一部を入力信号と同位相で戻して入力に加えることを**正帰還**（positive feedback），逆位相で戻して加えることを**負帰還**（negative feedback）という．

一般に，増幅回路の内部で発生する波形のひずみや雑音，温度によるトランジスタの定数の変化を負帰還を行うことによって，改善できる．現在，実用化されている増幅回路では，ほとんどが負帰還を行っている．

本章では**負帰還増幅回路**（negative feedback coupled amplitifier）の原理と特徴，さらに，具体的に**エミッタホロワ**，**電流帰還直列注入形負帰還増幅回路**，**電圧帰還並列注入形負帰還増幅回路**および**二重負帰還増幅回路**（two tage negative feedback coupled amplifier）について学ぶ．

7・1 負帰還の原理

図7・1は負帰還増幅回路の原理図で，増幅回路と帰還回路によって構成され，増幅回路の**出力の一部を入力側へ逆位相になるよう戻している**．これを

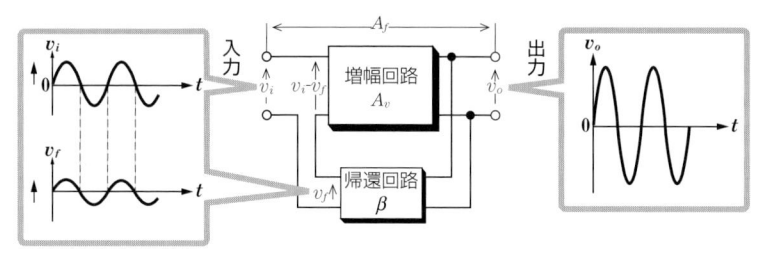

図7・1 負帰還増幅回路の原理

負帰還をかけるという．

帰還電圧 v_f と出力電圧 v_o との比を**帰還率**（feedback ratio）といい，β で表す．

$$\beta = \frac{v_f}{v_o} \qquad (7 \cdot 1)$$

式（7・1）より帰還電圧 v_f は $v_f = \beta v_o$ となる．

1 負帰還増幅回路の電圧増幅度

負帰還をかけないときの増幅回路の電圧増幅度を A_v，入力電圧を v_i とすると，出力電圧 v_o は

$$v_o = A_v v_i \qquad (7 \cdot 2)$$

次に，出力電圧の β 倍の電圧 v_f を入力側に帰還した場合は，増幅回路の入力電圧は $v_i - v_f$ となるから，v_o は，$v_o = A_v(v_i - v_f) = A_v(v_i - \beta v_o)$ となり，

$$v_i = \beta v_o + \frac{v_o}{A_v} \qquad (7 \cdot 3)$$

したがって，負帰還増幅回路の電圧増幅度を A_{vf} とすると，

$$A_{vf} = \frac{v_o}{v_i} = \frac{v_o}{\beta v_o + \dfrac{v_o}{A_v}} = \frac{A_v}{1 + A_v \beta} \qquad (7 \cdot 4)$$

式（7・4）は負帰還増幅回路の電圧増幅度を表す基本式で，$A_v \beta$ を**ループゲイン**（loop gain），$1 + A_v \beta$ を**帰還量**といい F〔dB〕（デシベル）で表す．

$$F = 20 \log_{10}(1 + A_v \beta) \text{〔dB〕} \qquad (7 \cdot 5)$$

ここで，注意すべきことは，図7・1のように，**入力信号 v_i に対して出力信号 v_o が同相の場合，負帰還増幅回路の電圧増幅度 A_{vf} は式（7・4）で与えられることになる．**

例題 7-1 $A_v = 1\,000$ の増幅回路に，$\beta = 0.02$ の負帰還をかけたときの電圧増幅度 A_{vf} と，帰還量 F とを求めよ．

解 式 (7・4) から $A_{vf} = \dfrac{A_v}{1+A_v\beta} = \dfrac{1\,000}{1+1\,000\times 0.02} \fallingdotseq \mathbf{48}$

式 (7・5) から $\mathbf{\mathit{F}} = 20\log_{10}(1+1\,000\times 0.02) \fallingdotseq \mathbf{26dB}$

2 負帰還の特徴

負帰還増幅回路のループゲインを大きくすると, $A_v\beta \gg 1$ となり,

$$A_{vf} = \frac{A_v}{1+A_v\beta} \fallingdotseq \frac{A_v}{A_v\beta} = \frac{1}{\beta} \tag{7・6}$$

となって, A_{vf} は β のみで決まり, A_v には無関係になる. すなわち, 帰還回路の特性がすぐれていれば, 全体の利得は, 帰還回路の特性で決定されるため, 増幅回路の不完全さは現れず, 安定した増幅回路が得られる. そこで, 帰還回路に抵抗のような, 周波数特性をもたない素子を用いると, A_{vf} の周波数特性を図 7・2 のように帯域幅を広げ改善することができる.

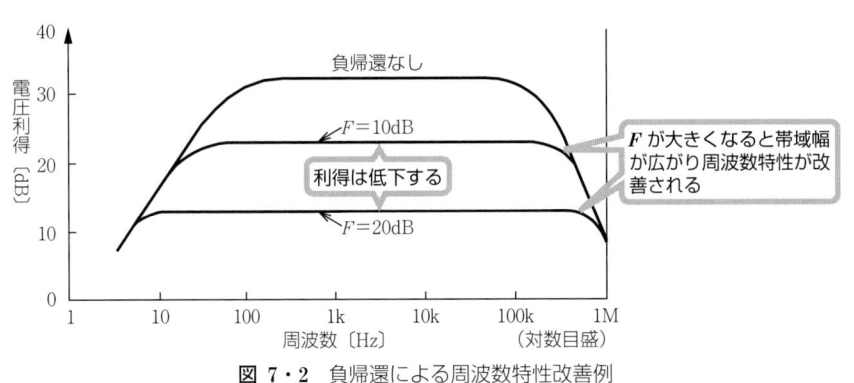

図 7・2 負帰還による周波数特性改善例

負帰還の特徴をまとめると, 次のようになる.
① 温度や電源電圧の変動などに対して増幅回路の利得が安定する.
② 増幅回路の内部で発生するひずみ, 雑音が減少する.
③ 利得は低下するが帯域幅を広げられる.
④ 入力インピーダンスや出力インピーダンスを変えることができる.

7・2 コレクタ接地増幅回路（エミッタホロワ）

1 コレクタ接地増幅回路

図7・3(a) は，第3章でも説明したコレクタ接地増幅回路である．このコレクタ接地増幅回路は，$R_C=0$ として，出力電圧 v_o を R_E の両端から取り出し，帰還電圧 v_f を出力電圧 v_o と等しくした回路である．

出力電圧が入力電圧にほとんど等しく従う（follow）という意味で**エミッタホロワ**（emitter follower）と呼ばれている．

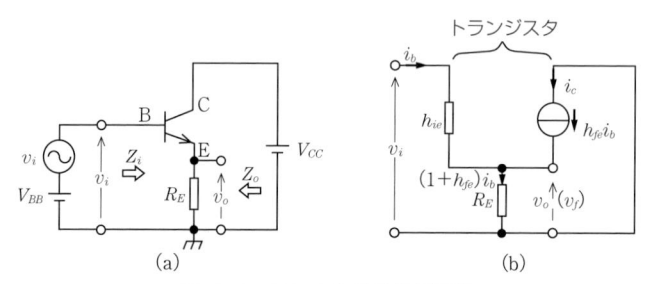

図7・3 コレクタ接地増幅回路

（1） 電圧増幅度

図7・3(b) は図(a) のトランジスタを h 定数を用いて書き換えた等価回路で，入力電圧 v_i は

$$v_i = h_{ie} i_b + R_E (1+h_{fe}) i_b \tag{7・7}$$

となり，出力電圧 v_o は

$$v_o = R_E (1+h_{fe}) i_b \tag{7・8}$$

となる．したがって，電圧増幅度 A_{vf} は

$$A_{vf} = \frac{v_o}{v_i} = \frac{R_E(1+h_{fe})}{h_{ie}+R_E(1+h_{fe})} \tag{7・9}$$

一般に，$R_E(1+h_{fe}) \gg h_{ie}$ が成り立つので，式 (7・9) から

$$A_{vf} \fallingdotseq 1 \tag{7・10}$$

（2） 入力インピーダンス（入力抵抗）

入力インピーダンス（入力抵抗）R_i は，式（7・7）から

$$R_i = \frac{v_i}{i_b} = h_{ie} + R_E(1+h_{fe}) \fallingdotseq \boldsymbol{h_{ie} + h_{fe} R_E} \qquad (7 \cdot 11)$$

いま，$R_E = 1 \text{ k}\Omega$，Tr に 2SC1815Y（h_{fe}：160，h_{ie}：3.5 kΩ）を用いると

$$R_i = 3.5 + 160 \times 1 = 163.5 \text{ k}\Omega$$

となり，h_{ie} の値よりもかなり大きな値になる．

（3） 出力インピーダンス（出力抵抗）

図 7・4(a) のように，任意の回路網中の 2 端子を a，b とし，ab 間に現れる電圧を $\dot{V}_{ab}$〔V〕とする．

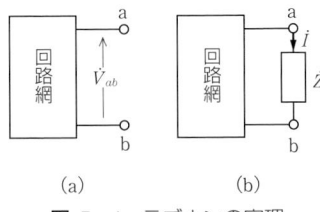

図 7・4　テブナンの定理

この ab 端子間にインピーダンス $\dot{Z}$〔Ω〕を同図(b) のように接続した場合，$\dot{Z}$ に流れる電流 $\dot{I}$〔A〕は，式（7・12）となる．

$$\dot{I} = \frac{\dot{V}_{ab}}{\dot{Z}_0 + \dot{Z}} \qquad (7 \cdot 12)$$

ここに，$\dot{Z}_0$〔Ω〕は，回路網中に含まれるすべての起電力を除いて，**a，b 端子から見た回路網中の合成インピーダンス**である．これを**テブナンの定理**と呼ぶ．

図7・5に示すように，出力端子に何も接続していないときの出力電圧（開放電圧）を v_o，出力端子を短絡したときの出力端子に流れる電流（短絡電流）を i_s とすると，テブナンの定理の式（7・12）に $\dot{V}_{ab}=v_o$, $\dot{Z}_o=Z_o$, $\dot{Z}=0$ および $\dot{I}=i_s$ を代入すると

$$i_s = \frac{v_o}{Z_o} \longrightarrow Z_o = \frac{v_o}{i_s} \tag{7・13}$$

図7・3(b) の等価回路での開放電圧 v_o は式（7・10）より $A_{vf} \fallingdotseq 1$ であるから

$$v_o = A_{vf} v_i \fallingdotseq v_i \tag{7・14}$$

短絡電流 i_s は，R_E を短絡（$R_E=0$）したときに流れる電流で，図7・5(b) の $(1+h_{fe})i_b$ がそのまま流れるから

$$i_s = i_b + i_c = (1+h_{fe})i_b = (1+h_{fe})\frac{v_i}{h_{ie}} \quad \left(\because \ i_b = \frac{v_i}{h_{ie}}\right) \tag{7・15}$$

となる．よって，出力インピーダンス Z_o（出力抵抗 R_o）は $1+h_{fe} \fallingdotseq h_{fe}$ として，式（7・13），（7・14），（7・15）より

$$Z_o = \frac{v_o}{i_s} = \frac{v_i}{(1+h_{fe})\frac{v_i}{h_{ie}}} = \frac{h_{ie}}{1+h_{fe}} \fallingdotseq \frac{h_{ie}}{h_{fe}} \tag{7・16}$$

2SC1815Y の $h_{fe}=160$，$h_{ie}=3.5\,\text{k}\Omega$ を式（7・16）に代入すると

$$Z_o = \frac{3.5\,\text{k}\Omega}{160} \fallingdotseq 22\,\Omega$$

となり，**Z_o は小さな値となる**．

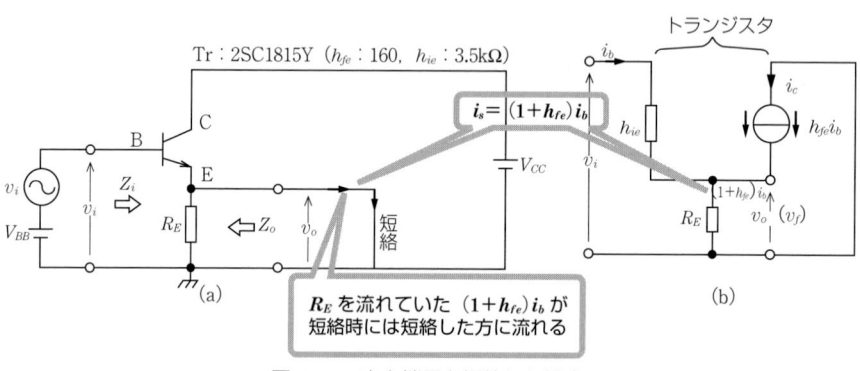

図7・5　出力端子を短絡した場合

（4） CR 結合増幅回路との比較

図 6・12 の CR 結合増幅回路の場合，入力インピーダンス（入力抵抗）R_i は

$$R_i = \cfrac{1}{\cfrac{1}{R_{B2}}+\cfrac{1}{R_{B1}}+\cfrac{1}{h_{ie}}} = \cfrac{1}{\cfrac{1}{10}+\cfrac{1}{47}+\cfrac{1}{3.5}} = \cfrac{10\times47\times3.5}{47\times3.5+10\times3.5+10\times47}$$

$$= 2.46 \text{ k}\Omega$$

出力インピーダンス（出力抵抗）Z_o は

$$Z_o = \cfrac{1}{\cfrac{1}{R_C}+\cfrac{1}{R_L}} = \cfrac{R_C\times R_L}{R_C+R_L} = \cfrac{5.1\times3.9}{5.1+3.9} = 2.21 \text{ k}\Omega$$

このように CR 結合増幅回路に比べてエミッタホロワの入力インピーダンスは大きく，出力インピーダンスは小さいことがわかる．

2 コレクタ接地増幅回路（エミッタホロワ）の特徴と応用

（1） エミッタホロワの特徴
① 電圧増幅度が約1である．
② 入力インピーダンスが大きく，出力インピーダンスが小さい．

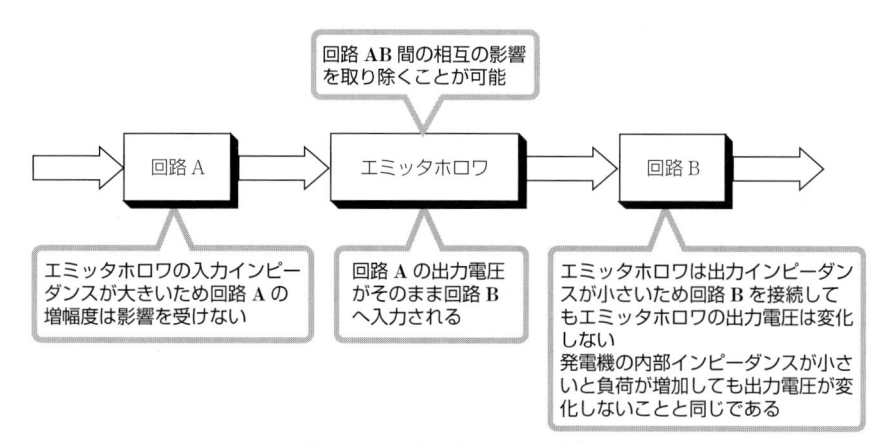

（2） エミッタホロワの応用

二つの回路 A，B の間に設けることにより，図 7・6 に示すような役割をもつ．図 7・7 にエミッタホロワの入力，出力信号の例を示す．

図 7・6　エミッタホロワの応用

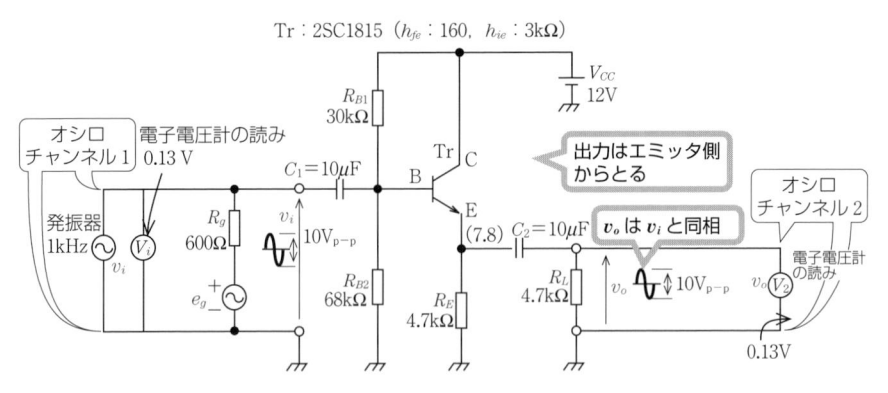

(a) コレクタ接地増幅回路の波形観測の例

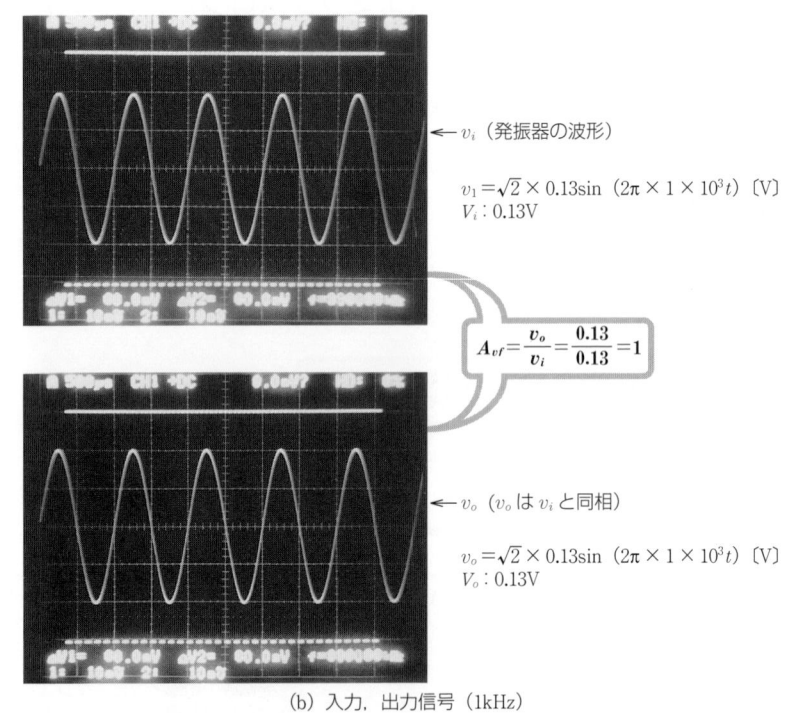

v_i（発振器の波形）

$v_1 = \sqrt{2} \times 0.13 \sin(2\pi \times 1 \times 10^3 t)$ 〔V〕
$V_i : 0.13$ V

$A_{vf} = \dfrac{v_o}{v_i} = \dfrac{0.13}{0.13} = 1$

v_o（v_o は v_i と同相）

$v_o = \sqrt{2} \times 0.13 \sin(2\pi \times 1 \times 10^3 t)$ 〔V〕
$V_o : 0.13$ V

(b) 入力，出力信号（1kHz）

図 7・7　エミッタホロワの入力・出力信号の波形

7・3 電流帰還直列注入形負帰還増幅回路

電流帰還直列注入形負帰還増幅回路（エミッタ抵抗 R_E による負帰還増幅回路）を図 7・8 に示す．

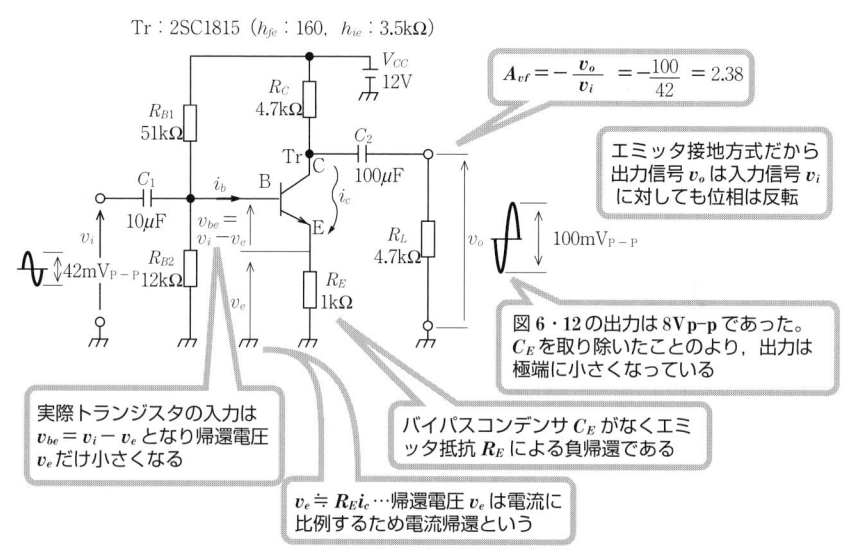

Tr：2SC1815（h_{fe}：160，h_{ie}：3.5kΩ）

$$A_{vf} = -\frac{v_o}{v_i} = -\frac{100}{42} = 2.38$$

エミッタ接地方式だから出力信号 v_o は入力信号 v_i に対しても位相は反転

図 6・12 の出力は $8V_{P-P}$ であった．C_E を取り除いたことのより，出力は極端に小さくなっている

実際トランジスタの入力は $v_{be} = v_i - v_e$ となり帰還電圧 v_e だけ小さくなる

バイパスコンデンサ C_E がなくエミッタ抵抗 R_E による負帰還である

$v_e ≒ R_E i_c$ …帰還電圧 v_e は電流に比例するため電流帰還という

(a) 電流帰還直列注入形負帰還増幅回路

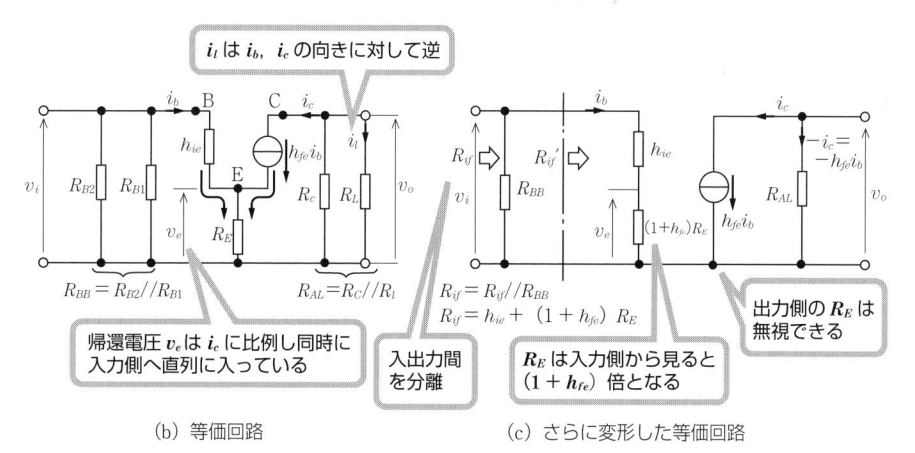

i_l は i_b, i_c の向きに対して逆

$R_{BB} = R_{B2} // R_{B1}$　　　$R_{AL} = R_C // R_l$

帰還電圧 v_e は i_c に比例し同時に入力側へ直列に入っている

$R_{if} = R_{if}' // R_{BB}$
$R_{if}' = h_{ie} + (1 + h_{fe}) R_E$

入出力間を分離

R_E は入力側から見ると $(1 + h_{fe})$ 倍となる

出力側の R_E は無視できる

(b) 等価回路　　　　　　　　(c) さらに変形した等価回路

図 7・8　電流帰還直列注入形負帰還増幅回路

出力電流に比例した帰還電圧 v_e が増加すると Tr の**入力電圧 v_{be} が減少する**ので i_b **が減少し負帰還がかかっている**．等価回路より電圧も増幅度 A_{vf} と入力抵抗 R_i を求める．等価回路より

$$v_e = R_E(i_b + h_{fe} \cdot i_b) = R_E(1 + h_{fe})i_b \tag{7・17}$$

$$v_i = h_{ie} \cdot i_b + v_e = h_{ie} \cdot i_b + R_E(1 + h_{fe})i_b = \{h_{ie} + R_E(1 + h_{fe})\}i_b$$
$$\fallingdotseq (h_{ie} + h_{fe}R_E)i_b \tag{7・18}$$

$$A_{vf} = \frac{v_o}{v_i} = \frac{v_o}{i_b} \cdot \frac{i_b}{v_i} \tag{7・19}$$

等価回路より

$$R_L i_l = -h_{fe}i_b \times \frac{R_C R_L}{R_C + R_L} \longrightarrow i_l = -h_{fe}i_b \times \frac{R_C}{R_C + R_L} \tag{7・19}'$$

$$\boldsymbol{v_o} = i_l R_L = -h_{fc}i_b \times \frac{R_C R_L}{R_C + R_L} = -\boldsymbol{h_{fe}i_b \times R_{AL}} \tag{7・20}$$

$$\left(\because \quad R_{AL} = \frac{R_C R_L}{R_C + R_L} \right)$$

図 7・8(b) に示すように $\boldsymbol{i_l}$ は i_b, i_c の向きに対して逆であるから式（7・19）' に示すように **−（負号）がつく**．したがって，図 7・8(a) に示すように入力信号 v_i に対して出力信号 v_o の位相は反転している．すなわち，式（7・20）に示すように $\boldsymbol{v_o}$ **は−（負号）がつく** ことになる．式（7・18），（7・20）を式（7・19）に代入すると

$$\boldsymbol{A_{vf}} = \frac{-h_{fe}i_b R_{AL}}{i_b} \cdot \frac{i_b}{(h_{ie} + h_{fe}R_E)i_b} = -\frac{\boldsymbol{h_{fe}R_{AL}}}{(\boldsymbol{h_{ie} + h_{fe}R_E})}$$
$$= -\frac{h_{fe}R_{AL}}{h_{ie}\left(1 + \dfrac{h_{fe}}{h_{ie}}R_E\right)} = A_v \times \frac{1}{1 + \dfrac{h_{fe}}{h_{ie}}R_E} = \frac{A_v}{1 - \dfrac{R_E}{R_{AL}}A_v} = \frac{\boldsymbol{A_v}}{\boldsymbol{1 - \beta A_v}}$$

$$\left(\because \quad A_v = -\frac{h_{fe}R_{AL}}{h_{ie}} \longrightarrow \frac{h_{fe}}{h_{ie}} = -\frac{A_v}{R_{AL}} \right) \tag{7・21}$$

となる．ただし，A_v は式（6・15）に示したように負帰還をかけていないとき（エミッタのバイパスコンデンサを接続しているとき）の増幅度で，出力 v_o の位相は入力 v_i に対して反転するから−がつく．

また，β は帰還率で

$$\beta = \frac{R_E}{R_{AL}} = \frac{R_E}{R_C /\!/ R_L} \tag{7・22}$$

である．図 7・8(a) に示すように**入力信号 v_i に対して出力信号 v_o が反転**

する電流帰還直列注入形負帰還増幅回路の電圧増幅度 A_{vf} は，式 (7・21) で与えられる．

$\beta A_v \gg 1$ とすると，

$$A_{vf} \fallingdotseq \frac{A_v}{-\beta A_v} = -\frac{1}{\beta} = -\frac{R_{AL}}{R_E} = -\frac{R_C /\!/ R_L}{R_E} \tag{7・23}$$

となり，増幅度 A_{vf1} は抵抗比で求められる．

次にベースから見た入力抵抗 R_i' は

$$R_i' = \frac{v_i}{i_b} \fallingdotseq h_{ie} + h_{fe} R_E \tag{7・24}$$

いま

$$A_v = -\frac{h_{fe}}{h_{ie}} R_{AL} \longrightarrow \frac{h_{fe}}{h_{ie}} = -A_v \frac{1}{R_{AL}} \tag{7・25}$$

式 (7・25) を式 (7・24) に代入すると

$$R_i' = h_{ie}\left(1 + \frac{h_{fe}}{h_{ie}} R_E\right) = h_{ie}\left(1 - A_v \frac{R_E}{R_{AL}}\right) = h_{ie}(1 - \beta A_v) \tag{7・26}$$

$$\left(\because \quad \beta = \frac{R_E}{R_{AL}}\right)$$

■ **例題 7-2** 図 7・8 の電流帰還形増幅回路で，R_E にバイパスコンデンサ C_E が接続されているときの電圧増幅度 A_v と入力抵抗 R_i を求めよ．また C_E を外したときの電圧増幅度 A_{vf} と入力抵抗 R_i を求めよ．

■ **解**　バイパスコンデンサが接続されているとき（負帰還がかかっていないとき），$R_{AL} = R_C /\!/ R_L = 4.7/2 = 2.35 \text{ k}\Omega$ であるから

$$A_v = -\frac{h_{fe}}{h_{ie}} R_{AL} = -\frac{160}{3.5} \times 2.35 \fallingdotseq \boldsymbol{-107 \text{ 倍}}$$

$$R_i = \frac{1}{\frac{1}{R_{B2}} + \frac{1}{R_{B1}} + \frac{1}{h_{ie}}} = \frac{1}{\frac{1}{51} + \frac{1}{12} + \frac{1}{3.5}} \fallingdotseq \boldsymbol{2.57 \text{ k}\Omega}$$

負帰還がかかっているときには $\beta = \frac{R_E}{R_{AL}} = \frac{1}{2.35} \fallingdotseq 0.43$ となる．したがって

$$A_{vf} = \frac{A_v}{1 - \beta A_v} = \frac{-107}{1 + 0.43 \times 107} \fallingdotseq \boldsymbol{-2.3 \text{ 倍}}$$

$$R_i' = h_{ie}(1 - \beta A_v) = 3.5(1 + 0.43 \times 107) \fallingdotseq \boldsymbol{165 \text{ k}\Omega}$$

実際には R_{B2}, R_{B1} が並列に接続されているから，入力端子から見た抵抗 R_i'' は

$$R_i'' = \frac{1}{\frac{1}{R_{B2}}+\frac{1}{R_{B1}}+\frac{1}{R_i'}} = \frac{1}{\frac{1}{51}+\frac{1}{12}+\frac{1}{165}} \fallingdotseq 9.17 \text{ k}\Omega$$

図 7・9 に電流帰還直列注入形負帰還増幅回路の入力，出力信号の例を示す．

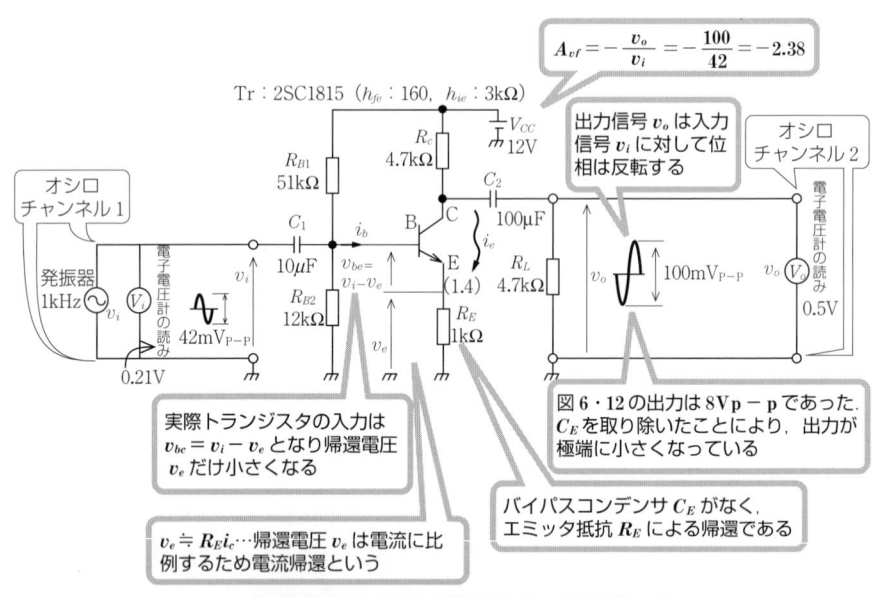

$$A_{vf} = -\frac{v_o}{v_i} = -\frac{100}{42} = -2.38$$

出力信号 v_o は入力信号 v_i に対して位相は反転する

Tr : 2SC1815 (h_{fe} : 160, h_{ie} : 3kΩ)

オシロチャンネル1／発振器1kHz／電子電圧計の読み v_i／42mV$_{\text{P-P}}$／0.21V

R_{B1} 51kΩ／C_1 10μF／R_{B2} 12kΩ／i_b／B／$v_{be}=v_i-v_e$／C／E (1.4)／i_e／R_E 1kΩ／v_e

R_C 4.7kΩ／V_{CC} 12V／C_2 100μF／R_L 4.7kΩ／v_o／100mV$_{\text{P-P}}$

オシロチャンネル2／電子電圧計の読み v_o／0.5V

実際トランジスタの入力は $v_{be}=v_i-v_e$ となり帰還電圧 v_e だけ小さくなる

$v_e \fallingdotseq R_E i_c$ …帰還電圧 v_e は電流に比例するため電流帰還という

図 6・12 の出力は $8\text{Vp}-\text{p}$ であった．C_E を取り除いたことにより，出力が極端に小さくなっている

バイパスコンデンサ C_E がなく，エミッタ抵抗 R_E による帰還である

(a) 電流帰還直列注入形負帰還増幅回路の波形観測の例

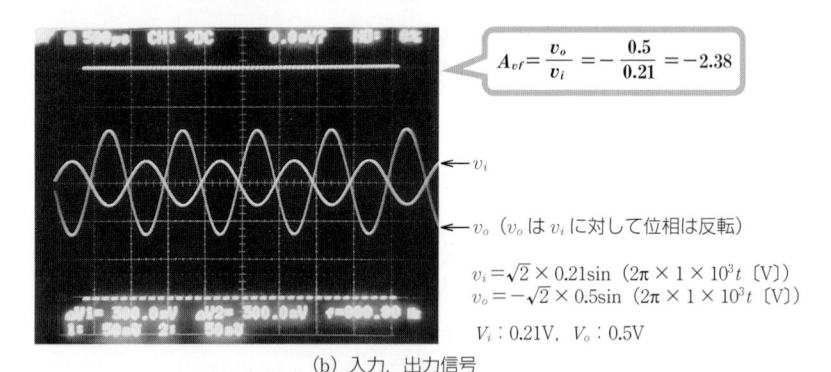

$$A_{vf} = \frac{v_o}{v_i} = -\frac{0.5}{0.21} = -2.38$$

← v_i
← v_o (v_o は v_i に対して位相は反転)

$v_i = \sqrt{2} \times 0.21 \sin(2\pi \times 1 \times 10^3 t)$ 〔V〕
$v_o = -\sqrt{2} \times 0.5 \sin(2\pi \times 1 \times 10^3 t)$ 〔V〕
$V_i : 0.21\text{V}, \ V_o : 0.5\text{V}$

(b) 入力，出力信号

図 7・9　電流帰還直列注入形負帰還増幅回路の入力，出力信号波形

7・4　電圧帰還並列注入形負帰還増幅回路

トランジスタ増幅回路は入力抵抗が高い方を前段に接続し，出力抵抗が低い方を，次段に接続した回路が都合がよい．

図 7・10 を用いてわかりやすく説明する．

入力　　　　　　　　　　出力

入力抵抗 R_i の大きさ　　　出力抵抗 R_o の大きさ

$$R_i = \frac{v_i}{i_i} \, [\Omega] \qquad R_o = \frac{v_o}{i_o} \, [\Omega]$$

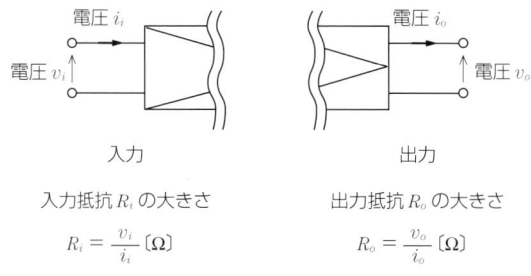

図 7・10　入力抵抗 R_i と出力抵抗 R_o

増幅器の入力抵抗が大きいと，増幅器にはほとんど電流が流れない．言い換えると前段の増幅回路から，たくさん電流をもらわない増幅器だといえる．

また，**増幅器の出力抵抗が小さいと，次段に接続した増幅回路にたくさん電流を供給できる**ことを意味する．前に説明したエミッタホロワ回路では電圧の増幅ができない．

図 7・11 の電圧帰還並列注入形負帰還増幅回路は，コレクタからベースに R_f を通して電圧帰還がされており，さらに，R_f にベース・バイアス電流も供給しているためにバイアスの安定化も図られる．

図 7・11(b) の等価回路より

$$(i_f - h_{fe} \cdot i_b) \times \frac{R_C R_L}{R_C + R_L} = i_l R_L$$

$$i_l = (i_f - h_{fe} \cdot i_b) \times \frac{R_C}{R_C + R_L} = \frac{v_o}{R_L} \tag{7・27}$$

$$i_f = \frac{v_i - v_o}{R_f} \fallingdotseq -\frac{v_o}{R_f} \quad (\because \ |v_i| < |v_o|) \tag{7・28}$$

式 (7・28) を式 (7・27) に代入すると

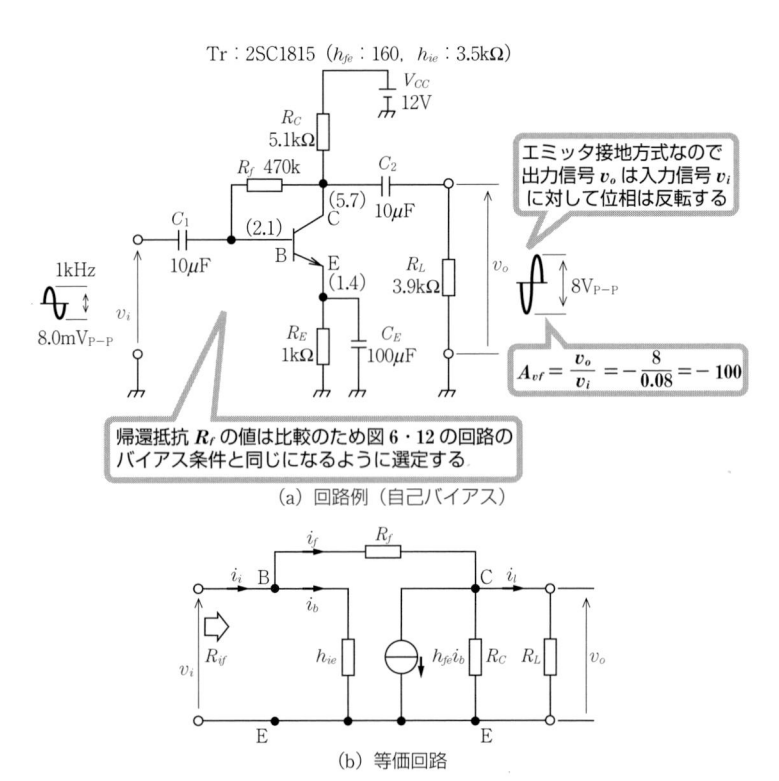

図 7・11 電圧帰還並列注入形負帰還増幅回路

Tr：2SC1815（h_{fe}：160，h_{ie}：3.5kΩ）
V_{CC} 12V
R_C 5.1kΩ
R_f 470kΩ
C_2 10μF
C_1 10μF
R_L 3.9kΩ
R_E 1kΩ
C_E 100μF
1kHz, 8.0mV$_{P-P}$
8V$_{P-P}$

エミッタ接地方式なので出力信号 v_o は入力信号 v_i に対して位相は反転する

$$A_{vf} = \frac{v_o}{v_i} = -\frac{8}{0.08} = -100$$

帰還抵抗 R_f の値は比較のため図 6・12 の回路のバイアス条件と同じになるように選定する

(a) 回路例（自己バイアス）

(b) 等価回路

$$\left(-\frac{v_o}{R_f} - h_{fe} \cdot \frac{v_i}{h_{ie}}\right) \times \frac{R_C}{R_C + R_L} = \frac{v_o}{R_L}$$

$$-\frac{v_o}{R_f} \cdot \frac{R_C}{R_C + R_L} - h_{fe} \cdot \frac{v_i}{h_{ie}} \cdot \frac{R_C}{R_C + R_L} = \frac{v_o}{R_L}$$

$$v_o\left(\frac{1}{R_L} + \frac{R_C}{R_f(R_C + R_L)}\right) = -\frac{h_{fe}}{h_{ie}} \cdot \frac{v_i R_C}{R_C + R_L}$$

$$v_o = \frac{-\dfrac{h_{fe}}{h_{ie}} \cdot \dfrac{R_C}{R_C + R_L} v_i}{\dfrac{1}{R_L} + \dfrac{R_C}{R_f(R_C + R_L)}} \qquad (7 \cdot 29)$$

$$A_{vf} = \frac{v_o}{v_i} = \frac{-\dfrac{h_{fe}}{h_{ie}} \cdot \dfrac{R_C}{R_C + R_L} v_i}{\dfrac{1}{R_L} + \dfrac{R_C}{R_f(R_C + R_L)}} \times \frac{1}{v_i} = \frac{-\dfrac{h_{fe}}{h_{ie}} \cdot \dfrac{R_C}{R_C + R_L}}{\dfrac{1}{R_L} + \dfrac{R_C}{R_f(R_C + R_L)}}$$

$$= \frac{-\frac{h_{fe}}{h_{ie}} \cdot \frac{R_C R_L}{R_C+R_L}}{1+\frac{1}{R_f} \cdot \frac{R_L R_C}{R_C+R_L}} = \frac{-\frac{h_{fe}}{h_{ie}} R_{AL}}{1+\frac{R_{AL}}{R_f}} \quad (\because \quad R_{AL} = R_C \mathbin{/\mkern-6mu/} R_L)$$

$$= \frac{A_v}{1+\beta} \quad \left(\because \quad A_v = -\frac{h_{fe}}{h_{ie}} R_{AL}, \quad \beta = \frac{R_{AL}}{R_f} \right) \quad (7 \cdot 30)$$

一般に, $\beta \ll 1$ とおけることから, $A_{vf} = A_v$ となり, **負帰還をかけても電圧増幅度は変わらない**ことがわかる.

式 (6・19) より

$$A_i = -\frac{h_{fe}}{h_{ie}} \cdot \frac{R_C R_i}{R_C + R_L} \quad (7 \cdot 31)$$

$$\left(\because \quad R_i = R_{BB} \mathbin{/\mkern-6mu/} h_{ie} = \frac{1}{\frac{1}{R_{B2}} + \frac{1}{R_{B1}} + \frac{1}{h_{ie}}} \right)$$

図 7・11 において, 帰還をかけないときは, $R_i = h_{ie}$ であるから, 帰還をかけないときの電流増幅度 A_i は式 (7・31) より

$$A_i = -\frac{h_{fe}}{h_{ie}} \cdot \frac{R_C h_{ie}}{R_C + R_L} = -h_{fe} \cdot \frac{R_C}{R_C + R_L}$$

帰還をかけたときの電流増幅度 A_{if} は結果だけを表すと

$$A_{if} \fallingdotseq \frac{A_i}{1-\frac{R_L}{R_f} \cdot A_i} \fallingdotseq -\frac{R_f}{R_L} \quad \left(\because \quad 1 \ll \left| \frac{R_L}{R_f} A_i \right| \text{ のときは} \right) \quad (7 \cdot 32)$$

となる. また, i_i は

$$i_i = i_b + i_f \fallingdotseq \frac{v_i}{h_{ie}} - \frac{v_o}{R_f} = \frac{v_i}{h_{ie}} - \frac{v_i \cdot A_{vf}}{R_f} \quad (\because \quad R_f \gg R_C, \ R_L)$$

したがって, 入力抵抗 R_{if} は

$$R_{if} = \frac{v_i}{i_i} = \frac{1}{\frac{1}{h_{ie}} + \frac{-A_{vf}}{R_f}} \quad (7 \cdot 33)$$

となる. h_{ie} に帰還抵抗 R_f の $1/|A_{vf}|$ の値が並列に接続されたことに相当する.

> **例題 7-3** 図 7·11 の回路で帰還をかけないときとかけたときの電圧増幅度 A_v, A_{vf}, 電流増幅度 A_i, A_{if} および入力抵抗 R_i, R_{if} を求めよ。

解

$$A_v = -\frac{h_{fe}R_{AL}}{h_{ie}} = -\frac{h_{fe}\times\dfrac{R_C R_l}{R_C + R_l}}{h_{ie}} = -\frac{160}{3.5}\times\frac{5.1\times 3.9}{5.1+3.9} = \mathbf{-101}$$

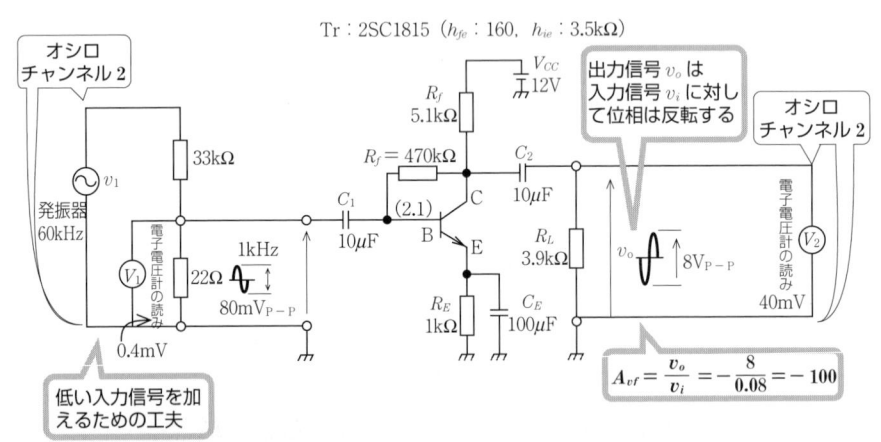

(a) 電圧帰還並列注入形負帰還増幅回路の波形観測の例

$$A_{vf} = -\frac{v_o}{v_i} = -\frac{40}{0.4} = -100$$

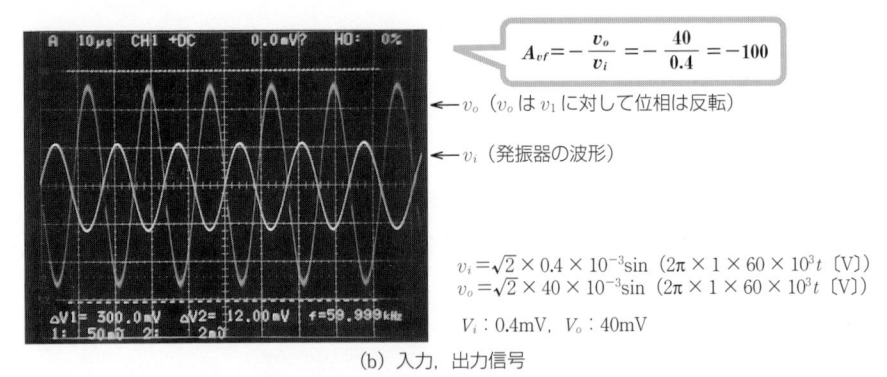

← v_o (v_o は v_i に対して位相は反転)
← v_i (発振器の波形)

$v_i = \sqrt{2}\times 0.4\times 10^{-3}\sin(2\pi\times 1\times 60\times 10^3 t)$ 〔V〕
$v_o = \sqrt{2}\times 40\times 10^{-3}\sin(2\pi\times 1\times 60\times 10^3 t)$ 〔V〕
$V_i : 0.4\text{mV}$, $V_o : 40\text{mV}$

(b) 入力, 出力信号

図 7・12 電圧帰還並列注入形負帰還増幅回路の入力, 出力信号の例

式 (7・30) より $A_{vf} = \dfrac{A_v}{1+\beta} = \dfrac{A_v}{1+\dfrac{R_{AL}}{R_f}} = \dfrac{-101}{1+\dfrac{2.21}{470}} \fallingdotseq -101$

式 (7・31) より $A_i = -\dfrac{R_C}{R_C+R_L}\cdot h_{fe} = -\dfrac{5.1}{5.1+3.9}\times 160 = -90$

式 (7・32) より $A_{if} = \dfrac{A_i}{1-\dfrac{R_L}{R_f}A_i} = \dfrac{-90}{1+\dfrac{3.9}{470}\times 90} \fallingdotseq -51.5$

$R_i = h_{ie} = 3.5 \text{ k}\Omega$

式 (7・33) より $R_{if} = \dfrac{1}{\dfrac{1}{h_{ie}}+\dfrac{-A_{vf}}{R_f}} = \dfrac{1\times 10^3}{\dfrac{1}{3.5}+\dfrac{100}{470}} \fallingdotseq 2\,006 \text{ }\Omega = 2 \text{ k}\Omega$

図 7・12 に電圧帰還並列注入形負帰還増幅回路の入力，出力信号の例を示す．

7・5　多段増幅回路の負帰還

図 7・13(a) は，2 段 CR 結合増幅回路に，R_F により負帰還をかけた例であり，C_F は直流をしゃ断するためのコンデンサである．

図(b)は図(a)の中域における等価回路である．ただし，各コンデンサのインピーダンスは十分に小さいものとして省略した．

この回路の電圧増幅度と入力インピーダンスを求めてみる．

1　負帰還をかけない場合（C_E を接続した場合）の電圧増幅度

図(b)より，Tr_1 の負荷抵抗 R_{AL1} は

$$R_{AL1} = \dfrac{1}{\dfrac{1}{R_4}+\dfrac{1}{R_5}+\dfrac{1}{R_6}+\dfrac{1}{h_{ie2}}} = \dfrac{1}{\dfrac{1}{10}+\dfrac{1}{8.2}+\dfrac{1}{47}+\dfrac{1}{3.5}}\times 10^3 \text{ }\Omega$$

$\fallingdotseq 1.73 \text{ k}\Omega$

エミッタ抵抗 R_E による負帰還がかかっていないときの，1 段目の増幅度 A_{v1} は

$$A_{v1} = -\dfrac{h_{fe1}\times R_{AL1}}{h_{ie1}} = -\dfrac{160\times 1.73\times 10^3}{3.5\times 10^3} \fallingdotseq -79.0 \text{ 倍}$$

図(b)より，Tr_2 の負荷抵抗 R_{AL2} は

第 7 章　負帰還増幅回路

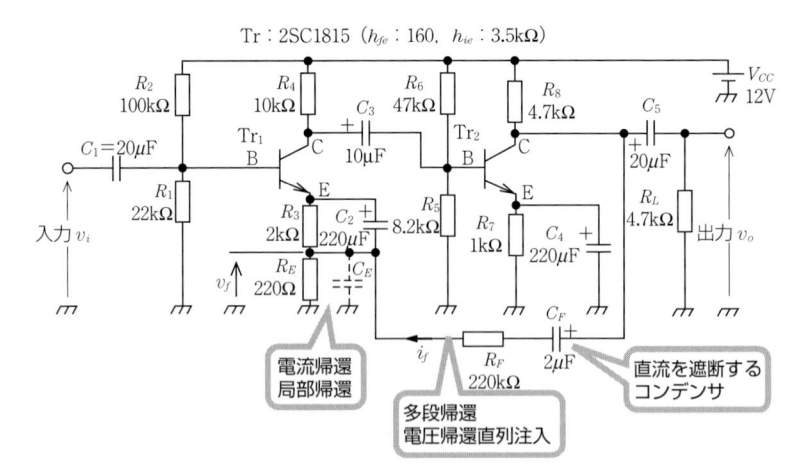

Tr : 2SC1815 (h_{fe} : 160, h_{ie} : 3.5kΩ)

(a) 2 段 CR 結合増幅回路による二重負帰還増幅回路

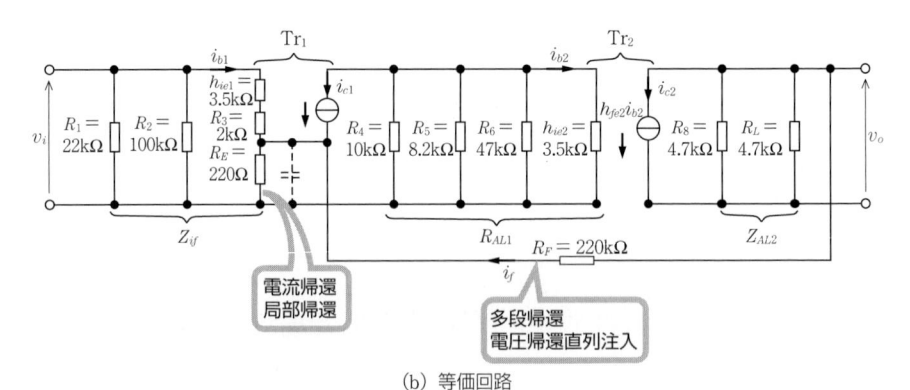

(b) 等価回路

図 7・13　2 段 CR 結合増幅回路による二重負帰還増幅回路

$$R_{AL2} = \frac{1}{\dfrac{1}{R_8} + \dfrac{1}{R_L}} = \frac{1}{\dfrac{1}{4.7} + \dfrac{1}{4.7}} \times 10^3 \, \Omega = 2.35 \text{ k}\Omega$$

したがって，2 段目の電圧増幅度 A_{v2} は

$$A_{v2} = -\frac{h_{fe2} \times R_{AL2}}{h_{ie2}} = -\frac{160 \times 2.35 \times 10^3}{3.5 \times 10^3} \fallingdotseq -107.4 \text{ 倍}$$

となるから，全体の電圧増幅度 A_v は

$$A_v = A_{v1} \times A_{v2} = -79.0 \times -107.4 \fallingdotseq 8485 \text{ 倍}$$

となる．

また，負帰還をかける場合は
① $R_E = 220\,\Omega$ による電流帰還直列注入だけの**局部帰還のときの全体の増幅度 A_{vf1} を求める**．
② この局部帰還に，さらに $R_F = 220\,\mathrm{k}\Omega$ による**電圧帰還直列注入の多段帰還がかかる**．

2　局部帰還だけのとき

R_E による電流帰還直列注入だけのときには，Tr_1 の負荷抵抗 R_{AL1} は $R_{AL1} \fallingdotseq 1.73\,\mathrm{k}\Omega$ であったから，局部帰還の帰還率 β_1 は式（7・22）より

$$\beta_1 = \frac{R_E}{R_{AL1}} = \frac{220}{1.73 \times 10^3} \fallingdotseq 0.127$$

となる．無帰還のときの Tr_1 による1段目の増幅度 A_{v1} は $A_{v1} = -79.0$ であったから局部帰還をかけたときの増幅度 A_{v1f} は，出力信号が入力信号に対して逆転するときの負帰還増幅度 A_{vf} を用いればよいから，式（7・21）より

$$A_{v1f} = \frac{A_{v1}}{1 - \beta_1 A_{v1}} = \frac{-79}{1 - 0.127 \times -79} \fallingdotseq -7.2$$

となる．さらに2段目の増幅度 A_{v2} は $A_{v2} = -107.4$ であったから，全体の増幅度 A_{vf1} は

$$A_{vf1} = A_{v1f} \cdot A_{v2} = -7.2 \times -107.4 \fallingdotseq 773.3$$

となる．入力抵抗 R_{if1}' は式（7・26）より

$$R_{if1}' = h_{ie1}(1 - \beta_1 A_{v1}) = 3.5 \times (1 - 0.127 \times -79) \times 10^3\,\Omega = 38.6\,\mathrm{k}\Omega$$

となる．増幅回路の入力抵抗 R_{if1} はさらに R_1，R_2 が並列に加わる．

3　さらに多段増幅をかけたとき

出力電圧 v_o は入力電圧 v_i に比べて十分大きいから，帰還電圧 v_f は，R_F を通して出力側から流れる電流 i_f により R_E に生じる電圧降下と考えてよい．したがって帰還率 β_2 は

$$\beta_2 = \frac{R_E}{R_f + R_E} \fallingdotseq \frac{R_E}{R_f} \quad (\because\ R_f \gg R_E) \tag{7・34}$$

$$\beta_2 = \frac{R_E}{R_f} = \frac{220}{220 \times 10^3} = 0.001$$

となる．このときの全体の増幅度 A_{vf} は2段目の出力信号は1段目の入力信号

と同相になるから，出力信号が入力信号に対して同相のときの負帰還増幅度 A_{vf} を用いればよいから式（7・4）より

$$A_{vf} = \frac{A_{vf1}}{1+\beta_2 A_{vf1}} = \frac{773.3}{1+0.001 \times 773.3} \fallingdotseq 436$$

入力抵抗 R_{if}' は式（7・26）より

$$R_{if}' = R_{if1}'(1+\beta_2 A_{vf1}) \tag{7・35}$$

となる．式（7・26）と符号が変わっているのは A_{vf1} は正（入出力の波形が同相）となっているからである．数値を代入すると

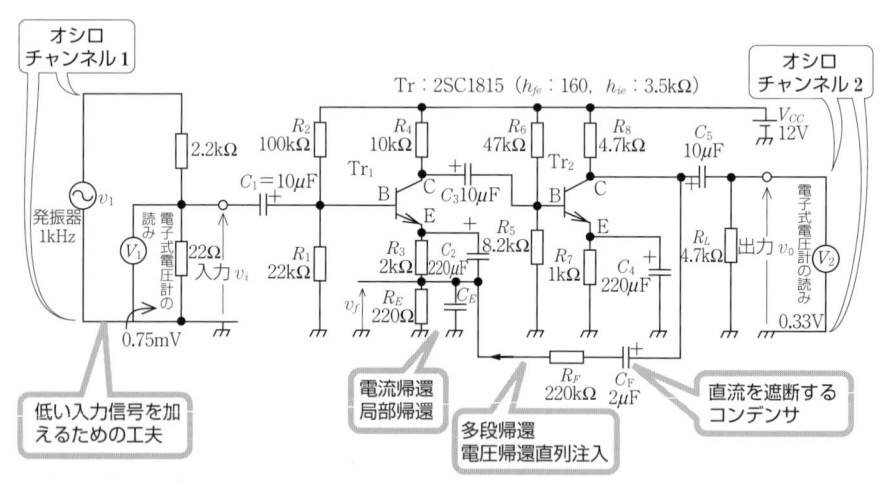

(a) 2段 CR 結合増幅回路による二重負帰還増幅回路の波形観測の例

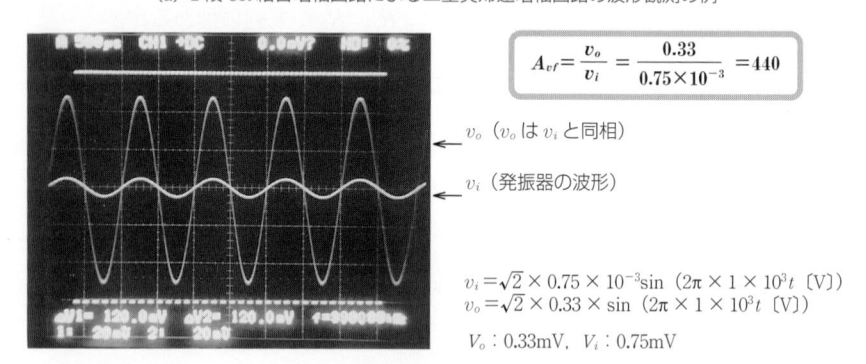

$$A_{vf} = \frac{v_o}{v_i} = \frac{0.33}{0.75 \times 10^{-3}} = 440$$

← v_o（v_o は v_i と同相）
← v_i（発振器の波形）

$v_i = \sqrt{2} \times 0.75 \times 10^{-3} \sin(2\pi \times 1 \times 10^3 t)$〔V〕
$v_o = \sqrt{2} \times 0.33 \times \sin(2\pi \times 1 \times 10^3 t)$〔V〕
$V_o : 0.33\text{mV}, \ V_i : 0.75\text{mV}$

(b) 入力，出力信号

図 7・14 2段 CR 結合増幅回路による二重負帰還増幅回路の入力，出力信号の例

$R_{if}'=38.6\times(1+0.001\times773.3)\times10^3\,\Omega=68.4\,\mathrm{k\Omega}$ となり，大きな数値になる．しかし，実際には Tr_1 のベース抵抗 R_1，R_2 が並列に接続されているために，この回路の入力抵抗 R_{if} は

$$R_{if}=\frac{1}{\dfrac{1}{R_1}+\dfrac{1}{R_2}+\dfrac{1}{R_{if}'}}=\frac{1\times10^3}{\dfrac{1}{22}+\dfrac{1}{100}+\dfrac{1}{68.4}}=14.3\,\mathrm{k\Omega}$$

となり，全く負帰還をかけないときの $2.93\,\mathrm{k\Omega}$ $\left(\because\ \dfrac{1\times10^3}{\dfrac{1}{22}+\dfrac{1}{100}+\dfrac{1}{3.5}}=2.93\,\mathrm{k\Omega}\right)$

より 4.9 倍しか大きくなっていない．さらに入力抵抗を大きくしたいときには，Tr_1 のバイアス供給に工夫が必要である．

図 **7·14** に 2 段 CR 結合増幅回路による二重負帰還増幅回路の入力，出力信号の例を示す．

章末の演習問題

問 1 図 **7·15** の回路について次の値を求めよ．
(1) 電圧増幅度 A_v
(2) C_E をはずして負帰還をかけたときの電圧増幅度 A_{vf}
(3) 帰還率 β

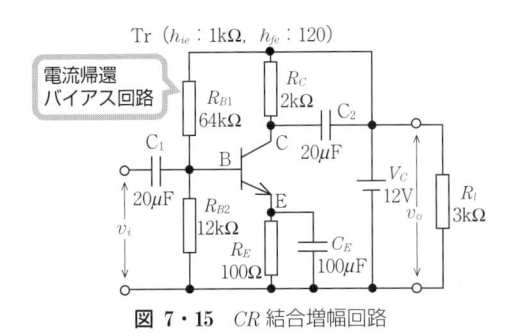

図 **7 · 15** CR 結合増幅回路

問 2 図 7・16 の 2 段 CR 結合増幅回路による二重負帰還増幅回路において次の値を求めよ．
(1) 負帰還をかけない場合（C_E を接続した場合）の電圧増幅度
(2) 局部帰還だけのときの電圧増幅度と入力抵抗
(3) 多段増幅をかけたときの電圧増幅度と入力抵抗

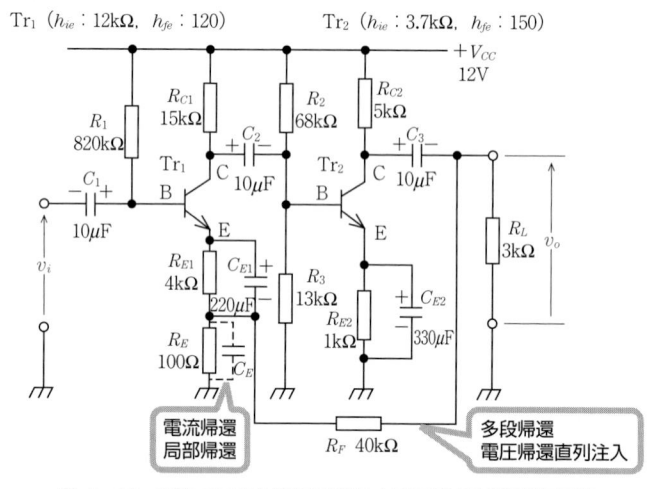

図 7・16 2 段 CR 結合増幅回路による二重負帰還増幅回路

第8章

電界効果トランジスタ

ポイント

　バイポーラ（2極性）トランジスタと呼ばれる pnp または npn 接合トランジスタでは，電子と正孔がともに電気伝導を担うキャリヤとして役割を果たしている．これに対して **FET**（Field Effect Transister；電界効果トランジスタ）は，電子または正孔のどちらかが電気伝導の役割を果たすため，ユニポーラ（単極性）トランジスタと呼ばれている．これまでに学習してわかったように**バイポーラトランジスタは電流制御形の低入力インピーダンス素子**である．これに対して**ユニポーラトランジスタは入力側の電圧で出力電流を制御できる高入力インピーダンスの電圧制御形素子**である．
　本章では，電界効果トランジスタの動作原理と静特性，バイアス回路の設計および等価回路による動作量の計算法について学ぶ．

8・1　接合形 FET の基本原理

　図 8・1 に接合形の n チャネル FET とその図記号を示す．

　チャネルとは**電流の通り道**を意味し，n チャネルというのは，電流の通り道が **n 形半導体**であることを表す．

(a) n 型チャネル接合 FET　　　(b) 接合形 FET の図記号（n チャネル）

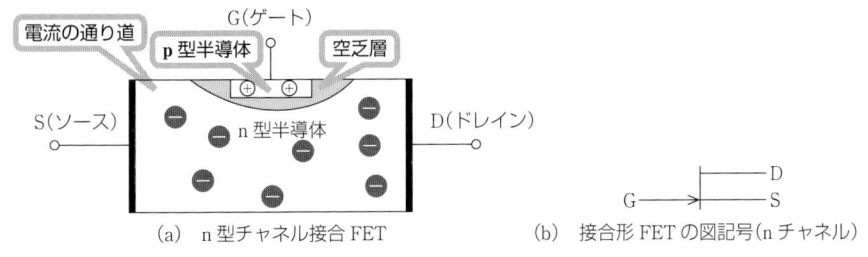

図 8・1　接合形 FET

図8·1(a) に示すように，FET も n 形半導体と p 形半導体の組み合わせでできている．それぞれの半導体からは端子が出ており，**ゲート（G）**，**ドレイン（D）**，**ソース（S）**と名前が付けられている．

図8·2 はドレイン・ソース間に電圧 V_{DS} を接続し，ゲート・ソース間に電圧 V_{GS} を接続しており，V_{DS} によってドレイン電流 I_D が流れている．

いま，V_{GS} は逆方向電圧となっているから，図8·2(b) のように V_{GS} の逆方向電圧を大きくしていくと空乏層が広がり，電子の通り道であるチャネルが狭くなって，ドレイン電流は小さくなる．

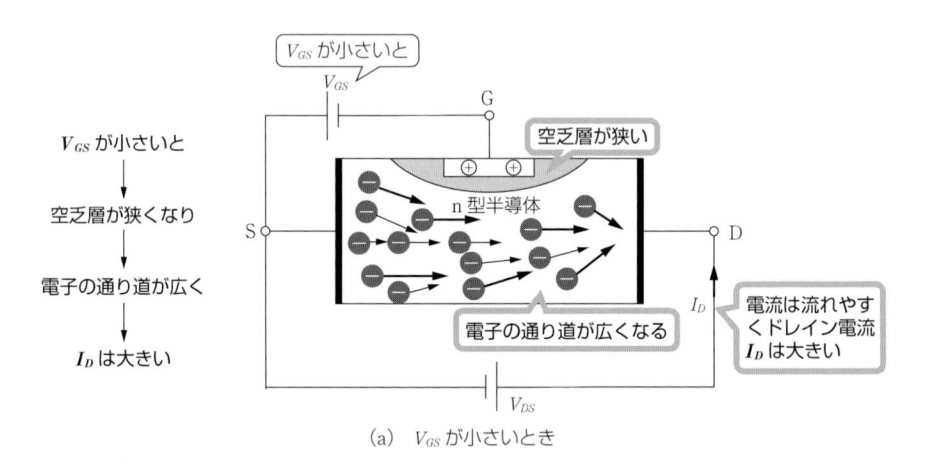

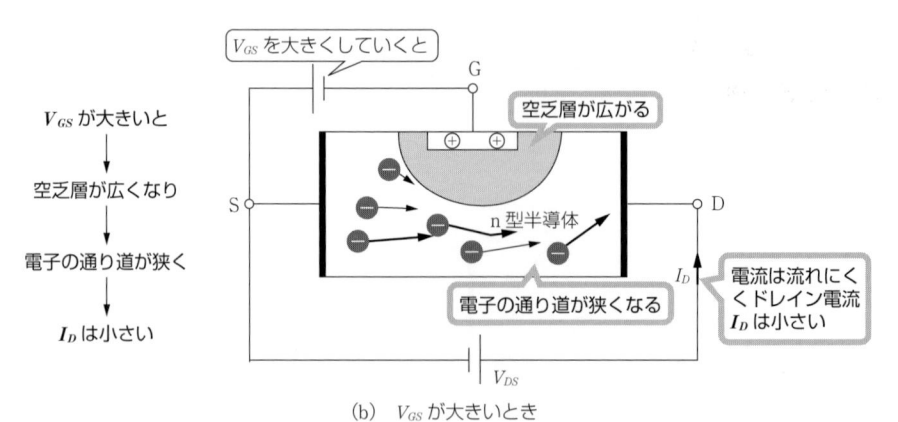

(a) V_{GS} が小さいとき

(b) V_{GS} が大きいとき

図 8・2 接合形 FET の基本原理

すなわち，V_{GS} を変化させることによって電子の通り道であるチャネルを広くしたり狭くしたりして，ドレイン電流の大きさを制御することができる．

ここで大事なことは，バイポーラトランジスタが入力（ベース）電流で出力（コレクタ）電流を制御しているのに対し，**FET ではゲート・ソース間電圧によって，出力電流を制御**している点である．**制御素子のゲートには電流をほとんど必要としない**から電流を流すための抵抗などが必要でない．電流による熱の発生が少なく回路が簡単になるという特徴がある．

8・2　MOS 形 FET の基本原理

図 8・3 に MOS 形 FET とその図記号を示す．

MOS とは，Metal（金属），Oxide（酸化物），Semiconductor（半導体）のことである．

3 本の端子名は，接合形 FET と同じで，**ゲート（G），ソース（S），ドレイン（D）**である．図 8・3 の場合，ソースとドレインの間を結ぶように n 形のチャネルができるので n チャネルの MOS 形 FET と呼ばれている．

① 図 8・4(a) のように，ドレイン・ソース間に電圧 V_{DS}（ドレインに正，ソースに負）を加える．しかし，このままではドレイン電流 I_D は流れない．

② ゲート・ソース間に電圧 V_{GS}（ゲートに正，ソースに負）を加える．ここで，ゲートに加えた正電圧によって p 形半導体との間に，空乏層ができる．

③ ゲートに加えた正電圧を大きくすると，p 形半導体内にある少数キャリヤ

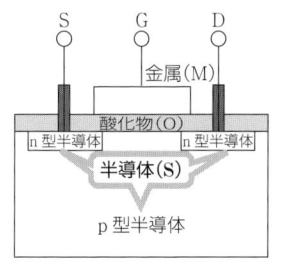

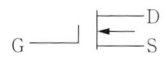

(a)　MOS 形 FET(n チャネル)　　(b)　MOS 形 FET の図記号(n チャネル)

図 8・3　MOS 形 FET

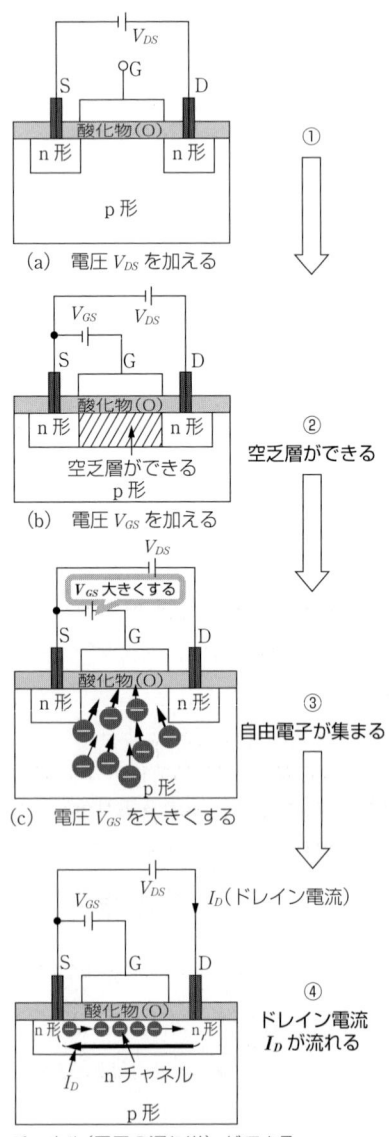

(a) 電圧 V_{DS} を加える

① ↓

(b) 電圧 V_{GS} を加える

空乏層ができる
② 空乏層ができる ↓

(c) 電圧 V_{GS} を大きくする

V_{GS} 大きくする
③ 自由電子が集まる ↓

(d) n チャネル（電子の通り道）ができる

I_D（ドレイン電流）
④ ドレイン電流 I_D が流れる

図 8・4　MOS 形 FET の基本原理

の自由電子が誘導されてゲートに集まってくる．

④ 集まった自由電子が V_{DS} の正に引かれチャネルとなって，ソース・ドレイン間を流れる．

すなわち，**V_{GS} の大きさを変えることによって**，誘導される自由電子の数が変わるから，**ドレイン電流 I_D を制御できる**．

8・3 接合形FETの接地方式，静特性，等価回路およびバイアス回路

1 FETの接地方式

FETもバイポーラトランジスタと同様に，三つの接地方式がある．

図8・5は接合形FETの接地方式と直流電圧の加え方を示している．

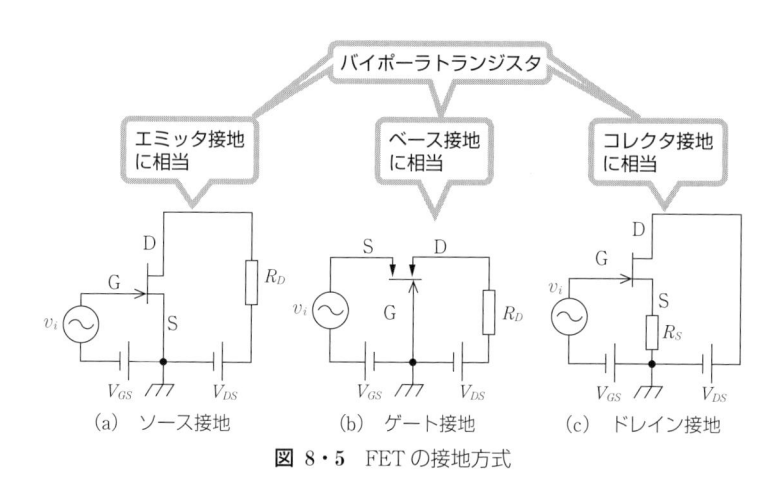

図 8・5 FETの接地方式

(a) ソース接地　(b) ゲート接地　(c) ドレイン接地

2 静特性

図8・6(a)で，ゲート電圧 V_{GS} が負に大きくなると，空乏層が広がり，ついには，ドレイン電流 I_D が0になる．この電圧を**ピンチオフ電圧 V_P** といい，$V_{GS}=0$ のときのドレイン電流の飽和値を I_{DSS} という．図(b)，(c)に接合形FETの静特性を示す．

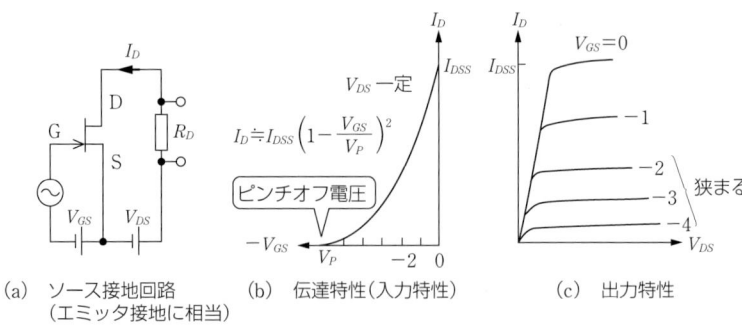

図 8・6　接合形 FET（n チャネル）の静特性

(a) ソース接地回路（エミッタ接地に相当）
(b) 伝達特性（入力特性）
(c) 出力特性

3　等価回路

ドレイン電流 I_D はゲート電圧 V_{GS} とドレイン電圧 V_{DS} との関数であるから

$$I_D = f(V_{GS},\ V_{DS}) \tag{8・1}$$

とおける．いま，伝達特性の傾きを g_m，出力特性の傾きを r_d とおく．

g_m を相互コンダクタンス，r_d をドレイン抵抗（出力インピーダンス）という．図 8・7 より

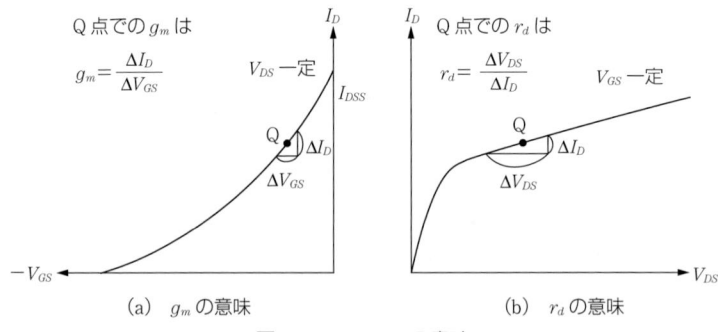

$$\left.\begin{array}{l} g_m = \dfrac{\varDelta I_D}{\varDelta V_{GS}} \quad (V_{DS}\text{は一定}) \\[1em] r_d = \dfrac{\varDelta V_{DS}}{\varDelta I_D} \quad (V_{GS}\text{は一定}) \end{array}\right\} \tag{8・2}$$

(a) g_m の意味
(b) r_d の意味

図 8・7　g_m, r_d の意味

式 (8・1) を全微分すると
$$dI_d = \frac{\partial I_D}{\partial V_{GS}} dV_{GS} + \frac{\partial I_D}{\partial V_{DS}} dV_{DS} \tag{8・3}$$

式 (8・3) において，各変化分を交流信号と見て，

$$\left.\begin{array}{l} dI_D \longrightarrow i_d \\ dV_{GS} \longrightarrow v_{gs} \\ dV_{DS} \longrightarrow v_{ds} \end{array}\right\} \tag{8・4}$$

のように表し，さらに ∂ 記号を $\varDelta$ に置き換えれば

$$i_d = \frac{\varDelta I_D}{\varDelta V_{GS}} v_{gs} + \frac{\varDelta I_D}{\varDelta V_{DS}} v_{ds} \tag{8・5}$$

式 (8・2) を式 (8・5) に代入すると

$$i_d = g_m v_{gs} + \frac{1}{r_d} v_{ds} \tag{8・6}$$

式 (8・6) より図 **8・8** の等価回路が得られる．

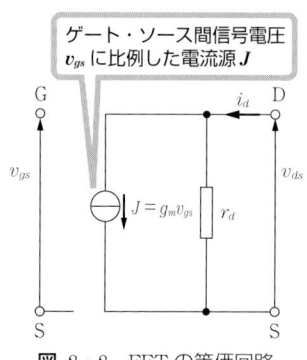

図 8・8 FET の等価回路

【備考】

$z = f(x, y)$ に対して

$$\begin{aligned} \varDelta z &= f(x + \varDelta x, y + \varDelta y) - f(x, y) \\ &= \frac{\partial f(x, y)}{\partial x} \cdot \varDelta x + \frac{\partial f(x, y)}{\partial y} \cdot \varDelta y + \varepsilon(\varDelta x, \varDelta y) \end{aligned}$$

とおくとき

$$\lim_{\substack{\varDelta x \to 0 \\ \varDelta y \to 0}} \frac{\varepsilon(\varDelta x, \varDelta y)}{\sqrt{(\varDelta x)^2 + (\varDelta y)^2}} = 0$$

が成り立つならば，$z = f(x, y)$ は点 (x, y) で全微分可能であるという．

$\varDelta z$ の主要部 $\dfrac{\partial f(x, y)}{\partial x} \cdot \varDelta x + \dfrac{\partial f(x, y)}{\partial y} \cdot \varDelta y$ を z の全微分と名づけて，dz で表す．x, y の全微分は

$$dx = \varDelta x, \quad dy = \varDelta y$$

であるから

$$dz = \frac{\partial f(x, y)}{\partial x} \cdot dx + \frac{\partial f(x, y)}{\partial y} \cdot dy$$

と表される．

4 接合形 FET のバイアス回路

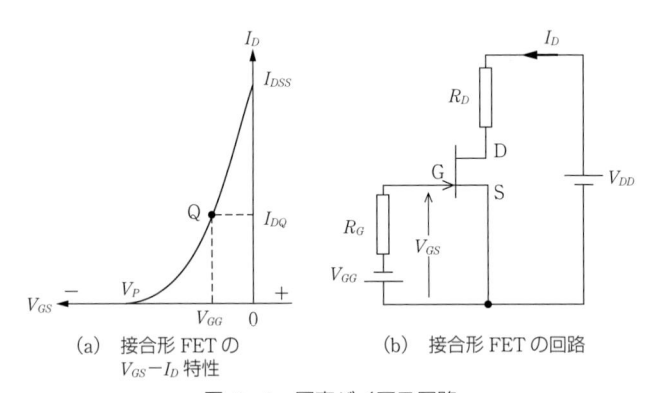

（1） 固定バイアス回路

n チャネル接合形 FET の V_{GS}-I_D 特性を図 8・9(a) に示す．その V_{GS}-I_D 特性で，V_{GS} は負の領域で使用される．いま，動作点を図(a) の点 Q に定めたい場合，図(b) に示すように，ゲートに抵抗 R_G を通して負の電圧 V_{GG} を加えればよい．このように，**独立した直流電源によりゲートにバイアスを加える回路を固定バイアス回路**という．

この固定バイアス回路は，設計は簡単であるが，2 個の電源を必要とする欠点がある．

(a) 接合形 FET の V_{GS}-I_D 特性

(b) 接合形 FET の回路

図 8・9　固定バイアス回路

（2） 自己バイアス回路

図 8・10 はよく用いられる自己バイアス回路である．

図 (a) のゲートには電流が流れないため，R_G の電圧降下は 0（∵ $V_{RG}=I_G \times R_G = 0$）である．

$$V_S + V_{GS} = 0 \longrightarrow V_{GS} = -V_S \tag{8・7}$$

式 (8・7) より，ソース抵抗 R_S の両端の電圧降下 V_S に －（負号）を付けた $-V_S$ が，そのままゲート・ソース間の電圧 V_{GS} となる．

$$V_{GS} = -V_S = -R_S \cdot I_D \tag{8・8}$$

$$-\frac{1}{R_S} = \frac{I_D}{V_{GS}} \quad \left(傾き = -\frac{1}{R_S}\right) \tag{8・9}$$

8・3 接合形 FET の接地方式, 静特性, 等価回路およびバイアス回路

図 8・10 自己バイアス回路

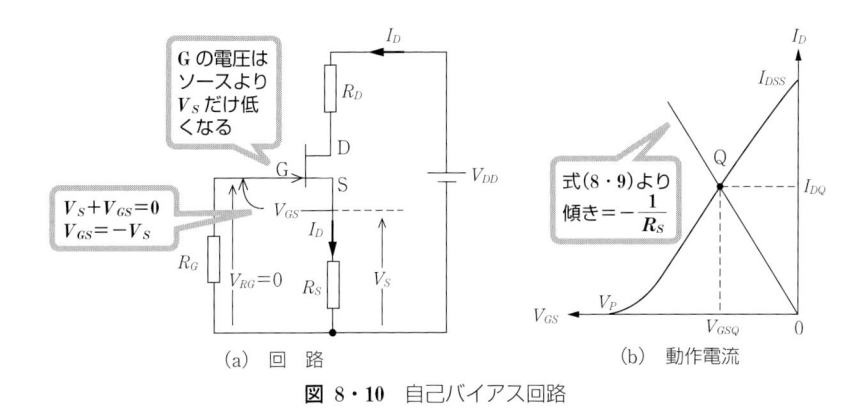

(a) 回路 — G の電圧はソースより V_S だけ低くなる. $V_S + V_{GS} = 0$, $V_{GS} = -V_S$, $V_{RG} = 0$

(b) 動作電流 — 式(8・9)より傾き $= -\dfrac{1}{R_S}$

FET の動作点を図(b) の点 Q のように定めると, そのバイアス電流 I_{DQ} とバイアス電圧 V_{GSQ} から, ソース抵抗 R_S は

$$R_S = -\frac{V_{GSQ}}{I_{DQ}} \tag{8・10}$$

となる.

R_G には電流が流れないから, R_G の値は任意でよいが, 入力インピーダンスを下げないために, 数百 kΩ～1 MΩ 程度の高抵抗が使用される.

例題 8-1 図 8・10(b) で電流 $I_{DQ} = 3.2 \text{ mA}$, バイアス電圧 $V_{GSQ} = -1.6 \text{ V}$ とするときの, ソース抵抗 R_S の値を求めよ.

解 式 (8・10) より

$$R_S = -\frac{V_{GSQ}}{I_{DQ}} = -\frac{-1.6}{3.2 \times 10^{-3}} = \frac{1.6 \times 10^3}{3.2} = 500 \text{ Ω}$$

8・4　MOS形FETの静特性とバイアスおよび動作解析

1　静特性

図8・11(b)は，nチャネルエンハンスメント形MOSFETの静特性の例である．MOS形FETは，その構造上，ゲート電極に流入する電流が極めて小さいという特徴をもっている．この利点を生かすため，**MOS形FET**はほとんどの場合**ソース接地形**で使用される．すなわち，**ゲートを入力とし，ドレインを出力とし，ソースを入出力の共通端子**とする．

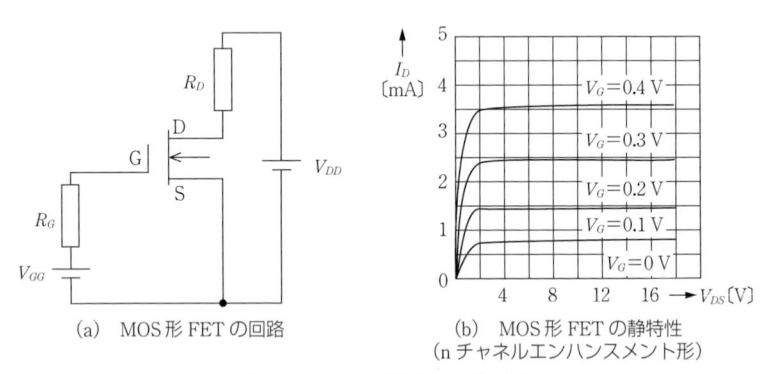

図8・11　MOS形FETの静特性

(a) MOS形FETの回路

(b) MOS形FETの静特性（nチャネルエンハンスメント形）

2　MOS形FET増幅回路の動作解析

図8・12(a)のMOS形FET増幅回路に，入力交流電圧（振幅1V）を与えるときに出力電圧がどのように変化するかについて考察する．

まず，ゲート・ソース間電圧V_{GS}に関しては，FETの入力インピーダンスは∞であるから，V_{GS}はV_{DD}をR_{B1}とR_{B2}で分配した電圧に等しい．

$$V_{GS} = V_{DD} \times \frac{R_{B2}}{R_{B1} + R_{B2}} = 12 \times \frac{10}{20+10} = 12 \times \frac{1}{3} = 4\text{V}$$

となる．

次に，静特性上に負荷線を描く．

8・4 MOS形FETの静特性とバイアスおよび動作解析

図中のラベル:
- 同じ入力信号電圧 v_i
- 負荷線
- 振幅 1 V
- 動作点 Q ($V_{GS}=4$ V)
- 振幅 = 0.5 mA
- $I_d = 1.5$ mA
- 出力交流電圧 v_o は入力交流電圧 v_i に対して位相が反転
- $A_v = -\dfrac{v_o}{v_i} = -\dfrac{2}{1} = -2$
- R_{B1} 20 kΩ, R_L 4 kΩ, R_{B2} 10 kΩ, V_{DD} 12 V
- 次の2点 A, B を直線で結ぶ
  ・$I_D = 0$ mA となる $V_{DS} = V_{DD} = 12$ V……B
  ・$V_{DS} = 0$ V となる場合
    $I_D = V_{DD}/R_L = 12/4\,000 = 3$ mA……A

(a) MOS形FET増幅回路　　(b) 静特性と負荷線

図 8・12 MOS形FETの増幅回路の動作解析

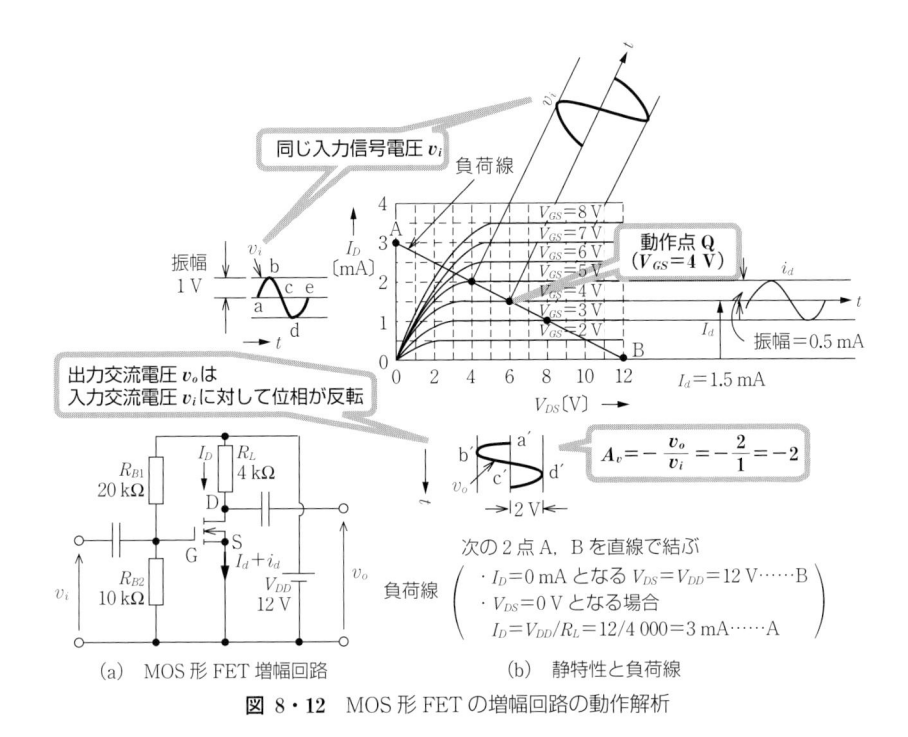

ドレイン電流 I_D，V_{DD} およびドレイン・ソース間電圧 V_{DS} の間で次式が成立する．

$$V_{DD} - I_D \times R_L = V_{DS}$$

$$I_D = \frac{1}{R_L} V_{DD} - \frac{1}{R_L} V_{DS} \tag{8・11}$$

式 (8・11) に $V_{DD} = 12$ V，$R_L = 4 \times 10^3$ Ω を代入すると

$$I_D = \frac{1}{4 \times 10^3} \times 12 - \frac{1}{4 \times 10^3} V_{DS} = 3 \times 10^{-3} - \frac{V_{DS}}{4} \times 10^{-3} \text{ A}$$

$$= 3 - \frac{V_{DS}}{4} \text{ mA} \tag{8・12}$$

となる．

　　$V_{DS} = 0$ のとき，　　$I_D = 3$ mA……A 点
　　$V_{DS} = 12$ V のとき，　　$I_D = 0$……B 点

図 8·12(b) の図に A 点と B 点をとり，線で結べば負荷線が描かれる．この負荷線 AB と $V_{GS}=4$ V の特性曲線との交点が動作点 Q となる．

図(b) に示すように，V_{GS} に振幅 1 V の交流電圧が入力されると，特性曲線上の V_{GS} は 3 V（＝4−1）から 5 V（＝4+1）まで変化する．このため，直流負荷線とは $V_{GS}=3$ V のときの $V_{DS}=8$ V で交わり，$V_{GS}=5$ V のとき $V_{DS}=4$ V で交わる．

さらに，ドレイン電流の I_d と i_d は図に示すように，$I_d=1.5$ mA と振幅 0.5 mA の i_d が流れることになる．したがって，V_{DS} は 4～8 V まで変化するが，出力部には結合コンデンサがあるため，直流分の 6 V はカットされ，出力 v_o は，−2～+2 V の変化をする．**ただし位相は反転する．**

8・5　ソース接地 CR 結合増幅回路の等価回路

図 8・13 はソース接地 CR 結合増幅回路で，ゲート電極（G）には電流が流れ込まないので，バイアス抵抗は単にゲート電圧 V_G を与えているのみである．

直流電流は，抵抗とトランジスタにだけ流れると考えると，直流等価回路は**図 8・14** のようになる．

また，交流等価回路は図 8・15(a)，(b) のようになり，さらに g_m，r_d を用いると図(c) のようになる．

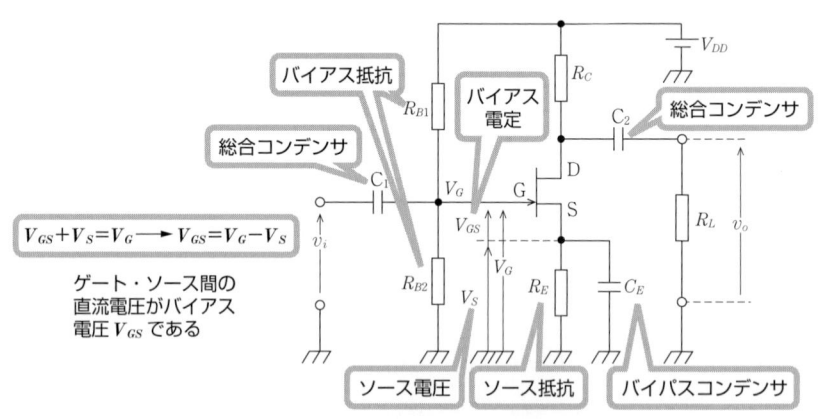

図 8・13　ソース接地 CR 結合増幅回路

8・5 ソース接地 CR 結合増幅回路の等価回路　　**143**

(a)

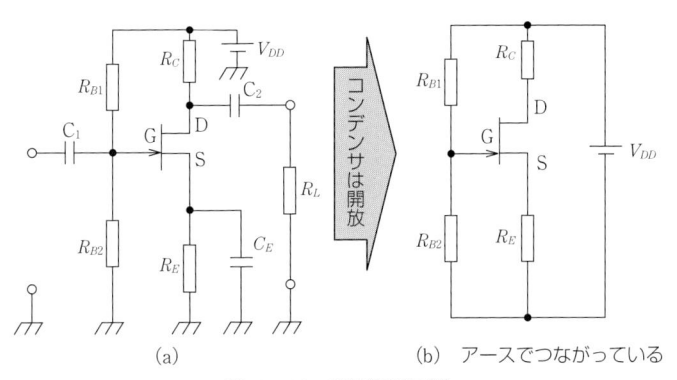

(b) アースでつながっている

図 8・14　直流等価回路

コンデンサと電源は短絡

(a) R_E は短絡

アース接続

(b)

(c) ソース接地増幅回路の中域等価回路

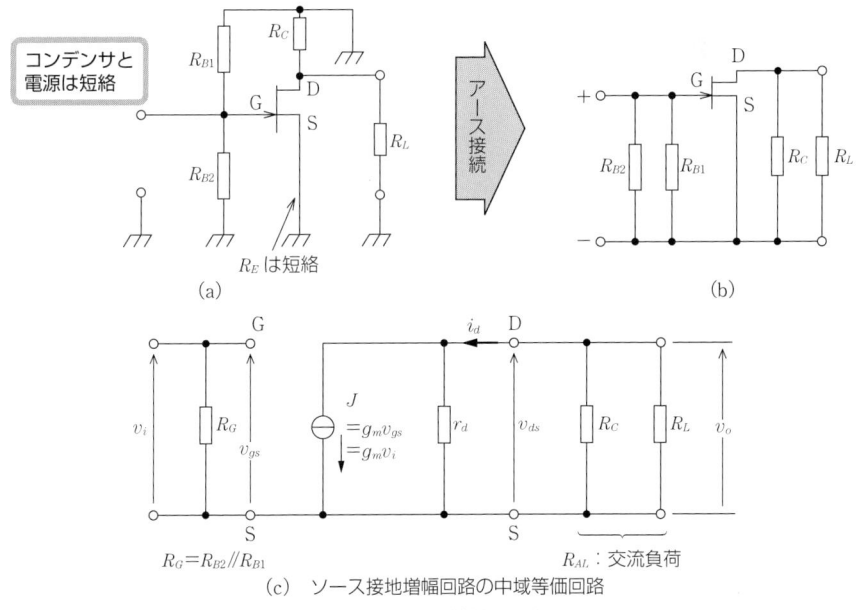

$R_G = R_{B2} /\!/ R_{B1}$　　　　　R_{AL}：交流負荷

図 8・15　交流等価回路

図 8・15(c) より，出力電圧 v_o は

$$v_o = -g_m v_i \times \frac{r_d R_{AL}}{r_d + R_{AL}} \tag{8・13}$$

電圧増幅度 A_v は

$$A_v = \frac{v_o}{v_i} = -g_m \frac{r_d R_{AL}}{r_d + R_{AL}} \qquad (8\cdot14)$$

ドレイン・ソース間をオープンにしたとき（$R_{AL}=\infty$, $R_{AL} \gg r_d$）の v_o は

$$v_o = -g_m v_i \times \frac{r_d}{r_d/R_{AL}+1} = -g_m v_i \times r_d \qquad (8\cdot15)$$

ドレイン・ソース間をオープンしたときの A_v が増幅率 μ であるから

$$\mu = \left|\frac{v_o}{v_i}\right| = \left|\frac{-g_m v_i \times r_d}{v_i}\right| = g_m r_d \qquad (8\cdot16)$$

となる．

例題 8-2 次の文章は，電界効果トランジスタを用いたソース接地増幅回路に関する記述である．文中の □ に当てはまる式または数値を記入せよ．

（a）図 8・16 はソース接地増幅回路の小信号分に対する簡略化した回路を示している．このトランジスタの相互コンダクタンスを g_m，ドレイン抵抗を r_d，増幅率を μ とすれば，ドレイン電流 i_d は次式で表される．

$$i_d = \boxed{(1)} \times v_{gs} + \boxed{(2)} v_{ds}$$

ただし，v_{gs} はゲート・ソース間電圧，v_{ds} はドレイン・ソース間電圧で，いずれも小信号分である．

したがって，図 8・16 の回路は，電流源 J を用いて，図 8・17 の等価回路で表され，J は小信号電圧 v_{gs} を用いて次式で与えられる．

$$J = \boxed{(3)}$$

また，g_m，r_d，μ の間には，$\boxed{(4)}$ の関係がある．

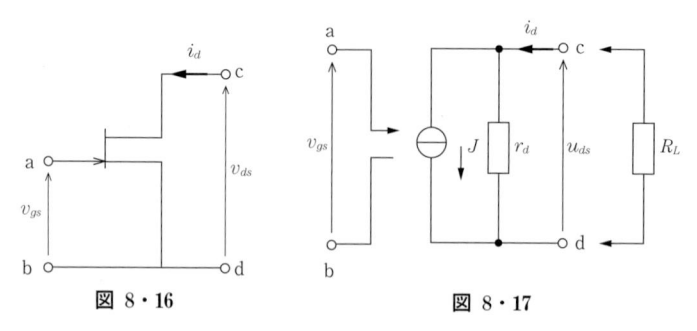

図 8・16　　図 8・17

（b）図 8・17 の回路で端子 cd 間に負荷抵抗 $R_L = 30\text{ k}\Omega$ を接続し，$g_m = 25\text{ mS}$，$r_d = 20\text{ k}\Omega$ とすれば，$v_{gs} = 20\text{ mV}$ の小信号を加えたとき，出力電圧は $v_{ds} = \boxed{(5)}$ 〔V〕となる．

解 式 (8・6) より，ドレイン電流は次式で表される．

$$i_d = g_m \times v_{gs} + \frac{1}{r_d} v_{ds} \cdots\cdots ①$$

また，等価回路は図 8・18(a) のようになる．電流源 J は

$$J = g_m v_{gs} \cdots\cdots ②$$

となる．また，式 (8・16) より g_m，r_d，μ の間には

$$\mu = r_d g_m \cdots\cdots ③$$

が成り立つ．

負荷抵抗 R_L を接続して，$v_{gs} = 20\text{ mV}$ を加えたときの出力電圧 v_{ds} は，図(a) より，J の電流が r_d と R_L の並列回路に流れることになるから，図(b) より

$$v_{ds} = -\frac{r_d R_L}{r_d + R_L} \times g_m v_{gs} = -\frac{20 \times 10^3 \times 30 \times 10^3}{20 \times 10^3 + 30 \times 10^3} \times 25 \times 10^{-3} \times 20 \times 10^{-3}$$

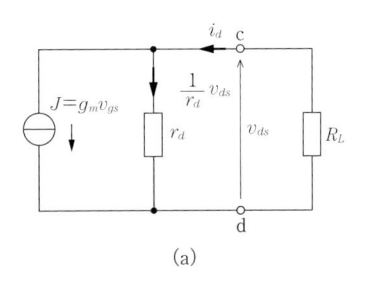

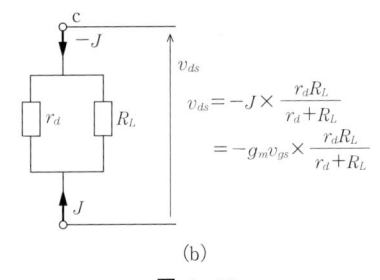

図 8・18

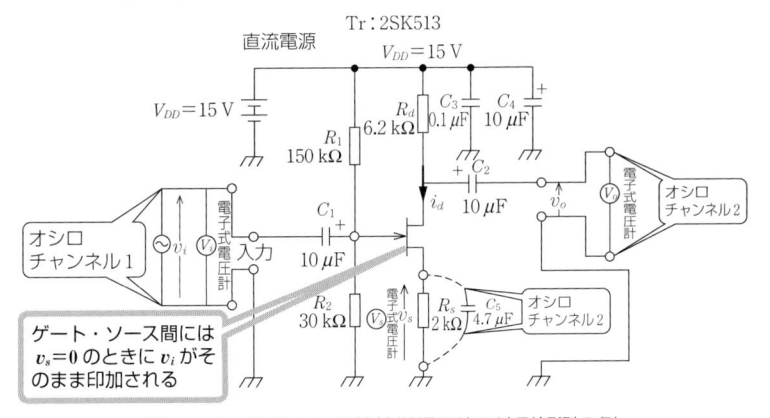

図 8・19 FET ソース接地増幅回路の波形観測の例

$$= -12 \times 10^3 \times 25 \times 10^{-3} \times 20 \times 10^{-3} = \mathbf{-6V} \cdots\cdots ④$$

式④において，マイナスの符号は v_{gs} と位相が180°異なることを示している．

図8・19にFETソース接地増幅回路（エミッタ接地増幅回路のトランジスタをFETに置き換えたもの）の波形観測の例を示す．

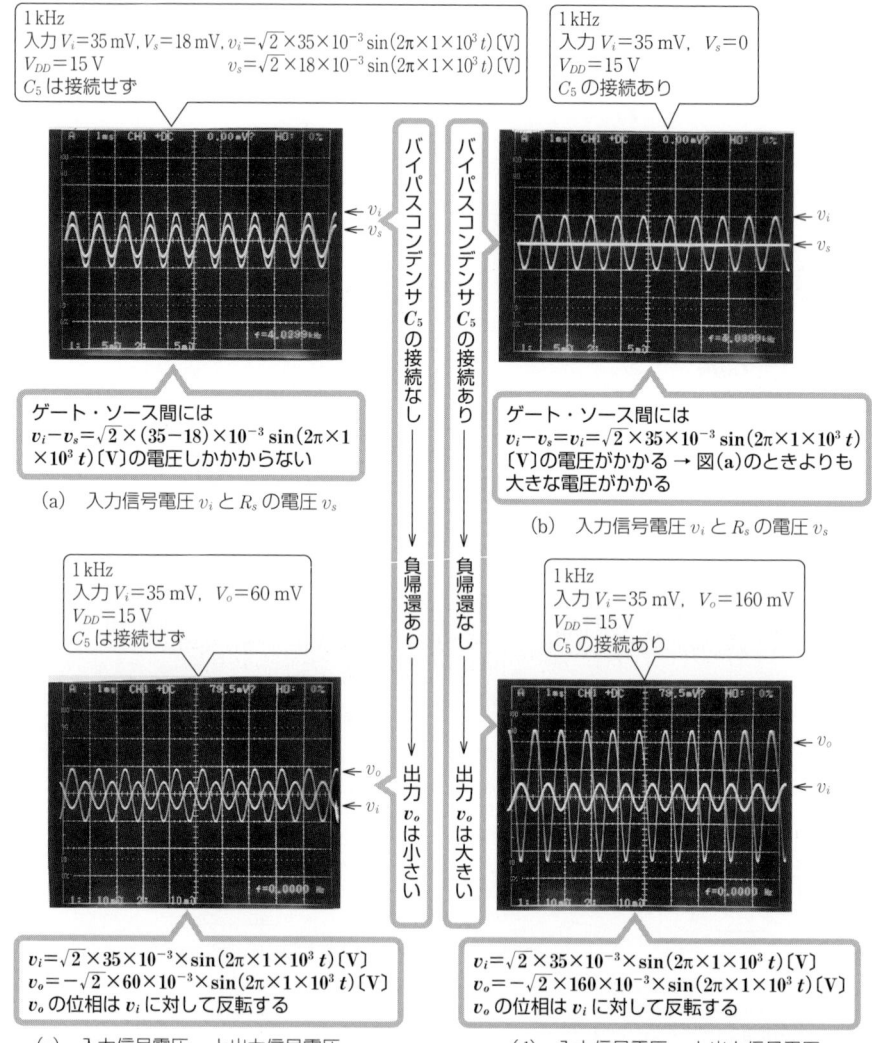

(a)
1 kHz
入力 $V_i=35\,\mathrm{mV}$, $V_s=18\,\mathrm{mV}$, $v_i=\sqrt{2}\times 35\times 10^{-3}\sin(2\pi\times 1\times 10^3 t)$ [V]
$V_{DD}=15\,\mathrm{V}$
C_S は接続せず
$v_s=\sqrt{2}\times 18\times 10^{-3}\sin(2\pi\times 1\times 10^3 t)$ [V]

ゲート・ソース間には
$v_i-v_s=\sqrt{2}\times(35-18)\times 10^{-3}\sin(2\pi\times 1\times 10^3 t)$ [V]の電圧しかかからない

(a) 入力信号電圧 v_i と R_s の電圧 v_s

(b)
1 kHz
入力 $V_i=35\,\mathrm{mV}$, $V_s=0$
$V_{DD}=15\,\mathrm{V}$
C_S の接続あり

ゲート・ソース間には
$v_i-v_s=v_i=\sqrt{2}\times 35\times 10^{-3}\sin(2\pi\times 1\times 10^3 t)$ [V]の電圧がかかる → 図(a)のときよりも大きな電圧がかかる

(b) 入力信号電圧 v_i と R_s の電圧 v_s

（バイパスコンデンサ C_S の接続なし → 負帰還あり → 出力 v_o は小さい）

（バイパスコンデンサ C_S の接続あり → 負帰還なし → 出力 v_o は大きい）

(c)
1 kHz
入力 $V_i=35\,\mathrm{mV}$, $V_o=60\,\mathrm{mV}$
$V_{DD}=15\,\mathrm{V}$
C_S は接続せず

$v_i=\sqrt{2}\times 35\times 10^{-3}\times\sin(2\pi\times 1\times 10^3 t)$ [V]
$v_o=-\sqrt{2}\times 60\times 10^{-3}\times\sin(2\pi\times 1\times 10^3 t)$ [V]
v_o の位相は v_i に対して反転する

(c) 入力信号電圧 v_i と出力信号電圧 v_o

(d)
1 kHz
入力 $V_i=35\,\mathrm{mV}$, $V_o=160\,\mathrm{mV}$
$V_{DD}=15\,\mathrm{V}$
C_S の接続あり

$v_i=\sqrt{2}\times 35\times 10^{-3}\times\sin(2\pi\times 1\times 10^3 t)$ [V]
$v_o=-\sqrt{2}\times 160\times 10^{-3}\times\sin(2\pi\times 1\times 10^3 t)$ [V]
v_o の位相は v_i に対して反転する

(d) 入力信号電圧 v_i と出力信号電圧 v_o

図8・20 FETソース接地増幅回路の v_i と v_s および v_i と v_o

① 図 8・20(a) に R_S にバイパスコンデンサ C_5 を接続しないとき（負帰還ありのとき）の入力信号電圧 v_1 と R_S の電圧 v_s を示す．同じく，図(b) に R_S にバイパスコンデンサ C_5 を接続したとき（負帰還なしのとき）の入力信号電圧 v_1 と R_S の電圧 v_s を示す．

② 図(c) に R_S にバイパスコンデンサ C_5 を接続しないとき（負帰還ありのとき）の入力信号電圧 v_1 と出力信号電圧 v_o を示す．

③ 図(d) に R_S にバイパスコンデンサ C_5 を接続したとき（負帰還なしのとき）の入力信号電圧 v_1 と出力信号電圧 v_o を示す．

図 8・20 より次のことがわかる．

(1) 図(a)，(b) に示すようにバイパスコンデンサ C_5 を接続したとき（負帰還なしのとき）には R_S の両端の交流電圧 v_s は 0 となり，ゲート・ソース間には $v_1 = \sqrt{2} \times 35 \times 10^{-3} \sin(2\pi \times 1 \times 10^3 t)$ 〔V〕の電圧がかかっている．

(2) 図(d) に示すように出力電圧は $v_o = -\sqrt{2} \times 160 \times 10^{-3} \sin(2\pi \times 1 \times 10^3 t)$ 〔V〕となる．すなわち，バイパスコンデンサ C_5 を接続しないとき（負帰還ありのとき）の出力電圧 $v_o = -\sqrt{2} \times 60 \times 10^{-3} \sin(2\pi \times 1 \times 10^3 t)$ 〔V〕より大きくなっている．

(3) すなわち，バイパスコンデンサ C_5 を接続することにより，負帰還がなくなるために出力電圧 v_o は大きくなることがわかる．

章末の演習問題

問 1 図 8・21 は MOS 形 FET 増幅回路を示し，図 8・22 は，その FET の静特性を示す．$R_1 = 10\ \text{k}\Omega$，$R_2 = 20\ \text{k}\Omega$，$R_l = 4\ \text{k}\Omega$，$V_{DD} = 12\ \text{V}$ とするとき，次の問に答えよ．

(1) ゲート・ソース間電圧 V_{GS} 〔V〕の値を求めよ．

(2) 入力交流電圧 v_i の最大値が 1 V のときの出力交流電圧 v_o を図 8・22 の静特性曲線から求め

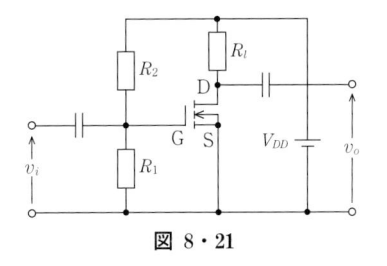

図 8・21

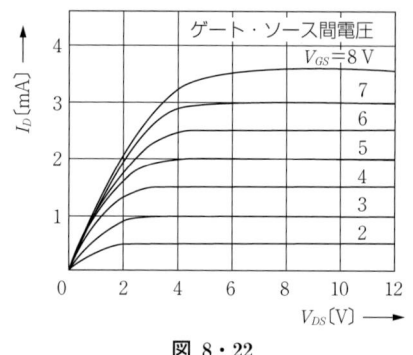

図 8・22

た場合，v_o〔V〕の最大値は何〔V〕か．

問 2　次の文章は，MOS 形 FET を用いた増幅回路に関する記述である．文中の □ に当てはまる語句，記号または数値を記入せよ．

　図 8・23 の回路は □(1)□ 接地増幅回路であり，そのゲート・ソース間直流バイアス電圧は，$V_{GS}=$ □(2)□ 〔V〕である．MOS 形 FET 静特性上に直流負荷線を描くと，図 8・24 の線分 AB となる．ただし，MOS 形 FET の静特性では，ドレイン・ソース間電圧 V_{DS} がある電圧以上では，ドレイン電流 I_D は V_{DS} に無関係に一定（横軸に平行）になるものとする．

　この直流負荷線とゲート・ソース間直流バイアス電圧より，V_{DS}，I_D の直流バイアス点は，図 8・24 の点 □(3)□ である．このバイアス点の近傍で，MOSFET の相互コンダクタンス g_m は □(4)□ 〔S〕となる．したがって，同図の回路の電圧増幅度は $\frac{v_2}{v_1}=$ □(5)□ 倍となる．ただし，入出力の交流信号に対して，各コンデンサは短絡とみなすものとする．

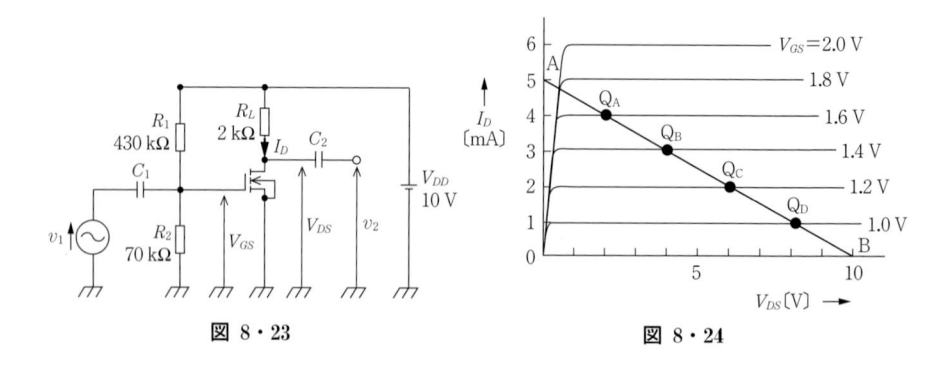

図 8・23

図 8・24

第9章
電力増幅回路

ポイント

　第8章までに学んできた増幅回路は微小信号の電圧，電流を増幅することを目的としている．したがって，スピーカなどを負荷として直接駆動することはできない．負荷に大きな信号電力を供給することを目的とした増幅回路を**電力増幅回路**（power-amplification circuit）と呼ぶ．電力増幅回路では，高い電源効率を得ることが特に重要であるが，小信号増幅回路に比べて，大きな信号を取り扱うため**交流の等価回路を用いることができない**．このため，特性曲線を用いた**図式解法の手法**が用いられる．

　ここでは **A 級シングル電力増幅回路**（class A single power-amplification circuit）と **B 級プッシュプル電力増幅回路**（class B push-pull power-amplification circuit）について学ぶ．

9・1　電力増幅回路の基礎

1　トランジスタのコレクタ損失と許容動作範囲

　大信号を取り扱う電力増幅回路では，大きなコレクタ電流が流れるから，トランジスタ内部での発熱が問題となる．この発熱は，コレクタ・エミッタ間の電圧 V_{CE} とコレクタ電流 I_C との積がコレクタ損失 P_C で与えられる．

$$P_C = V_{CE} \cdot I_C \tag{9・1}$$

この値がトランジスタの**最大コレクタ損失 $P_{C\max}$** を超えると，発熱のためトランジスタが破壊されることがある．この $P_{C\max}$ は温度と放熱条件によって異なる．

　パワートランジスタの動作範囲は，**図 9・1**(a) のように最大コレクタ電圧 $V_{CE\max}$，最大コレクタ電流 $I_{C\max}$ の両直線と，最大コレクタ損失 $P_{C\max}$ の曲線で

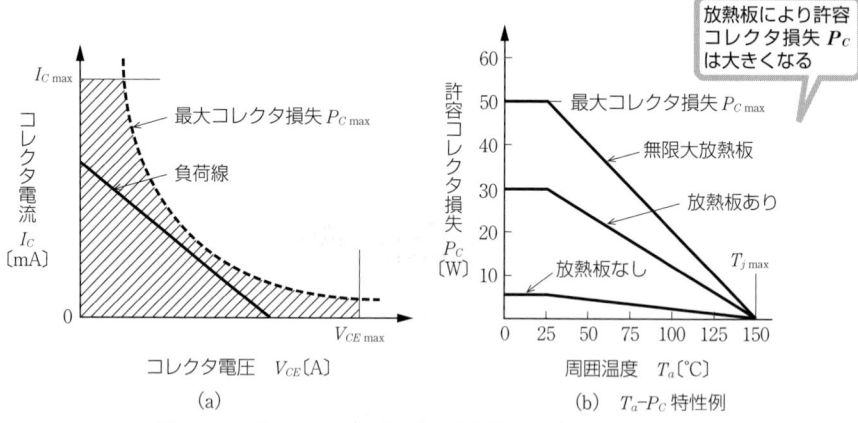

図 9・1 パワートランジスタの動作範囲と許容コレクタ損失

(a) のコレクタ電圧 V_{CE}[A]、コレクタ電流 I_C[mA]、最大コレクタ損失 $P_{C\,\max}$、負荷線、$I_{C\,\max}$、$V_{CE\,\max}$

(b) T_a-P_C 特性例：許容コレクタ損失 P_C[W]、周囲温度 T_a[℃]、最大コレクタ損失 $P_{C\,\max}$、無限大放熱板、放熱板あり、放熱板なし、$T_{J\,\max}$

放熱板により許容コレクタ損失 P_C は大きくなる

囲まれた領域内に限られる．

なお，最大コレクタ損失は，放熱器の有無や周囲温度によって図(b) のように変化する．したがって，実際に使用するトランジスタに許されるコレクタ損失（許容コレクタ損失）は，最大定格 $P_{C\max}$ より小さくなる．電力増幅回路では，熱によってバイアスの変化が起きやすいため，とくにバイアスの安定化が必要である．そのため，ダイオードによる温度補償が一般に行われている．

また，電力増幅回路は，大信号を取り扱うため動作範囲が広く，小信号増幅のときのように h パラメータの等価回路による計算ができない．そこで負荷線などの特性曲線を用いて信号の出力電力などを計算する．

例題 9-1 トランジスタのコレクタ・エミッタ間電圧 $V_{CE}=6$ V，コレクタ電流 $I_C=40$ mA のときのコレクタ損失 P_C を求めよ．

解 式 (9・1) より

$$P_C = V_{CE} \cdot I_C = 6 \times 40 \times 10^{-3} = 0.24 \text{ W} = \mathbf{240 \text{ mW}}$$

2　電力増幅回路のバイアス

電力増幅回路は，バイアスによってA級，B級およびC級に分けられる．

9・1 電力増幅回路の基礎 **151**

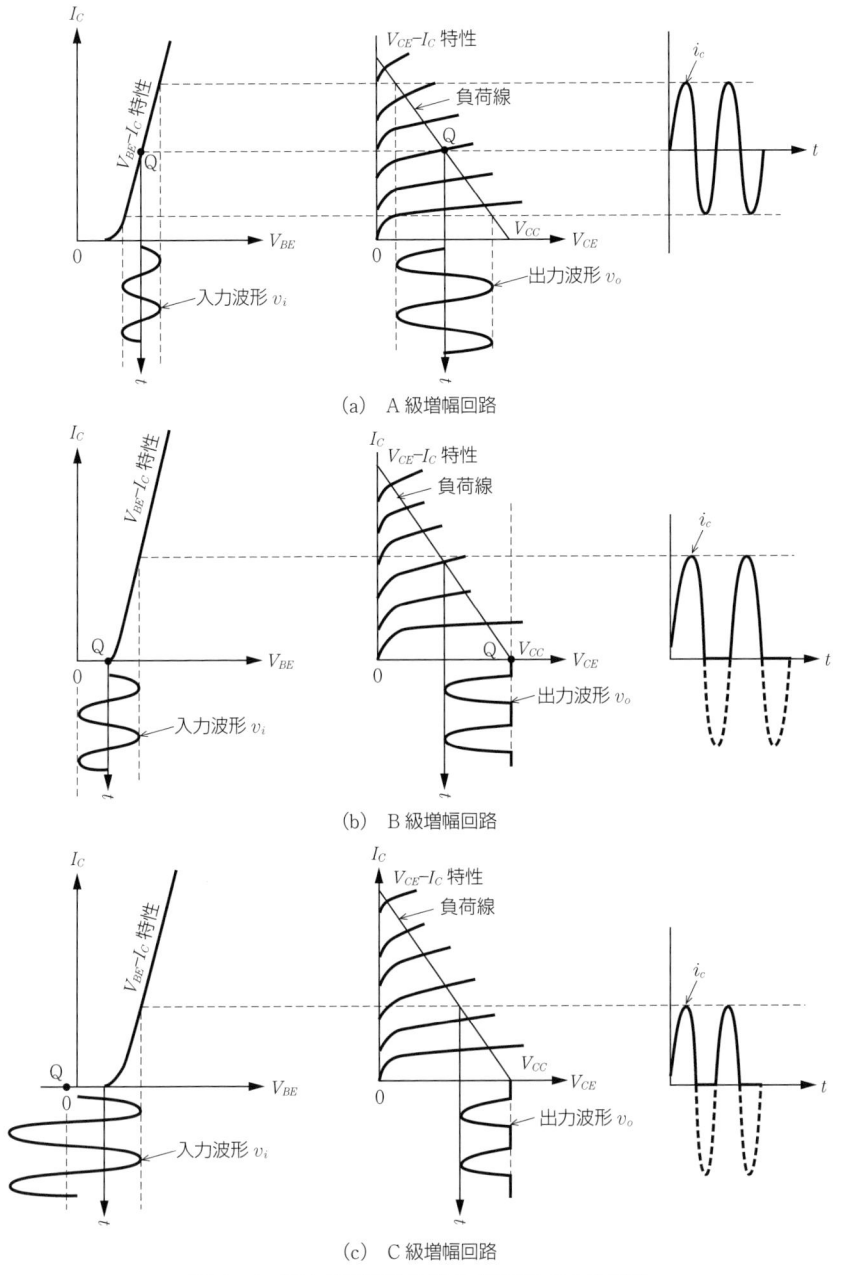

(a) A級増幅回路

(b) B級増幅回路

(c) C級増幅回路

図 9・2 電力増幅回路のバイアス条件による分類

① **A級電力増幅回路**

　　図9・2(a)のように，負荷線のほぼ中央にバイアス点を選んだ増幅回路で，正弦波出力が得られ，ひずみ率は最も小さくてよいが，効率は最も悪い．低電力ではA級シングルの回路が使われる．また，トランジスタに入力信号の有無とは無関係に電流が流れていて，発熱が大きく，効率は悪く，出力も大きく取れない．

② **B級電力増幅回路**

　　図9・2(b)のように，無信号状態ではトランジスタに電流が流れないようにバイアス点を定め，正弦波信号を加えたとき，ちょうど半サイクルだけ電流が流れるように設計された方式である．半サイクルだけでは増幅回路として不完全であるから，正負の半サイクルずつを別々のトランジスタで増幅し，出力側で合成する方式，すなわち**プッシュプル方式**となる．無信号時には，トランジスタに電流が流れないから高効率であり，許容コレクタ損失の範囲内で最大の出力を取り出すことができる．

③ **C級電力増幅回路**

　　図9・2(c)のように，信号の半サイクルの期間よりもさらに短い時間しか電流は流れない．そのため出力波形は大きなひずみを伴うので，低周波の増幅回路では使用しない．

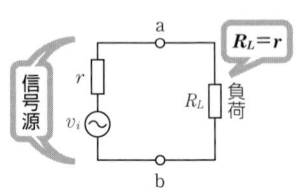

3　インピーダンス整合

　図9・3に示すように，交流電源と内部抵抗 r を含めた回路を信号源という．

　信号源のインピーダンス r が負荷抵抗の値 R_l に等しいとき，すなわち端子a-bから信号側を見たインピーダンスと，負荷側を見たインピーダンスが等しい場合，**インピーダンス整合** (impedance matching) **が取れている**という．このとき，信号源から，負荷に最大電力が供給される．

図9・3　インピーダンス整合

（1）8Ωのスピーカとエミッタホロワとのインピーダンス整合

　第7章で学んだように，エミッタホロワの出力インピーダンス Z_o は式（7・16）より

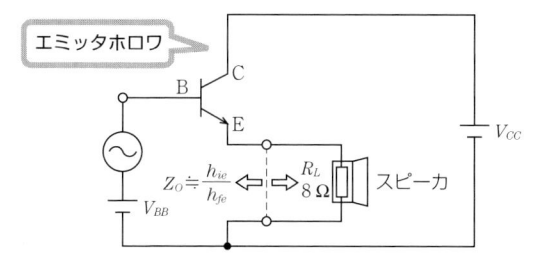

図 9・4 エミッタホロワとスピーカのインピーダンス整合

$$Z_O \fallingdotseq \frac{h_{ie}}{h_{fe}} \tag{9・2}$$

で表される．式 (9・2) より，Z_O の値はかなり小さくなるために，**図9・4**に示すように，スピーカのインピーダンス $R_L = 8\,\Omega$ をエミッタホロワの負荷としたとき，インピーダンス整合が取れた状態に近くなる．

（2） 変成器によるインピーダンス整合

理想的なトランスを考え，損失がないものとすれば，起電力 v_1，v_2 は巻数に比例するから

$$\frac{v_1}{v_2} = \frac{n_1}{n_2} \tag{9・3}$$

一次側の電力 $P_1 = v_1 i_1$ と二次側の消費電力 $P_2 = v_2 i_2$ は等しいから

$$\frac{i_1}{i_2} = \frac{v_2}{v_1} = \frac{n_2}{n_1} \tag{9・4}$$

式 (9・3)，(9・4) と $i_2 = v_2/R$ より

$$\frac{v_1}{i_1} = \frac{\dfrac{n_1}{n_2} v_2}{\dfrac{n_2}{n_1} i_2} = \left(\frac{n_1}{n_2}\right)^2 \times R \tag{9・5}$$

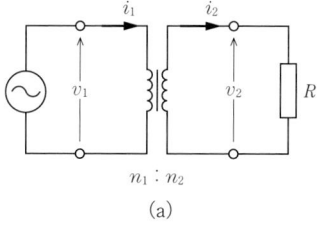

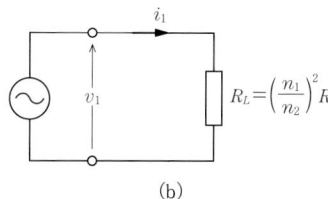

図 9・5 変成器の一次側に換算した抵抗

となる．

式 (9・5) は一次側の電圧・電流の比であるから，一次側から見た抵抗を表している．すなわち，**図9・5**(b) に示すように一次側から見た抵抗 $\boldsymbol{R_L} = (\boldsymbol{n_1}/\boldsymbol{n_2})^2 R$ となる．

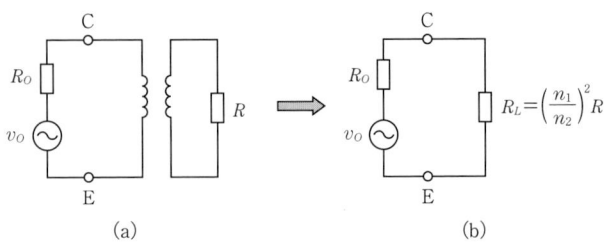

図 9・6 信号源と変成器によるインピーダンス整合

図 9・6(a) に示すように，巻数比が n_1 対 n_2 の変成器を使用すると

$$\frac{R_L}{R}=\left(\frac{n_1}{n_2}\right)^2 \longrightarrow R_L=\left(\frac{n_1}{n_2}\right)^2 R = n^2 R \qquad (9・6)$$

となる．ただし，R_L は端子 C-E から負荷端を見た抵抗値である．式 (9・6) より n_1, n_2 の比 n によって，R を希望する抵抗値 R_L に変換できる．変成器を利用することによって，任意の値の負荷と信号源のインピーダンス整合を取ることができる．

例題 9-2 5Ω のスピーカのインピーダンスを，変成器によって 500Ω に変換したい．変成器の巻数比 n をいくらにすればよいか．

解 式 (9・3) より $R_L = n^2 \times 5 = 500$

$$n^2 = \frac{500}{5} = 100$$

$n=10$ となるから変成器の巻数比は **10**

例題 9-3 巻数比 12 の変成器に 4Ω のスピーカを接続した変成器の一次側から見たインピーダンスはいくらか．

解 式 (9・6) より $R_L = n^2 R = 12^2 \times 4 = 144 \times 4 = \mathbf{576\ Ω}$

9・2　A級電力増幅回路

　A級電力増幅回路の基本回路を**図9・7**に示す．トランジスタと負荷Rとのインピーダンス整合を取るために，すでに学んだように巻数比nの変成器が使用される．一次側から見た負荷抵抗R_Lは式（9・6）より

$$R_L = n^2 R$$

で表される．

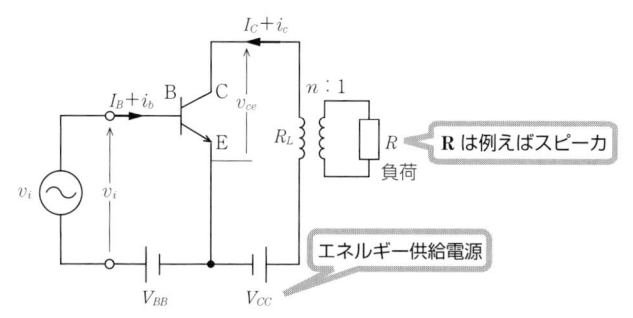

図9・7　A級電力増幅基本回路

　図9・8にA級電力増幅回路のV_{CE}-I_C特性を示す．
　一般に変成器の巻線抵抗は非常に小さいために，トランジスタの直流負荷としての抵抗は0Ωとみなしてよい．すなわち，コレクタ・エミッタ間には電源電圧V_{CC}がそのまま加わる．したがって，図9・8に示すように**直流負荷曲線は電源電圧 V_{CC} を通る直線となる**．
　また，第5章で学んだ**交流負荷線は傾きが$-1/R_L$の直線で直流負荷線との交点の動作点Qを通る**．
　交流信号がない場合，トランジスタのコレクタ・エミッタ間電圧V_{CE}は，電源電圧V_{CC}となる．交流信号に伴いコクレタ・エミッタ間電圧V_{CE}は，図に示すように電源電圧V_{CC}を中心に変化する．
　図9・8のΔV_1，ΔV_2の領域をそれぞれ飽和領域，しゃ断領域といい，この領域内ではトランジスタは動作しないが，ΔV_1，ΔV_2の値は小さいため無視することができる．

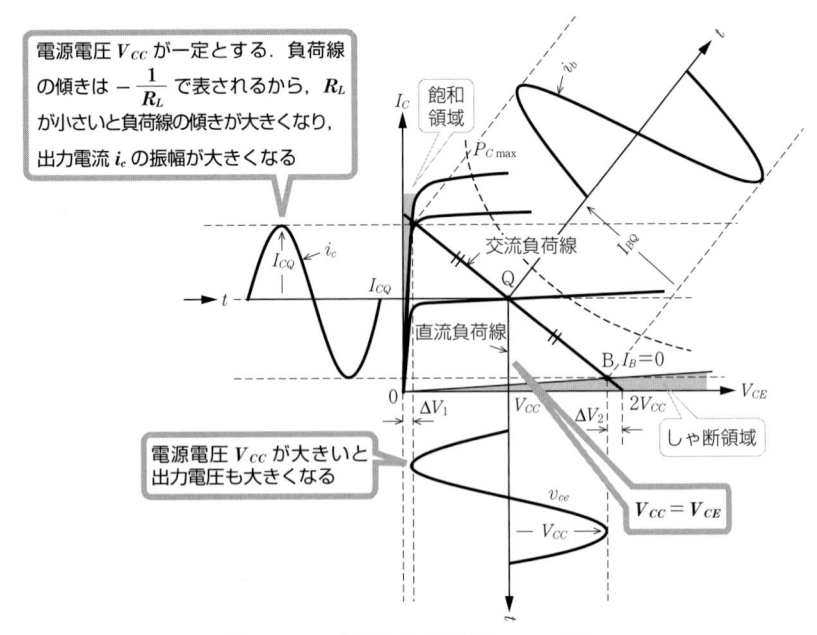

図 9・8 A 級電力増幅回路の V_{CE}-I_C 特性

コレクタ電流 I_{CQ} は負荷線の傾きから

$$I_{CQ} = \frac{V_{CC}}{R_L} \tag{9・7}$$

1 最大出力電力

図 9・8 から，出力電圧の最大値は V_{CC}，出力電流の最大値は I_{CQ} となる．これらを実効値に直して最大出力電力 P_{om} を求めると，

$$P_{om} = \frac{V_{CC}}{\sqrt{2}} \cdot \frac{I_{CQ}}{\sqrt{2}} = \frac{1}{2} V_{CC} \cdot I_{CQ} \tag{9・8}$$

となる．交流負荷線の傾きから，$R_L = V_{CC}/I_{CQ}$ であるから，交流負荷 R_L と最大出力電力 P_{om} との関係は

$$P_{om} = \frac{1}{2} V_{CC} \cdot I_{CQ} = \frac{V_{CC}^2}{2R_L} \tag{9・9}$$

式 (9・9) より，電源電圧 V_{CC} が一定のとき最大出力電力を大きくするため

には交流負荷 R_L，すなわち出力変成器の一次側から見たインピーダンスは小さいものを使用する必要がある．

2 電源効率

負荷から取り出せる出力電力と，電源から供給される直流電力との比を電源効率という．A級電力増幅回路の場合，電源が供給する電流の平均値は，信号の大小に無関係に一定で，I_{CQ} となる．すなわち，電源が供給する平均電力 P_{DC} は

$$P_{DC} = V_{CC} \cdot I_{CQ} \tag{9・10}$$

となる．

A級電力増幅回路の電源効率は，最大出力時に最大となる．このときの電源効率 η_m は

$$\eta_m = \frac{P_{om}}{P_{DC}} = \frac{\frac{1}{2}V_{CC} \cdot I_{CQ}}{V_{CC} \cdot I_{CQ}} = \frac{1}{2} = 0.5 \tag{9・11}$$

となり，50% となる．しかし，実際には回路の損失のために 30～40% 程度にしかならない．

3 コレクタ損失

電源の平均電力 P_{DC} と交流出力電力 P_o との差は，すべてコレクタ損失 P_C となり

$$P_C = P_{DC} - P_o \tag{9・12}$$

で表される．P_C は $P_o = 0$ のとき，すなわち無信号時に最大となる．したがって，コレクタ損失の最大値は式（9・9）より

$$P_{cm} = P_{DC} = V_{CC} \cdot I_{cm} = V_{CC} \cdot \frac{V_{CC}}{R_L} = \frac{V_{CC}^2}{R_L} = 2P_{om} \tag{9・13}$$

となって，最大出力電力の2倍がコレクタ損失となる．

なお，最大出力電力，電源効率，コレクタ損失などを電力増幅回路の**動作量**という．

例題 9-4 図 9・9 の A 級電力増幅回路の各種動作量を求めよ．

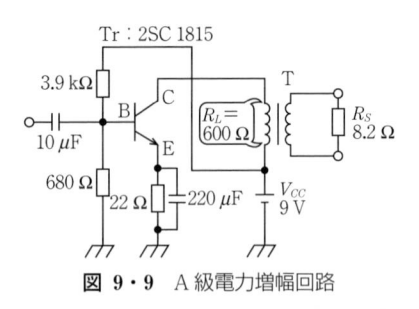

図 9・9 A 級電力増幅回路

解 式 (9・9) より最大出力電力

$$P_{om} = \frac{V_{CC}^2}{2R_L} = \frac{9^2}{2 \times 600} \text{ W} = \frac{81}{2 \times 6 \times 10^2} = 6.75 \times 10^{-2} \text{ W} = \mathbf{67.5 \text{ mW}}$$

式 (9・7) よりコレクタ電流の平均値

$$I_{CQ} = \frac{V_{CC}}{R_L} = \frac{9}{600} \text{ A} = 1.5 \times 10^{-2} \text{ A} = 15 \times 10^{-3} \text{ A} = \mathbf{15 \text{ mA}}$$

式 (9・10) より電源の平均電力

$$P_{DC} = V_{CC} \cdot I_{CQ} = 9 \times 15 \text{ mW} = \mathbf{135 \text{ mW}}$$

最大出力時のコレクタ損失

$$P_C = P_{DC} - P_{om} = 135 - 67.5 = \mathbf{67.5 \text{ mW}}$$

無信号時のコレクタ損失

$$P_C = P_{DC} = \mathbf{135 \text{ mW}}$$

式 (9・11) より最大出力時の電源効率

$$\eta_m = \frac{P_{om}}{P_{DC}} = \frac{67.5}{135} = 0.5 = \mathbf{50\%}$$

となる．

図 9・10 に A 級電力増幅回路の入力，出力信号波形を示す．

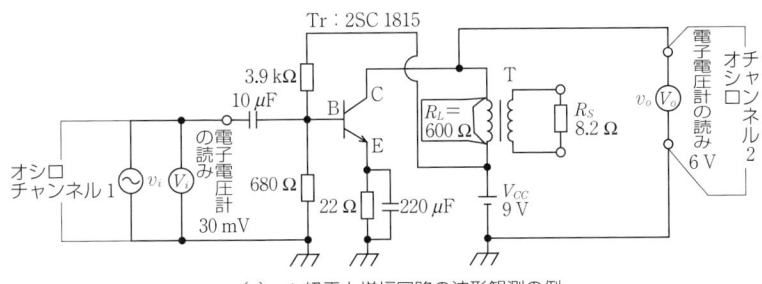

(a) A級電力増幅回路の波形観測の例

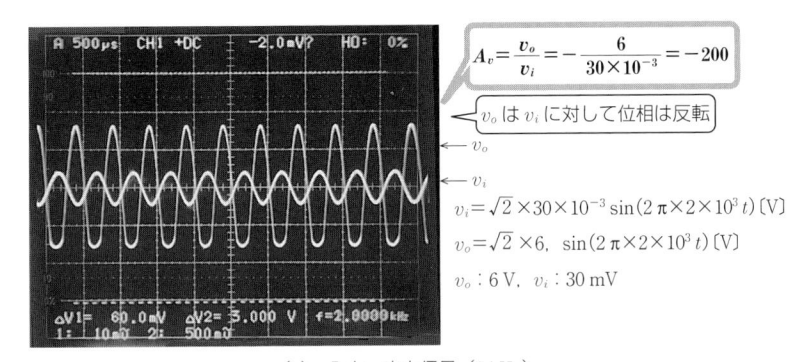

$$A_v = \frac{v_o}{v_i} = -\frac{6}{30\times 10^{-3}} = -200$$

v_o は v_i に対して位相は反転

← v_o
← v_i

$v_i = \sqrt{2}\times 30\times 10^{-3} \sin(2\pi\times 2\times 10^3 t)$〔V〕
$v_o = \sqrt{2}\times 6, \sin(2\pi\times 2\times 10^3 t)$〔V〕
$v_o : 6\,\mathrm{V},\ v_i : 30\,\mathrm{mV}$

(b) 入力, 出力信号 (2 kHz)

図 9・10 A級電力増幅回路の入力, 出力信号波形

9・3　B級プッシュプル電力増幅回路

B級増幅回路は，入力信号波形の正または負の半サイクルのみを大きく増幅するものである．

入力波形のすべてを増幅するには，正・負それぞれ別のB級増幅回路を使って増幅し，出力を合成すればよいことになる．このような回路を**B級プッシュプル電力増幅回路**という．

1　B級プッシュプルの特徴

A級電力増幅回路は，一つの増幅回路で入力信号波形のすべてを増幅するから，増幅能力をフルに使っても，大きな信号は扱えない．ところが，**B級プッシュプル電力増幅回路は，正・負の半サイクル信号をそれぞれ別に増**

幅するため大きな信号を扱える．したがって，**電力増幅回路に向いている．**

また，動作点Qは，一般に，交流負荷線の一番下に設定されているため，信号が入力されていない状態ではバイアス電流がほとんど流れず，発熱が少なく，電源効率がよいことも特徴である．

図9・11にB級プッシュプル電力増幅回路を示す．プッシュプル増幅回路は，2個のトランジスタを交互に動作させ，さらにそれぞれの出力を合成させる必要がある．

変成T_1は入力変成器と呼ばれ，図9・12に示すように一次側に入力信号を加えると，二次側には中点タップを共通端子として180°位相が異なる二つの出力が得られる．

このように，互いに180°位相の異なる出力を得る操作を**位相反転**という．

図9・13に示すように位相反転によって得られた信号は，トランジスタのベース・エミッタ間に加えられる．

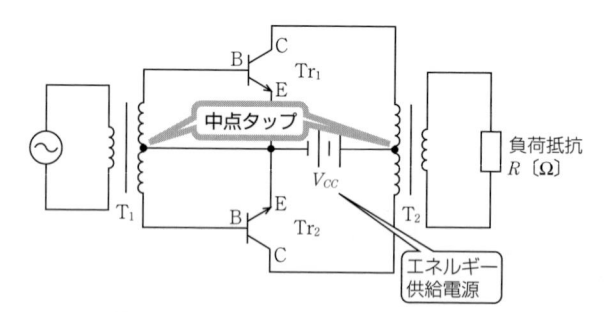

図 9・11　B級プッシュプル電力増幅回路

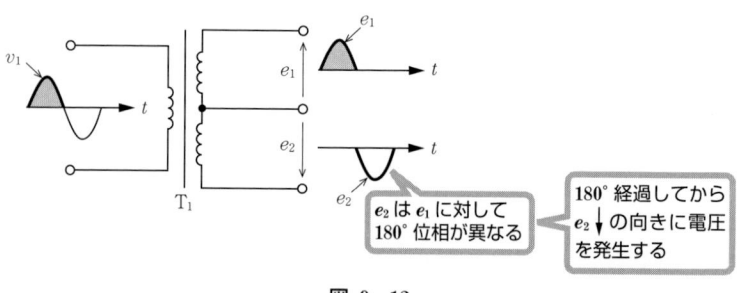

図 9・12

9・3 B級プッシュプル電力増幅回路

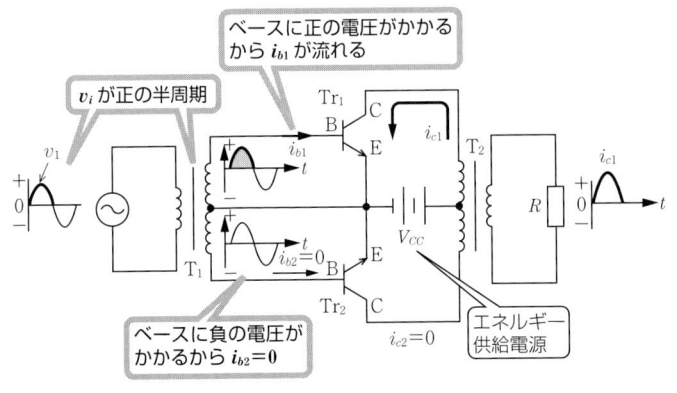

図 9・13 正の増幅

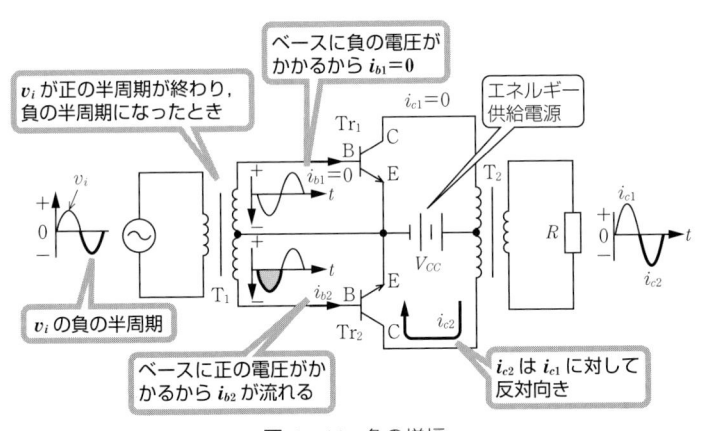

図 9・14 負の増幅

　入力信号電圧 v_i の正の半周期では，Tr_1 のベースに正の信号電圧が加わり，電流 i_{b1} が流れる．さらに，コレクタ電流 i_{c1} が流れ，Tr_1 は増幅作用を行いトランス T_2 を介して負荷抵抗 R に，図に示すような出力波形が得られる．

　次に，入力信号電圧 v_i が負の半周期になると，Tr_1 のベースに加わる信号電圧はエミッタに対して負の電圧となるため i_{b1} は流れなくなる．

　図9・14 に示すように入力信号電圧 v_i の負の半周期では，Tr_2 のベースに正の信号電圧が加わり，Tr_2 のベースに電流 i_{b2} が流れる．

　さらに，コレクタ電流 i_{c2} が流れ Tr_2 は増幅作用を行い，トランス T_2 を介し

て負荷抵抗 R に図に示すような出力波形が得られる．

2　Tr_1 と Tr_2 の特性

図9・2に示したように B 級プッシュプル増幅回路では入力信号としての半サイクルを大きい波形を入力できるので，出力信号も大きくなる．

Tr_1，Tr_2 で別々に増幅された半サイクルをトランス T_2 の中点タップを利用して，**図9・15** のように Tr_1 の特性と Tr_2 の特性を逆に接続して合成することで，出力では正・負の波形を得ている．

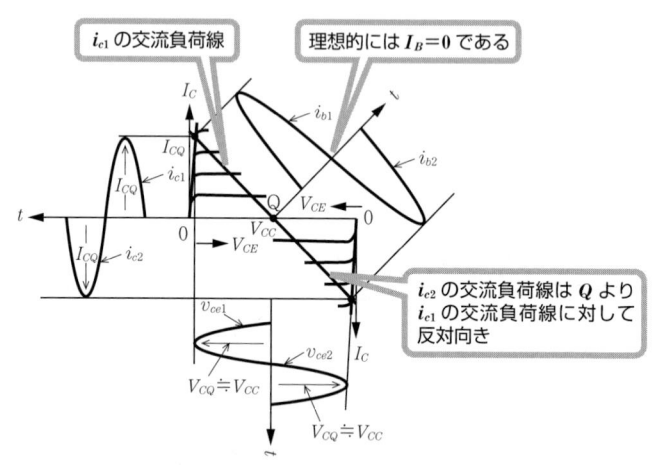

図 9・15　出力として合成された特性と波形

3　クロスオーバーひずみ

B 級プッシュプル電力増幅回路の動作点 Q は理想的には $I_C=0$ mA で，言い換えると，$I_B=0$ mA である．ところが，$V_{BE}=0$ V ではトランジスタは動作しない．

したがって，正確には図9・15の i_{b1}，i_{b2} のような美しい波形ではない．すなわち，V_{BE} が 0.6 V 程度以上の部分しかトランジスタは動作せず，i_b もトランジスタには流れない．

すなわち，**図9・16** のような i_{b1}，i_{b2} になり，その出力波形もひずんでしまう．このようなひずみのことを**クロスオーバーひずみ**という．

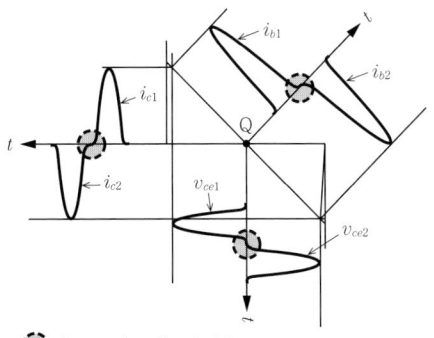

図 9・16 クロスオーバーひずみ

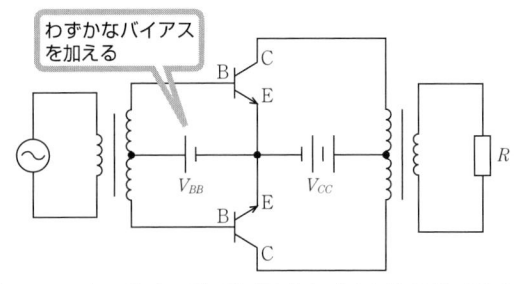

図 9・17 クロスオーバーひずみをなくすためのバイアス V_{BB}

クロスオーバーひずみをなくすためには，図 9・17 のように V_{BB} によってバイアスを加えるとよい．

4 効　率

(1) 最大出力電力

最大出力電力 P_{om} は，出力電圧の最大値 V_{CC} と出力電流の最大値 I_{CQ} から

$$P_{om} = \frac{V_{CC}}{\sqrt{2}} \cdot \frac{I_{CQ}}{\sqrt{2}} = \frac{V_{CC} \cdot I_{CQ}}{2} = \frac{V_{CC}^2}{2R'} \left(\because R' = \frac{V_{CC}}{I_{CQ}} \right) \quad (9 \cdot 14)$$

図 9・18 のように，R' はそれぞれのトランジスタに対する負荷抵抗で，これを出力変成器の両コレクタ間のインピーダンス R_L に換算すると，$R_L = n^2 R = 4\left(\frac{n}{2}\right)^2 R = 4R'$ と式 (9・14) から

$$R_L = n^2 R = 4\left(\frac{n}{2}\right)^2 R = 4R' \qquad R' = \left(\frac{n}{2}\right)^2 R \quad \frac{n}{2}\text{巻き}$$

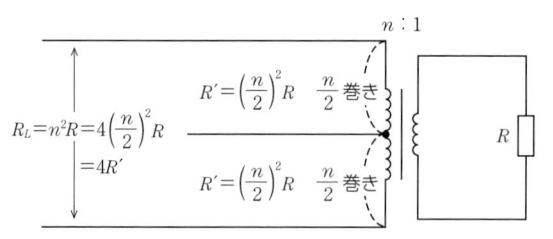

図 9・18 中点タップ付トランスのインピーダンス変換

$$\boldsymbol{P_{om}} = \frac{V_{CC}^2}{2R'} = \frac{V_{CC}^2}{2\dfrac{R_L}{4}} = \frac{\boldsymbol{2V_{CC}^2}}{\boldsymbol{R_L}} \tag{9・15}$$

となる．

（2） 電源効率

電源から供給される直流電力は，電源電圧と電源電流の平均値を掛けたものである．電源には i_{c1} と i_{c2} が流れるから，i_{cc} の波形は**図 9・19**のようになる．

i_{cc} の平均値 I_{DC} は

$$\boldsymbol{I_{DC}} = \frac{1}{\pi}\int_0^\pi I_{CQ}\sin\theta\,d\theta = \frac{I_{CQ}}{\pi}[-\cos\theta]_0^\pi = \frac{\boldsymbol{2I_{CQ}}}{\boldsymbol{\pi}} \tag{9・16}$$

となる．したがって，電源の平均電力 P_{DC} は

$$\boldsymbol{P_{DC}} = V_{CC}\cdot I_{DC} = V_{CC}\frac{2I_{CQ}}{\pi} = \frac{\boldsymbol{2}}{\boldsymbol{\pi}}\boldsymbol{V_{CC}I_{CQ}} \tag{9・17}$$

したがって，最大出力時の電源効率 η_m は

$$\eta_m = \frac{P_{om}}{P_{DC}} = \frac{\dfrac{1}{2}V_{CC}\cdot I_{CQ}}{\dfrac{2}{\pi}V_{CC}I_{CQ}} = \frac{\pi}{4} \fallingdotseq 0.78 \tag{9・18}$$

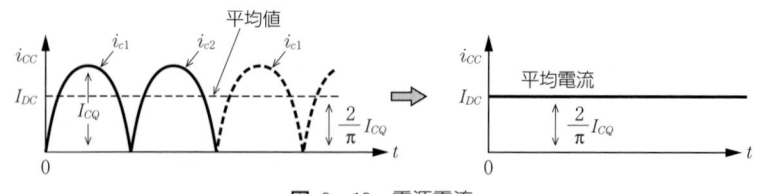

図 9・19 電源電流

(3) コレクタ損失

トランジスタ1個当たりのコレクタ損失 P_C は，負荷の出力電力を P_o とすると

$$P_C = \frac{1}{2}(P_{DC} - P_o) = \frac{1}{2}P_o\left(\frac{P_{DC}}{P_o} - 1\right)$$

いま，最大出力時においては，式（9・18）より $P_{om}/P_{DC} = \pi/4$ であるから

$$P_C = \frac{1}{2}P_{om}\left(\frac{P_{DC}}{P_{om}} - \frac{P_o}{P_{om}}\right) \fallingdotseq \frac{1}{2}P_{om}\left(\frac{P_{DC}}{P_{om}} - 1\right) \fallingdotseq \frac{1}{2}P_{om}\left(\frac{4}{\pi} - 1\right) \fallingdotseq 0.14 P_{om}$$

(9・19)

9・4　単電源 SEPP 電力増幅回路

　出力トランスを用いず，トランジスタから直接に負荷に接続することができるとより忠実に信号を再現できる．出力トランスを使用しない回路を **OTL**（Output Transfomer-less）回路という．OTL 回路の代表的なものに **SEPP**（Single-Ended push-Pull）回路が現在多く用いられている．

　図 9・20 は，R_l に大容量コンデンサを直列に接続し電源を一つにした，単電源 SEPP 電力増幅回路である．

　入力電圧 v_i の正の半周期で Tr_1 が動作し，コレクタ電流 i_{c1} が流れてコンデンサ C を充電する．次に入力電圧 v_i の負の半周期で Tr_2 が動作し，コンデンサ C に充電された電荷の放電によりコレクタ電流 i_{c2} が流れる．

　点 A は Tr_1 と Tr_2 の中点であるため C は $\frac{V_{CC}}{2}$ に充電されるから，Tr_1 には $V_{CC} - \frac{V_{CC}}{2} = \frac{V_{CC}}{2}$，$Tr_2$ には $V_C = \frac{V_{CC}}{2}$ の電圧がコレクタとエミッタ間に加わることになる．

　図(b) の回路はダイオード D_1 と D_2 により，トランジスタ Tr_1 と Tr_2 のベースにバイアスを加えている．このダイオードは，トランジスタのベース・エミッタ間に約 0.6 V のバイアス電圧を与えてクロスオーバーひずみを除去する働きをしている．

【備考】　温度補償ダイオードの動作

　　ダイオード D_1，D_2 は，トランジスタ Tr_1，Tr_2 にバイアス電流（動作電流）を流す役目とともに，温度により，この電流が変化するのを抑

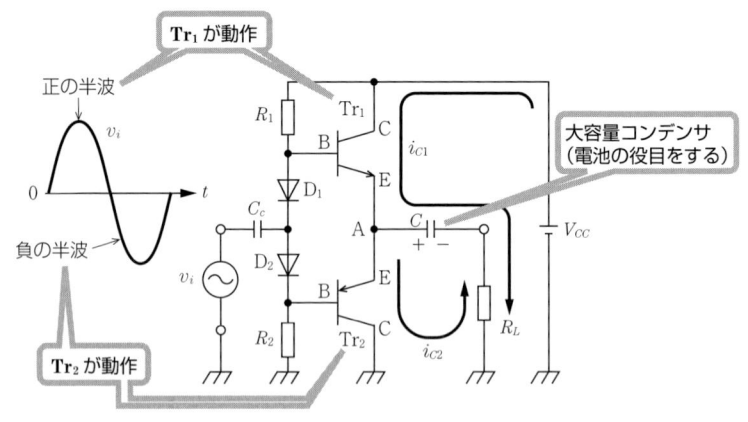

第 9 章　電力増幅回路

図 9・20　単電源 SEPP 電力増幅回路の原理

(a)　単電源 SEPP 電力増幅回路

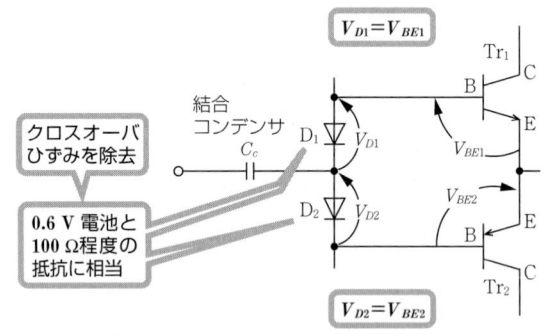

(b)　ダイオードによるバイアス

えている．電流が流れている D_1，D_2 は順方向電圧（障壁電圧）V_f と抵抗 R_d の直列と等価である．この V_f は温度で変化する．同様に，トランジスタ Tr_1，Tr_2 のベース・エミッタ間もダイオードと同じ特性で順方向電圧 V_{be} とベース抵抗 R_b の直列と等価である．半導体の特性で，温度が上昇すると V_f および V_{be} は減少する．出力段の Tr_1，Tr_2 において，温度が上昇した場合，V_{be} が減少するため，ベース電流が増加する．これにより，Tr_1，Tr_2 のコレクタ電流が増加し，コレクタ損失が増加する．その結果，Tr_1，Tr_2 が発熱し温度が上昇し，さらに V_{be} が減少する悪循環になり，Tr_1，Tr_2 が発熱により故障する．この

悪循環を断ち切るため，D_1，D_2 が Tr_1，Tr_2 に熱結合されている．温度上昇により，Tr_1，Tr_2 の V_{be} が減少するが，同時に D_1，D_2 の V_f も減少し，ベース電流の増加を阻止する．このダイオードだけでは完全に補償することができないので，エミッタに小さな値の抵抗を直列に接続するのが一般的である．

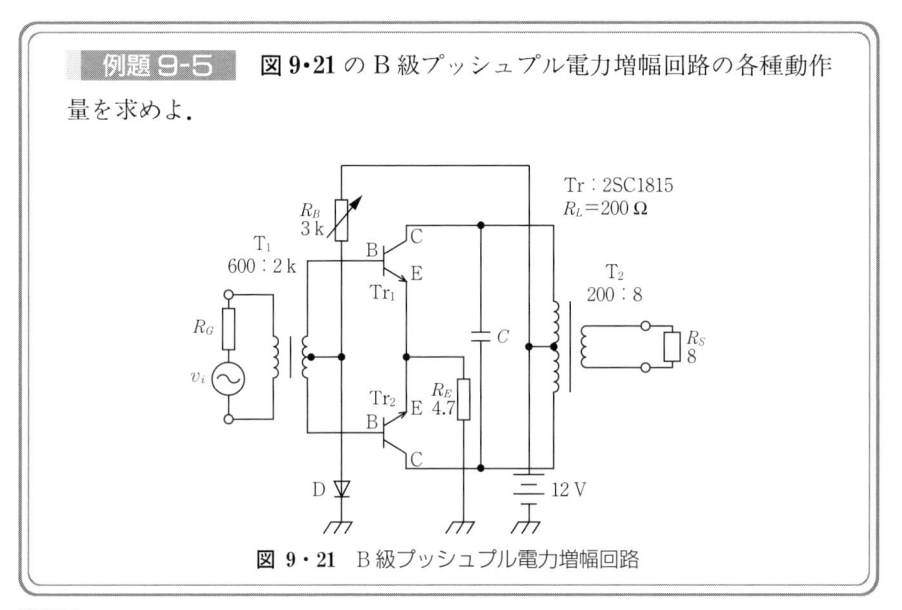

例題 9-5 図 9・21 の B 級プッシュプル電力増幅回路の各種動作量を求めよ．

図 9・21 B 級プッシュプル電力増幅回路

解 トランジスタおよび回路の損失を無視する．式 (9・15) より，最大出力電力 P_{om} は

$$P_{om} = \frac{2V_{CC}^2}{R_L} = \frac{2 \times 12^2}{200} = \mathbf{1.44\ W}$$

出力電流の最大値 I_{CQ} は

$$\boldsymbol{I_{CQ}} = \frac{V_{CC}}{R'} = \frac{12}{R_L/4} = \frac{12}{200/4} = \frac{12}{50}\ \text{A} = \mathbf{240\ mA}$$

式 (9・16) より，電源電流の平均値 I_{DC} は

$$\boldsymbol{I_{DC}} = \frac{2I_{CQ}}{\pi} = \frac{2}{\pi} \times 240 \fallingdotseq \mathbf{153\ mA}$$

式 (9・17) より，電源の平均電力 P_{DC} は

$$P_{DC} = \frac{2}{\pi} V_{CC} I_{CQ} = \frac{2}{\pi} \times 12 \times 240 \times 10^{-3} \text{ W} \fallingdotseq \mathbf{1.83 \text{ W}}$$

式（9・18）より，最大出力時の電源効率 η_m は

$$\eta_m = \frac{P_{om}}{P_{DC}} = \frac{1.44}{1.83} \fallingdotseq 0.786 = \mathbf{78.6\%}$$

式（9・19）よりコレクタ損失の最大値 P_{cm} は

$$P_{cm} = 0.14 P_{om} = 0.14 \times 1.44 \text{ W} = 0.202 \text{ W} = \mathbf{202 \text{ mW}}$$

図 9・22 に B 級プッシュプル電力増幅回路の入力，出力信号の例を示す．

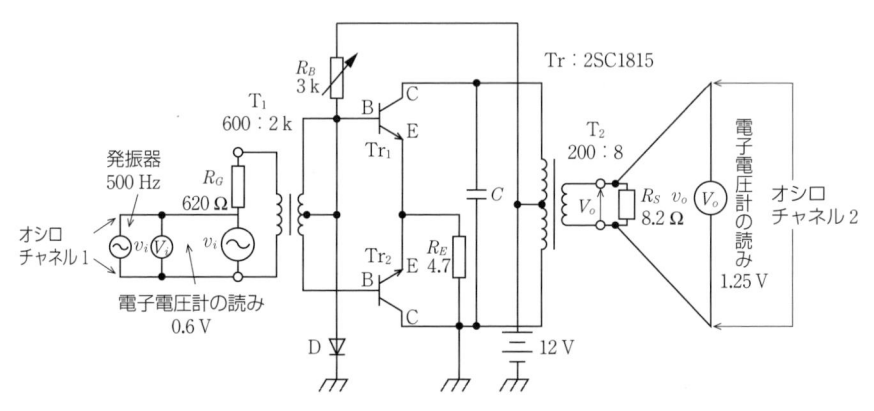

(a) B 級 PP 電力増幅回路の波形観測の例

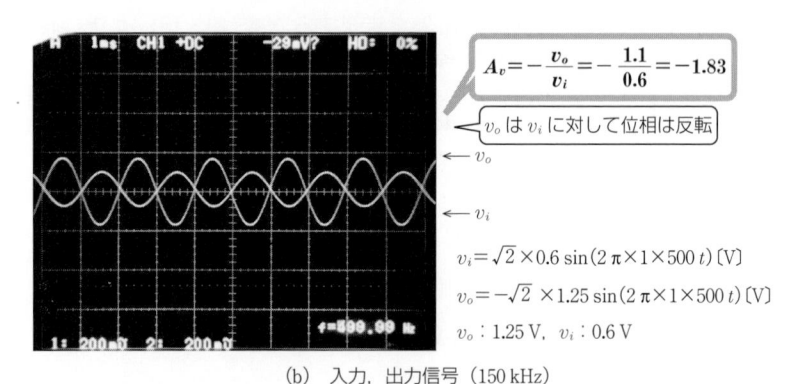

$$A_v = -\frac{v_o}{v_i} = -\frac{1.1}{0.6} = -1.83$$

v_o は v_i に対して位相は反転

$v_i = \sqrt{2} \times 0.6 \sin(2\pi \times 1 \times 500\, t)$ 〔V〕
$v_o = -\sqrt{2} \times 1.25 \sin(2\pi \times 1 \times 500\, t)$ 〔V〕
$v_o : 1.25 \text{ V}, \quad v_i : 0.6 \text{ V}$

(b) 入力，出力信号（150 kHz）

図 9・22 B 級プッシュプル電力増幅回路の入力，出力信号の例

章末の演習問題

問 1 図 9·23 の A 級シングル電力増幅回路の動作量を求めよ．

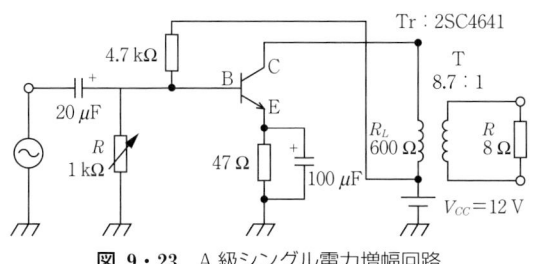

図 9・23 A 級シングル電力増幅回路

問 2 ある B 級プッシュプル電力増幅回路の負荷線が図 9·24 のように表された．この回路の無ひずみ最大出力と，そのときの電源効率を求めよ．

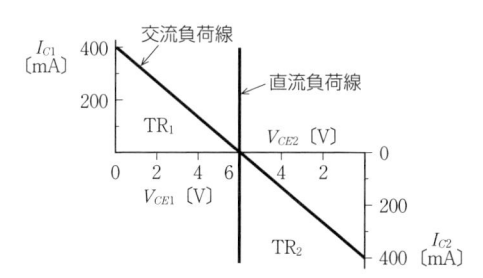

図 9・24 B 級プッシュプル電力増幅回路の負荷線

問 3 図 9·25 の B 級プッシュプル電力増幅回路で
(1) 変成器 T_2 の一次側の両端から見たインピーダンス R_l
(2) 交流負荷抵抗 R'
(3) 最大出力電力 P_{om}
(4) 出力電流の最大値 I_{CQ}
(5) 電源の平均電力 P_{DC}
(6) 電源効率 η_m

を求めよ．ただし，$V_{CC}=12\,\mathrm{V}$，トランスの巻数比 $n=\dfrac{n_1}{n_2}=5$，負荷抵抗 $R=8\,\Omega$ とする．

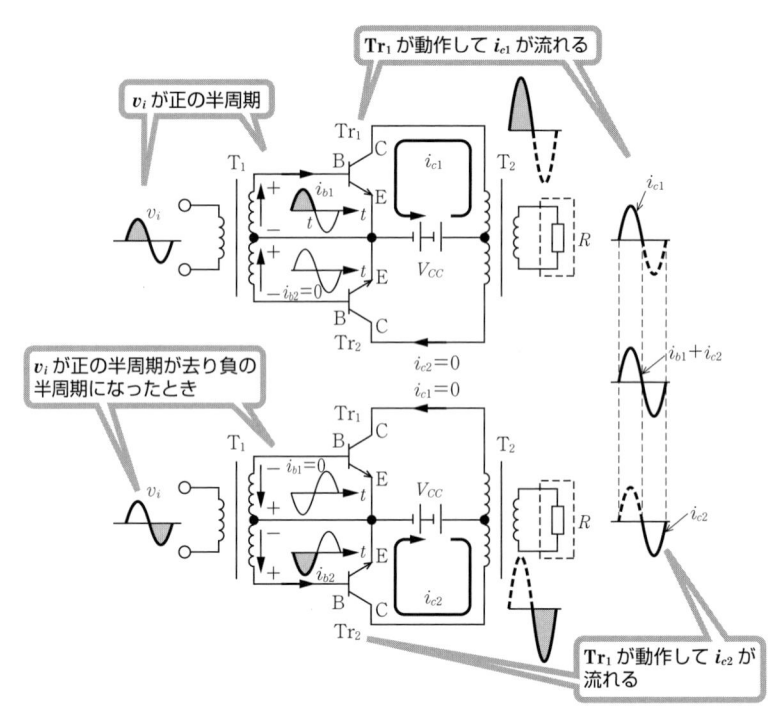

図 9・25　B級プッシュプル電力増幅回路

第10章
発振回路

ポイント

　これまでに述べてきた増幅回路と異なり，外部から信号を加えなくても増幅回路自身で電気振動を発生する回路が**発振回路**（oscillator）である．

　本章ではまず発振回路の学習に必要な交流の複素数表示（ベクトル表示）の基礎を学習する．

　次に，発振回路には正弦波を発生する回路とパルス状の波形を発生する回路があるが，ここでは，出力側と入力側が同相の**正帰還回路**（positive feedback circuit）を構成している**正弦波発振回路**（sine wave oscillator）について学ぶ．

　発振回路の原理および発振の条件を学んだ後に，**同調形 LC 発振回路**（Syntony type LC osillator）**ハートレー発振回路**（Hartley oscillator），**コルピッツ LC 発振回路**（Colpitts LC oscilator）および **CR 発振回路**（CR oscillator）について学ぶ．

10・1　正弦波交流の複素数表示（ベクトル表示）

1　複素数の座標上での表し方

　$a+jb$ の形で表される数を複素数といい，j を虚数単位という．そして，$\sqrt{a^2+b^2}$ を複素数の絶対値，$\tan^{-1}(b/a)$ を**相差角**（または**偏角**）という．

　実数，虚数を互いに直交する2直線上の点で表すことにし，複素数 $\dot{Z}=a+jb$ を表すには，**図 10・1** のようにする．OX 軸は実数軸であるから，この上に OA$=a$ をとり，OY 軸は虚数軸であるから，この上に OB$=b$ をとる．したがって，図上では点 P が複素数を示す点である．

　このように複素数 $\dot{Z}=a+jb$ を直交座標軸に表す方法を**直交座標表示**という

(なお，複素数を上記のように直交座標で表すとき横軸を **実数軸**，縦軸を **虚数軸**，この全平面を**複素面**という)．

次に，$\dot{Z}$ =長さ $\overline{OP}$ と角 XOP，すなわち複素数の絶対値 $\dot{Z}=r$ と偏角 θ とで表してみる．a および b を三角関数で表せば

$$\left.\begin{array}{l} a = r\cos\theta \\ b = r\sin\theta \end{array}\right\} \tag{10・1}$$

となる．したがって，複素数 $\dot{Z}$ は

$$\dot{Z} = r\cos\theta + jr\sin\theta = r(\cos\theta + j\sin\theta) \tag{10・2}$$

このような表し方を三角関数表示という．

$$\text{オイラーの関係式}\quad e^{j\theta} = \cos\theta + j\sin\theta \tag{10・3}$$

を用いると，複素数の極座標表示として次式を得る．

$$\dot{Z} = re^{j\theta} = r(\cos\theta + j\sin\theta) = r\angle\theta \tag{10・4}$$

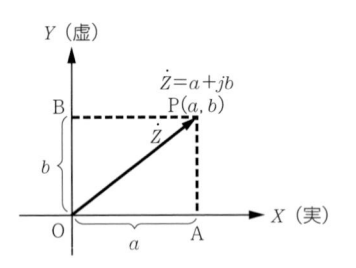

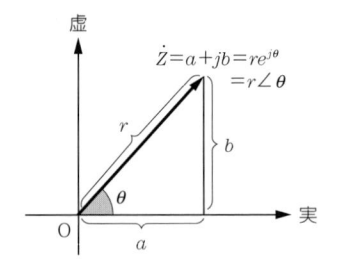

図 10・1 座標上での複素数　　**図 10・2** 直交座標表示と極座標表示

図10・2 に複素数 $\dot{Z}=a+jb$ についての直交座標表示および極座標表示を示す．

なお，複素数の直交座標表示および極座標表示に関する公式をまとめると，次のようになる．

$$\text{直交座標表示}\quad \left.\begin{array}{l} \dot{Z} = a+jb \\ a = r\cos\theta \\ b = r\sin\theta \end{array}\right\} \tag{10・5}$$

$$\text{極座標表示}\quad \left.\begin{array}{l} \dot{Z} = re^{j\theta} = r\angle\theta \\ r = \sqrt{a^2+b^2} \\ \theta = \tan^{-1}\dfrac{b}{a} \end{array}\right\} \tag{10・6}$$

2　正弦波交流の表現方法

正弦波交流の現象を表現する方法として，正弦波交流電圧 $v = V_m \sin(2\pi ft + \theta) = V\sqrt{2}\sin(\omega t + \theta)$ を整理すると**図 10・3** のようになる．

① **瞬時値式による表現**　　$v = V_m \sin(2\pi ft + \theta) = V\sqrt{2}\sin(\omega t + \theta)$

② **波形による表現**

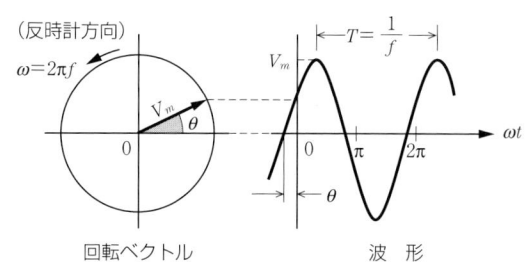

回転ベクトル　　　　　　　波　形

③ **静止ベクトルによる表現**　　V は実効値

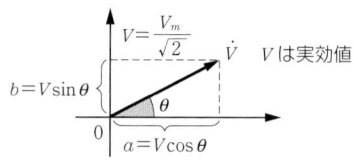

④ **複素数による表現**　　$\dot{V} = a + jb = V(\cos\theta + j\sin\theta) = V\varepsilon^{j\theta} = V\angle\theta$

正弦波交流電圧 $V\sqrt{2}\sin(\omega t + \theta)$ の複素数による表現を**記号法（記号式）**もしくは，**ベクトル表示**という．

図 10・3　正弦波交流電圧のいろいろな表現法

図 10・3 は，いずれも正弦波交流の現象を表現する手段であり，どの表現法も，他の表現方法に改めることができる．

例えば，電圧 v，電流 i の瞬時値がそれぞれ

$$v = V_m \sin(\omega t + \theta_1) = V\sqrt{2}\sin(\omega t + \theta_1)$$
$$i = I_m \sin(\omega t + \theta_2) = I\sqrt{2}\sin(\omega t + \theta_2) \quad (\text{ただし，} \theta_1 > \theta_2)$$

である場合，ベクトル図（交流のベクトル表示）は，**図 10・4** のようになり，複素数による表現は，それぞれ

$$\dot{V} = V(\cos\theta_1 + j\sin\theta_1)$$
$$\quad = V\varepsilon^{j\theta_1} = V\angle\theta_1$$
$$\dot{I} = I(\cos\theta_2 + j\sin\theta_2) = I\varepsilon^{j\theta_2} = I\angle\theta_2$$

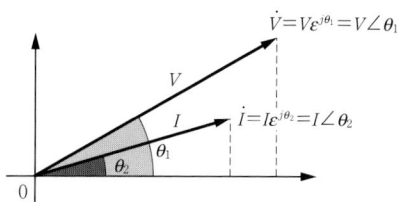

図 10・4　交流のベクトル表示

と表せる．交流の複素数による表現（記号法，ベクトル表示）は，早速，三素子形発振回路の原理のところで用いる．

③ R, L, C のそれぞれに正弦波電圧を加えたとき

指数関数の微分公式 $(d/dt)(e^{ax}) = ae^{ax}$ より

$$\frac{d}{dt}\dot{E} = E\frac{d(e^{j\omega t})}{dt} = Ej\omega e^{j\omega t} = j\omega\dot{E} \tag{10・7}$$

となるから，**微分記号 d/dt は $j\omega$ を掛ける**ことに相当する．

指数関数の積分公式 $\int e^{ax}dx = (1/a)e^{ax}$ より

$$\int \dot{E}\,dt = E\int e^{j(\omega t+\theta)}dt = E\frac{1}{j\omega}e^{j(\omega t+\theta)} = \frac{1}{j\omega}\dot{E} \tag{10・8}$$

となるから，**積分記号 $\int dt$ は $j\omega$ で割る**ことに相当する．

① R〔Ω〕に $v = \sqrt{2}E\sin\omega t$〔V〕を加えると

$v = iR \longrightarrow$ 記号法 $\dot{V} = \dot{I}R$ ∴ $\dot{I} = \dfrac{\dot{V}}{R}$〔A〕

となり，i は v と同相になる（**図 10・5**）．

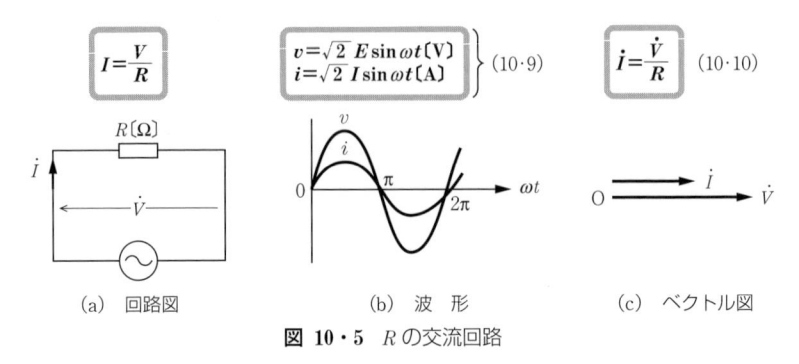

$$\boxed{I = \frac{V}{R}} \qquad \left.\begin{array}{l} v = \sqrt{2}\,E\sin\omega t\text{〔V〕}\\ i = \sqrt{2}\,I\sin\omega t\text{〔A〕} \end{array}\right\} (10・9) \qquad \boxed{\dot{I} = \frac{\dot{V}}{R}} \quad (10・10)$$

(a) 回路図　　　　　(b) 波　形　　　　　(c) ベクトル図

図 10・5 R の交流回路

② L〔H〕に $v = \sqrt{2}V\sin\omega t$〔V〕を加えると

$v = L\dfrac{di}{dt} \longrightarrow$ 記号法 $\dot{V} = L\dfrac{d\dot{I}}{dt}$

$\longrightarrow \dot{V} = j\omega L\dot{I}$（式 (10・7) より）

10・1 正弦波交流の複素数表示（ベクトル表示）

$$\therefore \dot{I} = \frac{\dot{V}}{j\omega L} = -j\frac{\dot{V}}{\omega L} \text{ [A]}$$

となり，i は v より $\pi/2$ [rad] 遅れる（図10・6）.

$$I = \frac{V}{\omega L} \text{ [A]}$$

$$\left.\begin{array}{l} v = \sqrt{2}\,V\sin\omega t \text{ [V]} \\ i = \sqrt{2}\,I\sin\left(\omega t - \dfrac{\pi}{2}\right) \text{ [A]} \end{array}\right\} \quad (10\cdot11)$$

$$\left.\begin{array}{l} \dot{V} = j\omega L\dot{I} \\ \dot{I} = -j\dfrac{\dot{V}}{\omega L} \\ X_L = \omega L : \\ \text{誘導リアクタンス} \end{array}\right\} \quad (10\cdot12)$$

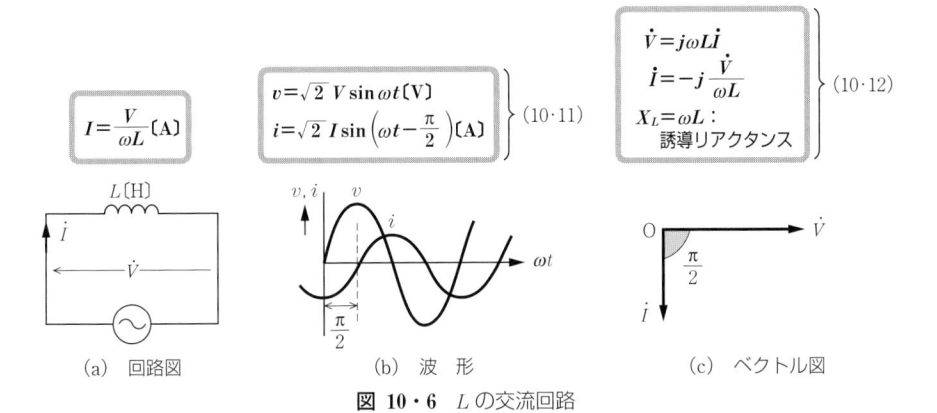

(a) 回路図　(b) 波形　(c) ベクトル図

図 10・6 L の交流回路

③　C [F] に $v = \sqrt{2}\,V\sin\omega t$ [V] を加えると

$$i = \frac{d(Cv)}{dt} = C\frac{dv}{dt} \quad \longrightarrow \quad \text{記号法}\ \dot{I} = C\frac{d\dot{V}}{dt}$$

$$\therefore \dot{I} = j\omega C\dot{V} \text{ [A]} \quad (\text{式}(10\cdot7)\text{より})$$

となり，i は v より $\pi/2$ [rad] 進む（図10・7）.

$$I = \omega CV \text{ [A]}$$

$$\left.\begin{array}{l} v = \sqrt{2}\,V\sin\omega t \text{ [V]} \\ i = \sqrt{2}\,I\sin\left(\omega t + \dfrac{\pi}{2}\right) \text{ [A]} \end{array}\right\} \quad (10\cdot13)$$

$$\left.\begin{array}{l} \dot{I} = j\omega C\dot{V} \\ \dot{V} = -j\dfrac{\dot{I}}{\omega C} \\ X_C = \dfrac{1}{\omega C} : \\ \text{容量リアクタンス} \end{array}\right\} \quad (10\cdot14)$$

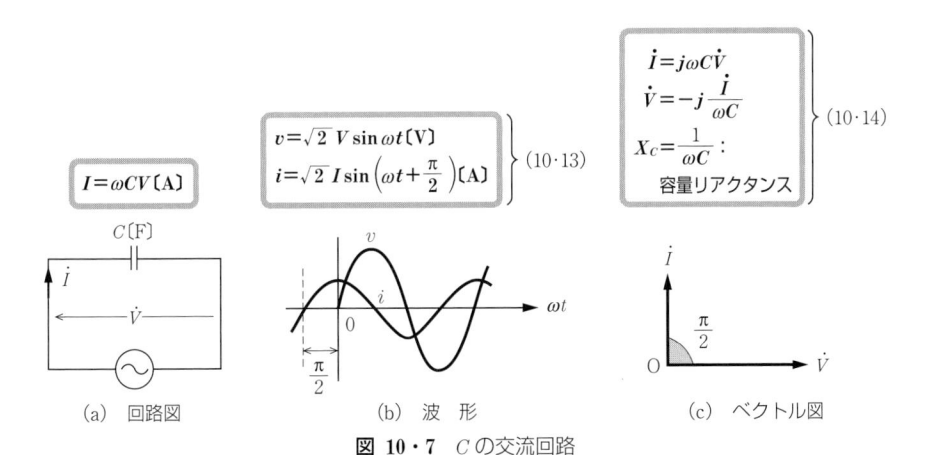

(a) 回路図　(b) 波形　(c) ベクトル図

図 10・7 C の交流回路

10・2 発振回路

1 発振とは

① 発振回路は増幅回路と正帰還回路（帰還電圧の位相と入力電圧の位相が同じ）を組み合わせた回路構成である．
② 回路内で生じた振動電流が増幅・正帰還という循環を繰り返し，**外部から入力信号を与えなくても回路の共振周波数と等しい周波数をもった出力信号が得られる**．このような状態を回路が**発振する**といい，この回路を発振回路という．

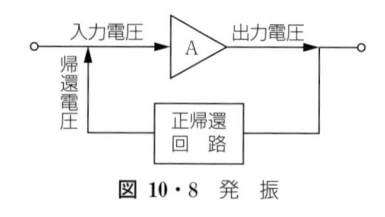

図 10・8 発振

2 発振回路の原理

図 10・9 に発振回路の原理図を示す．入力端子 a-a′ 間の入力電圧が図の①のような波形であると，コレクタ電圧は位相が反転し②のような波形になる．変成器の一次側 L_1 と二次側 L_2 の巻き方向が**互いに反対向き**であれば，二次側の出力端子 b-b′ 間には③の波形の出力電圧が得られる．

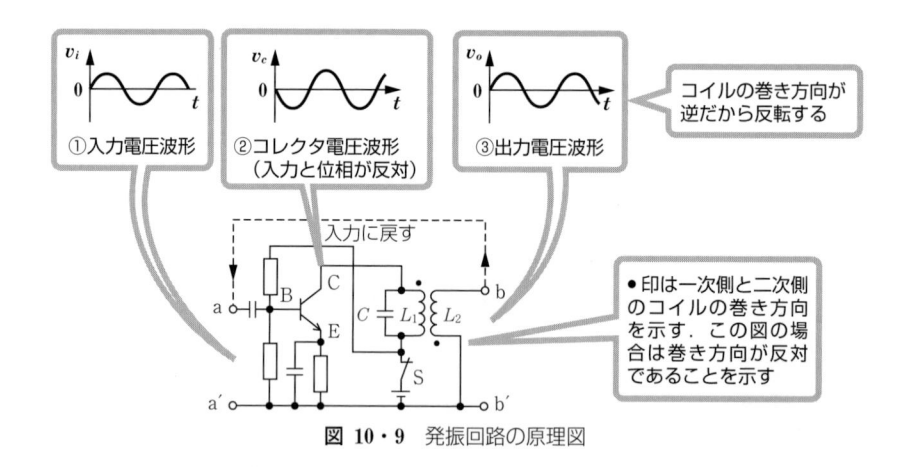

①入力電圧波形
②コレクタ電圧波形（入力と位相が反対）
③出力電圧波形

コイルの巻き方向が逆だから反転する

●印は一次側と二次側のコイルの巻き方向を示す．この図の場合は巻き方向が反対であることを示す

図 10・9 発振回路の原理図

③の波形は①の波形と同相である．出力端子bと入力端子aを結んで，b-b′間の出力をa-a′間の入力側に戻すと，b-b′端子から，特に**入力電圧を加えなくても③の電圧が増幅回路の入力電圧となって増幅され**，出力電圧はしだいに増大し，飽和した一定振幅の電圧が発生することになる．

3 発振の条件

発振回路は**増幅回路の入力電圧と同相の電圧を帰還する回路**から構成される．図10・10は，図10・9を簡略化したもので，増幅回路の電圧増幅度を A，帰還回路の電圧帰還率を β とする．

図から，増幅回路の入力電圧 v_i と，帰還電圧 v_f の間には，次式が成り立つ．

$$\boldsymbol{v_f = A\beta v_i} \tag{10・15}$$

発振を起こすためには，次の①，②の条件が必要である．

① 帰還電圧 v_f と入力電圧 v_i が同相（正帰還）であること．したがって，$A\beta$ の位相角は0，すなわち虚数部は0である．

② v_f が，v_i より大きいか等しいこと．したがって，$|A\beta|\geqq 1$ である．なお，$|A\beta|>1$ であると，出力は無限に大きくなりそうであるが，実際の増幅回路では，入力がある程度以上大きくなると，出力が飽和するようになるため，増幅回路の利得が1に近づいて，発振の振幅は大きくならず一定値となる．

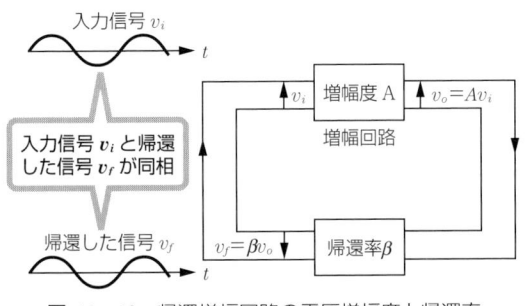

図 10・10 帰還増幅回路の電圧増幅度と帰還率

10・3　LC 発振回路

▶ 1　三素子形発振回路と原理

トランスを使わない LC 発振回路として，**図 10・11**(a) に示すようにトランジスタの三端子間にそれぞれリアクタンス $\dot{Z}_1, \dot{Z}_2, \dot{Z}_3$ を接続して構成された発振回路を**三素子形発振回路**という．

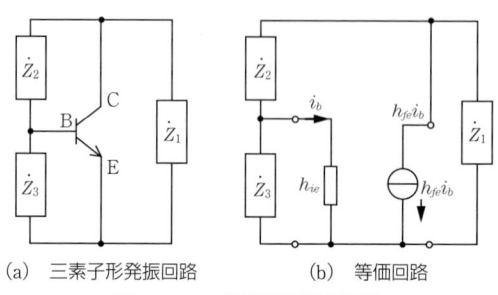

(a) 三素子形発振回路　　　(b) 等価回路

図 10・11　三素子形発振回路

図 10・11 の三素子形発振回路の発振条件を求めるために，**図 10・12** の等価回路に示すように各線間の電圧および各線の電流をベクトル表示する．

図 10・12(b) の三素子形発振回路の等価回路において，端子 A-N 間の電圧 $v_{AN}(\dot{V}_{AN})$ は

$$\dot{V}_{AN} = \dot{I}_A \times \frac{\dot{Z}_1 \dot{Z}_m}{\dot{Z}_1 + \dot{Z}_m}$$

同様に端子 W-U 間の電圧 v_{WU}（$\dot{V}_{WU}$）は

$$\dot{V}_{WU} = -\dot{I}_K \times \dot{Z}_m$$

$\dot{V}_{AN} = \dot{V}_{WU}$ は等しいから

$$\dot{I}_A \times \frac{\dot{Z}_1 \dot{Z}_m}{\dot{Z}_1 + \dot{Z}_m} = -\dot{I}_K \times \dot{Z}_m \tag{10・16}$$

また，$\dot{Z}_m$ は $\dot{Z}_3$ と h_{ie} の並列接続したものに $\dot{Z}_2$ が直列接続されたものであるから

$$\dot{Z}_m = \dot{Z}_2 + \frac{\dot{Z}_3 h_{ie}}{\dot{Z}_3 + h_{ie}} \tag{10・17}$$

10・3 LC 発振回路

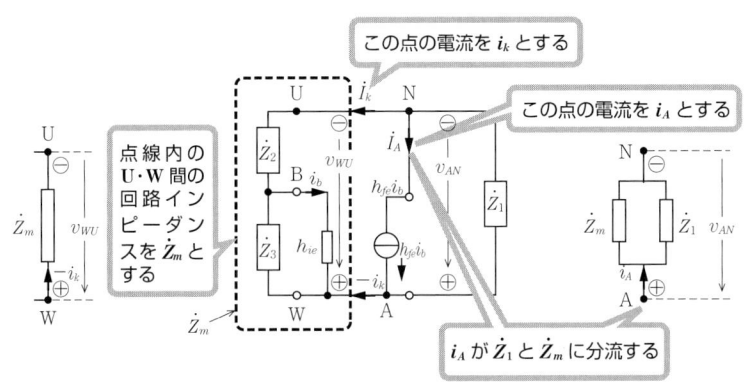

(a) 各線間の電圧および各線上の電流

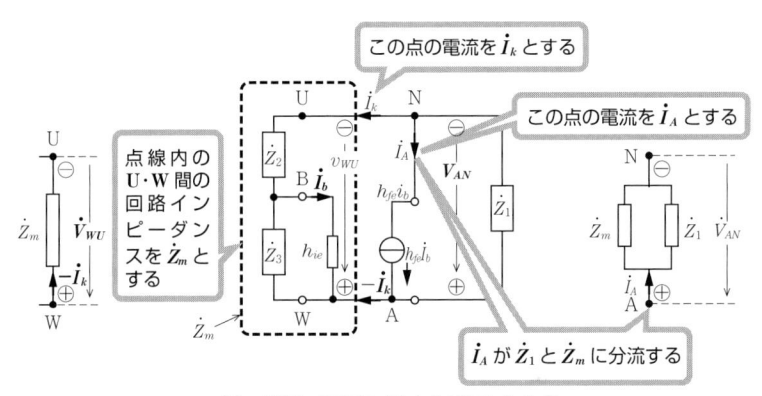

(b) 電圧・電流をベクトル表示したとき

図 10・12 三素子形発振回路の等価回路

式 (10・17) を式 (10・16) に代入すると

$$\dot{I}_A \times \frac{\dot{Z}_1}{\dot{Z}_1 + \dot{Z}_2 + \dfrac{\dot{Z}_3 h_{ie}}{\dot{Z}_3 + h_{ie}}} = -\dot{I}_K$$

$$\dot{I}_K = -\dot{I}_A \times \frac{\dot{Z}_1}{\dot{Z}_1 + \dot{Z}_2 + \dfrac{\dot{Z}_3 h_{ie}}{\dot{Z}_3 + h_{ie}}} \tag{10・18}$$

また，図 10・12(b) の端子 W–B 間において

$$\dot{I}_b \cdot h_{ie} = \dot{I}_K \times \frac{\dot{Z}_3 h_{ie}}{\dot{Z}_3 + h_{ie}} \longrightarrow \dot{I}_b = \frac{\dot{Z}_3}{\dot{Z}_3 + h_{ie}} \dot{I}_K \tag{10・19}$$

式 (10・18) を式 (10・19) に代入すると

$$\dot{I}_b = -\frac{\dot{Z}_3}{\dot{Z}_3 + h_{ie}} \times \frac{\dot{Z}_1}{\dot{Z}_1 + \dot{Z}_2 + \dfrac{\dot{Z}_3 h_{ie}}{\dot{Z}_3 + h_{ie}}} \dot{I}_A \qquad (10 \cdot 20)$$

電流帰還率 $F_i = \dfrac{\dot{I}_b}{\dot{I}_A}$ は式 (10・20) より

$$F_i = -\frac{\dot{Z}_3}{\dot{Z}_3 + h_{ie}} \times \frac{\dot{Z}_1}{\dot{Z}_1 + \dot{Z}_2 + \dfrac{\dot{Z}_3 h_{ie}}{\dot{Z}_3 + h_{ie}}} = -\frac{\dot{Z}_1 \dot{Z}_3}{(\dot{Z}_3 + h_{ie})(\dot{Z}_1 + \dot{Z}_2) + \dot{Z}_3 h_{ie}}$$

$$= -\frac{\dot{Z}_1 \dot{Z}_3}{h_{ie}(\dot{Z}_1 + \dot{Z}_2 + \dot{Z}_3) + \dot{Z}_3(\dot{Z}_1 + \dot{Z}_2)} \qquad (10 \cdot 21)$$

トランジスタの電流増幅度 A_i は h_{fe} で正であるから発振条件は

$$\boldsymbol{h_{fe} \times F_i = 1} \qquad (10 \cdot 22)$$

となる．式 (10・21)，(10・22) より

$$-h_{fe} \times \frac{\dot{Z}_1 \dot{Z}_3}{h_{ie}(\dot{Z}_1 + \dot{Z}_2 + \dot{Z}_3) + \dot{Z}_3(\dot{Z}_1 + \dot{Z}_2)} = 1 \qquad (10 \cdot 23)$$

すなわち

$$\boldsymbol{h_{ie}(\dot{Z}_1 + \dot{Z}_2 + \dot{Z}_3) + \dot{Z}_3(\dot{Z}_1 + \dot{Z}_2) = -h_{fe}\dot{Z}_1 \dot{Z}_3} \qquad (10 \cdot 24)$$

$\dot{Z}_1$, $\dot{Z}_2$, $\dot{Z}_3$ が純リアクタンスであるとし，それぞれ jX_1, jX_2, jX_3 とすると

$$h_{ie}(jX_1 + jX_2 + jX_3) + jX_3(jX_1 + jX_2) = -h_{fe}jX_1 \times jX_3$$

$$\boldsymbol{-X_1 X_3 - X_2 X_3 + jh_{ie}(X_1 + X_2 + X_3) = h_{fe} X_1 X_3} \qquad (10 \cdot 25)$$

となる．

$$\underbrace{h_{ie}(\dot{Z}_1 + \dot{Z}_2 + \dot{Z}_3)}_{j\text{が残る}} + \underbrace{\dot{Z}_3(\dot{Z}_1 + \dot{Z}_2)}_{j\text{がなくなる}} = \underbrace{-h_{fe}\dot{Z}_1 \dot{Z}_3}$$

したがって，式 (10・24) と式 (10・25) は，同じ発振条件の基本となる式である．

式 (10・25) の実数部と虚数部がそれぞれ等しいとおくと

$$X_1 + X_2 + X_3 = 0 \qquad (10 \cdot 26)$$

(式 (10・24) より，$\dot{Z}_1 + \dot{Z}_2 + \dot{Z}_3 = 0$ でもある)

$$h_{fe} = -\frac{X_1 + X_2}{X_1} \qquad (10 \cdot 27)$$

となる．式 (10・26), (10・27) より h_{fe} は

$$h_{fe} = \frac{X_3}{X_1} \qquad (10 \cdot 28)$$

となり，$h_{fe} > 0$ であるから，**X_1 と X_3 は同符号**となるリアクタンス素子でなければならないが，式 (10・26) より **X_2 は異符号**となるリアクタンス素子でなければならないことがわかる．結論として，$\dot{Z}_1$ と $\dot{Z}_3$ は同じ種類のリアクタンス，$\dot{Z}_2$ は異なるリアクタンスでなければならない．また，式 (10・26) より発振周波数が決まることになる．

以上により，$\dot{Z}_1$ と $\dot{Z}_3$ がインダクタンスとすれば，$\dot{Z}_2$ はキャパシタンスとなる．それぞれのリアクタンス $X_1 = \omega L_1$, $X_3 = \omega L_3$, $X_2 = -1/\omega C_2$ とすると**ハートレー回路**が得られ，また，$\dot{Z}_1$ と $\dot{Z}_3$ がキャパシタンス，$\dot{Z}_2$ がインダクタンスとし，$X_1 = -1/\omega C_1$, $X_3 = -1/\omega C_3$, $X_2 = \omega L_2$ とすると**コルピッツ回路**が得られる．

2　ハートレー形発振回路

図 10・13(a) はハートレー形発振回路，図 (b) は交流のみの回路である．

図 10・14 の交流のみの回路のベース電圧 $\dot{V}_B$ とコレクタ電圧 $\dot{V}_C$ の位相関係を調べる．図 (a) において

$$\dot{I}_1 = j\omega C_1 \dot{V}_1 \longrightarrow \dot{V}_1 = \frac{1}{j\omega C_1}\dot{I}_1 = -j\frac{1}{\omega C_1}\dot{I}_1 \longrightarrow |\dot{V}_1| = \frac{1}{\omega C_1}I_1$$

$$\dot{I}_1 = \frac{\dot{V}_B}{j\omega L_1} \longrightarrow \dot{V}_B = j\omega L_1 \dot{I}_1 \longrightarrow |\dot{V}_B| = \omega L_1 I_1$$

① リアクタンスの大きさが $\dfrac{1}{\omega C_1} > \omega L_1$ であると，出力電圧 $\dot{V}_C$ が $\dfrac{1}{\omega C_1}$ と ωL_1 の大きさで分圧され，$|\dot{V}_1|$ のほうが $|\dot{V}_B|$ より大きくなる．

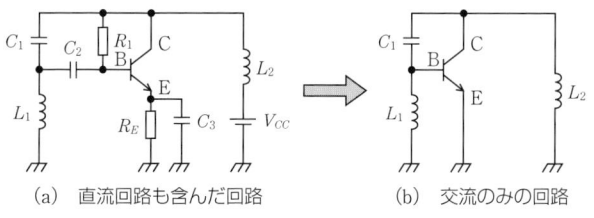

(a) 直流回路も含んだ回路　　(b) 交流のみの回路

図 10・13　ハートレー形発振回路

$\dfrac{1}{\omega C_1} > \omega L_1 \longrightarrow |\dot{V}_1| > |\dot{V}_B|,\ \dot{V}_1$ と $\dot{V}_B$ は逆位相 $\longrightarrow \dot{V}_1 + \dot{V}_B = \dot{V}_C \longrightarrow \dot{V}_B$ と $\dot{V}_C$ は逆位相

$\dot{V}_B$ は最初のベース入力電圧と同相

発振回路となる

(a) 簡略化したハートレー形発振回路

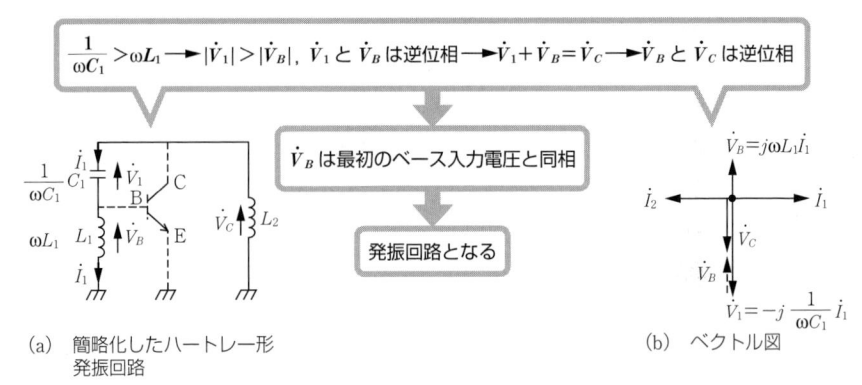

(b) ベクトル図

図 10・14 ハートレー形発振回路のベクトル図

② $\dot{I}_1$ を基準ベクトルにして，ベクトル図を描くと，図(b)のようになり，$\dot{V}_1$ は $\dot{I}_1$ より位相が $90°$ 遅れ，$\dot{V}_B$ は $\dot{I}_1$ より位相が $90°$ 進む．
すなわち，**$\dot{V}_1$ と $\dot{V}_B$ は位相が $180°$ 違う**．

③ また，$\dot{V}_1$ と $\dot{V}_B$ のベクトル和が $\dot{V}_C$ になるから，**$\dot{V}_B$ と $\dot{V}_C$ は位相が $180°$ 異なる**．すなわち，**逆位相**である．

④ エミッタ接地増幅回路であるから，入力のベース電圧と出力のコレクタ電圧とは位相が $180°$ 異なる．

⑤ コレクタの出力電圧 $\dot{V}_C$ が C_1 と L_1 で分圧されて，L_1 の両端の電圧，すなわち，入力側のベース電圧として帰還される電圧 $\dot{V}_B$ はコレクタ電圧 $\dot{V}_C$ と **$180°$ 位相が異なるから最初のベース入力電圧と同相となり，発振回路となる**．

⑥ この回路の発振周波数 f_o は L_1 と L_2 の間の結合状態によって異なる．

図 10・15 のように L_1, L_2 に結合がない場合，周波数条件は式（10・26）より

$$X_1 + X_2 + X_3 = \omega L_1 + \omega L_2 - \dfrac{1}{\omega C} = 0$$

$$\omega^2 C(L_1 + L_2) = 1$$

$$\longrightarrow f = \dfrac{1}{2\pi\sqrt{C(L_1+L_2)}} \ \text{(Hz)}$$

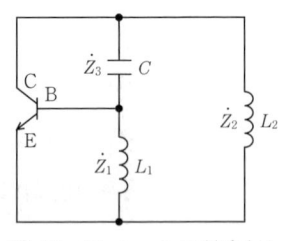

(10・29)

図 10・15 L_1, L_2 に結合なし

図 10・16 のように L_1, L_2 に結合がある場合

$$f_o = \frac{1}{2\pi\sqrt{(L_1+L_2+2M)C}} \text{ [Hz]}$$

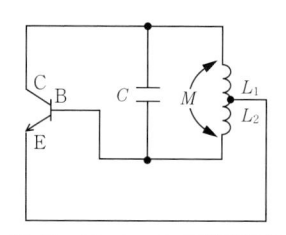

(10・30)

図 10・16 L_1, L_2 に結合あり

3　コルピッツ形 LC 発振回路

図 10・17(a) はコルピッツ形 LC 発振回路の基本回路で，ハートレー形の L と C を入れ換えたものである．

図 10・17 の交流のみの回路のベース電圧 $\dot{V}_B$ とコレクタ電圧 $\dot{V}_C$ の位相関係を調べる．図(a) において

$$\dot{I}_1 = \frac{\dot{V}_1}{j\omega L} \longrightarrow \dot{V}_1 = j\omega L \dot{I}_1 \longrightarrow |\dot{V}_1| = \omega L I_1$$

$$\dot{I}_1 = j\omega C_1 \dot{V}_B \longrightarrow \dot{V}_B = \frac{1}{j\omega C_1}\dot{I}_1 = -j\frac{1}{\omega C_1}\dot{I}_1 \longrightarrow |\dot{V}_B| = \frac{1}{\omega C_1}I_1$$

① リアクタンスの大きさが $\omega L > \dfrac{1}{\omega C_1}$ であると，出力電圧 $\dot{V}_C$ が ωL と $\dfrac{1}{\omega C_1}$ の大きさで分圧され，$|\dot{V}_1|$ の方が $|\dot{V}_B|$ より大きくなる．

② $\dot{I}_1$ を基準ベクトルにとり，ベクトル図を描くと，図(b) のようになり，$\dot{V}_1$ は $\dot{I}_1$ より位相が 90°進み，$|\dot{V}_B|$ は $\dot{I}_1$ より位相が 90°遅れる．
すなわち，$\dot{V}_1$ と $\dot{V}_B$ は位相が 180°異なる．

③ また，$\dot{V}_1$ と $\dot{V}_B$ のベクトル和が $\dot{V}_C$ になるから，$\dot{V}_B$ と $\dot{V}_C$ は位相が 180°

$\omega L > \dfrac{1}{\omega C_1} \longrightarrow |\dot{V}_1| > |\dot{V}_B|,\ \dot{V}_1$ と $\dot{V}_B$ は逆位相 $\longrightarrow \dot{V}_1 + \dot{V}_B = \dot{V}_C \longrightarrow \dot{V}_B$ と $\dot{V}_C$ は逆位相

$\dot{V}_B$ は最初のベース入力電圧と同相

発振回路となる

(a) コルピッツ形 LC 発振回路　　　(b) ベクトル図

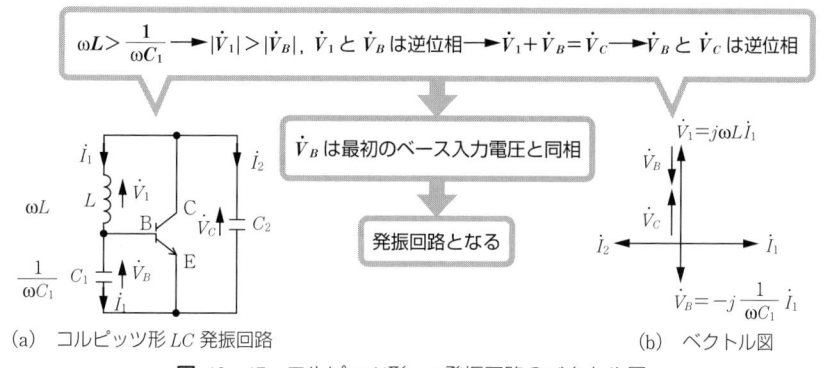

図 10・17　コルピッツ形 LC 発振回路のベクトル図

異なる．すなわち，逆位相である．

④　エミッタ接地回路であるから，入力のベース電圧と出力のコレクタ電圧は位相が 180° 異なる．

⑤　コレクタの出力電圧 $\dot{V}_C$ が L と C_1 で分圧され，C_1 の両端の電圧，すなわち入力側のベース電圧として帰還される電圧 $\dot{V}_B$ は，**コレクタ電圧 $\dot{V}_C$ と 180° 位相が異なるから，最初のベース入力電圧と同相** となり，**発振回路** となる．

式 (10・26) より

$$X_1 + X_2 + X_3 = -\frac{1}{\omega C_1} - \frac{1}{\omega C_2} + \omega L = 0$$

$$\omega L = \frac{1}{\omega}\left(\frac{1}{C_1} + \frac{1}{C_2}\right) \longrightarrow \omega^2 L = \frac{1}{C_1} + \frac{1}{C_2}$$

$$\omega = \sqrt{\frac{1}{L}\left(\frac{1}{C_1} + \frac{1}{C_2}\right)} \longrightarrow f_o = \frac{1}{2\pi}\sqrt{\frac{1}{L}\left(\frac{1}{C_1} + \frac{1}{C_2}\right)} \ \text{(Hz)}$$

(10・31)

となる．

4　同調形 *LC* 発振回路

　図 10・18 の発振回路はコレクタ回路に L_1 と C_1 の共振回路が入った発振回路であるから，コレクタ同調形発振回路と呼ばれる．発振周波数 f_o は

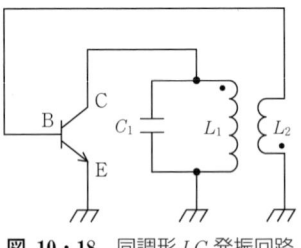

$$f_o \fallingdotseq \frac{1}{2\pi\sqrt{L_1 C_1}} \ \text{(Hz)} \qquad (10 \cdot 32)$$

図 10・18　同調形 *LC* 発振回路

10・4　*CR* 発振回路

　図 10・19(a) のように，コンデンサ C と抵抗 R の回路を組み合わせることによって，$\dot{I}_4$ の位相を $\dot{I}_1$ より 180° 進ませることができ，**正帰還回路** を構成できる．

　この C と R による正帰還回路を用いた発振回路を **CR 発振回路** といい，移相回路の抵抗 R とトランジスタの入力インピーダンス h_{ie} との間で，$R \ll h_{ie}$ が

(a)

(b)

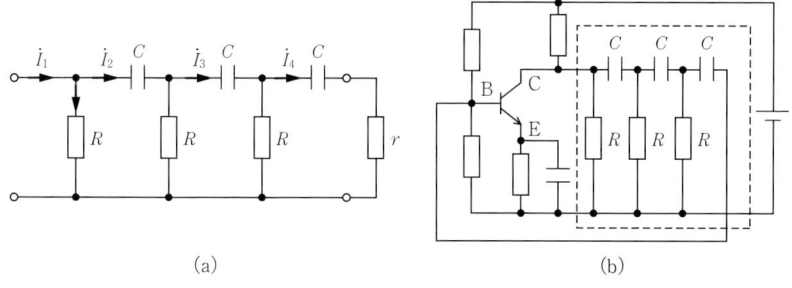

図 10・19 CR 発振回路

成り立つものとすれば，発振周波数 f_o は

$$f_o = \frac{1}{2\pi\sqrt{6}CR} \ [\text{Hz}] \tag{10・33}$$

10・5 水晶発振回路

水晶振動子は**図10・20**(a) のような等価回路で表され，周波数を変化したときのリアクタンス特性は図(b) のようになる．

この水晶振動子に電圧を加えると，**水晶振動子のもつ固有振動数の周波数で非常に安定した発振を行う**（図(c)）．

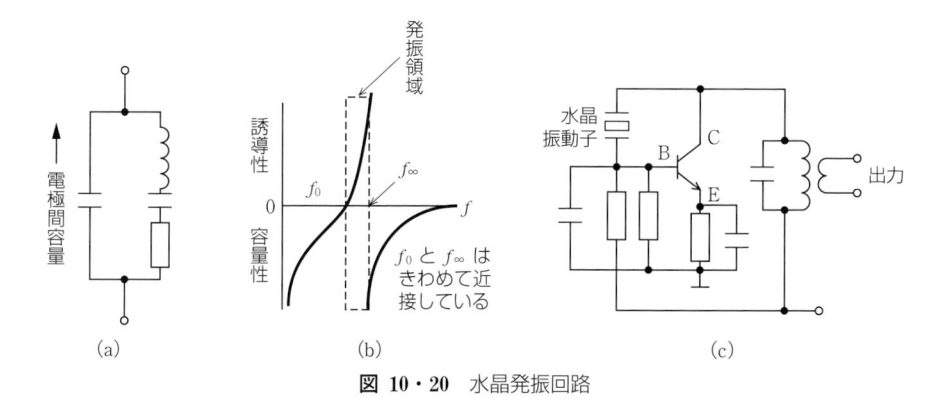

(a)

(b) f_0 と f_∞ はきわめて近接している

(c)

図 10・20 水晶発振回路

例題 10-1 図 **10·21** の発振回路について次の問に答えよ．

(1) この発振回路の名称を答えよ．
(2) 同図の発振周波数を求めよ．

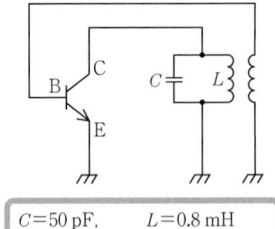

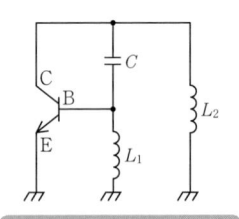

(a) $C=50$ pF, $L=0.8$ mH
1 pF$=10^{-12}$ F, 1 mH$=10^{-3}$ H

(b) $C=300$ pF, $L_1=250$ μH, $L_2=50$ μH, 1 μH$=10^{-6}$ H

図 10·21

解

(1) 図(a) **コレクタ同調形 LC 発振回路**
　　 図(b) **ハートレー形 LC 発振回路**

(2) 図(a) 発振周波数 f_o は式（10·32）より

$$f_o = \frac{1}{2\pi\sqrt{LC}} = \frac{1}{2\pi\sqrt{0.8\times10^{-3}\times50\times10^{-12}}} = \frac{1}{2\pi\times\sqrt{40\times10^{-15}}}$$

$$= \frac{1}{2\pi\sqrt{4\times10^{-14}}} = \frac{1}{2\pi\times2\times10^{-7}} \fallingdotseq 795\,775\ \text{[Hz]}$$

$$\fallingdotseq \mathbf{796\ [kHz]}$$

(b) 発振周波数 f_o は式（10·29）より

$$f_o = \frac{1}{2\pi\sqrt{(L_1+L_2)\cdot C}} = \frac{1}{2\pi\sqrt{(250+50)\times10^{-6}\times300\times10^{-12}}}$$

$$= \frac{1}{2\pi\times300\times10^{-9}} = \frac{1}{2\pi\times3\times10^{-7}} = 530\,516\ \text{[Hz]}$$

$$\fallingdotseq \mathbf{531\ [kHz]}$$

例題 10-2 図 10・22 の発振回路について次の問に答えよ．

(1) この発振回路の名称を答えよ．
(2) 破線で囲んだ回路 ㋐ はどのような働きをする回路か．
(3) 破線で囲んだ回路 ㋑ はどのような働きをする回路か．
(4) 発振周波数 f_o を求めなさい．ただし，$C=1620$ pF，$R=10$ kΩ とする．

図 10・22

解

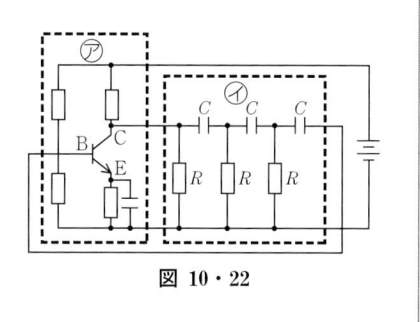

(1) **CR 発振回路**
(2) **増幅回路**
(3) **出力電圧の位相を 180° 進ませてベース回路へ正帰還させる働きをする．**
(4) $f_o = \dfrac{1}{2\pi\sqrt{6}\,CR} = \dfrac{1}{2\pi\sqrt{6}\times 1\,620\times 10^{-12}\times 10\times 10^3} = 4\,010.78$ 〔Hz〕≒ **4 kHz**

章末の演習問題

問 1 次の文章は，発振回路に関する記述である．次の □ の中に当てはまる語句または数値を記入せよ．

図 10・23(a) の回路は □(1)□ 発振回路であり，その発振周波数 $f_o=$ □(2)□ で表されるので，$C=100$ pF，$L=1.0$ mH とするとき，$f_o=$ □(3)□ 〔kHz〕となる．

図(b) の回路は □(4)□ 発振回路であり，$C=100$ pF，

図 10・23

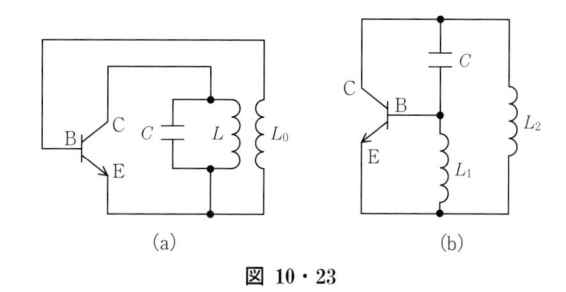

$L_1=200\,\mu\text{H}$, $L_2=40\,\mu\text{H}$ とするとき，$f_o=\boxed{}$ 〔MHz〕となる．

問 2 図 10・24 の発振回路について答えよ．
(1) この発振回路の名称を答えよ．
(2) 破線で囲んだ回路 ㋐ はどのような働きをするか．
(3) 破線で囲んだ回路 ㋑ はどのような働きをする回路か．
(4) 発振周波数 f_o を求めよ．

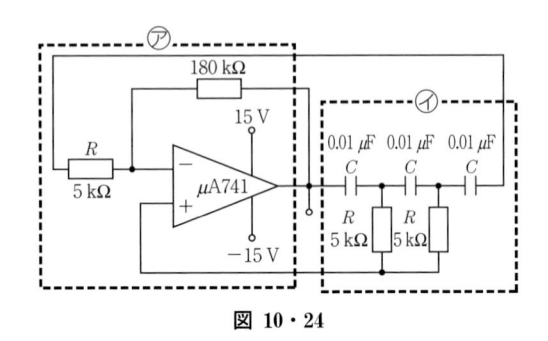

図 10・24

問 3 次の文章は，トランジスタ発振回路に関する記述である．文中の ☐ に当てはまる語句を記入せよ．

発振回路は，一般に増幅回路において出力の一部を入力に $\boxed{}$ させたものである．

図 10・25 のようにトランジスタとインピーダンス素子とを組み合わせた回路において，$\dot{Z}_1$ を $\boxed{}$，$\dot{Z}_2$ をインダクタンス素子，$\dot{Z}_3$ を $\boxed{}$ とすることによって，発振させることができる．この回路を $\boxed{}$ 発振回路という．また，$\dot{Z}_1$ に $\boxed{}$ を用いることで，発振周波数の安定化を図ることができる．

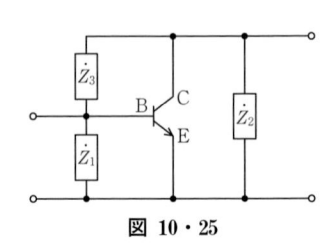

図 10・25

第11章
変調・復調回路

ポイント

音声信号や映像情報などの電気信号を効率よく無線で伝送する場合，別の高周波信号にのせてアンテナから送る方法がとられる．このような操作を**変調**（modulation）という．

このときの音声や映像などの電気信号を信号波（**変調波**）（signal wave），信号をのせる高調波信号を**搬送波**（carrier），また変調を受けた高周波信号を**被変調波**（modulated carrier）という．一方，受信側では，元の信号を被変調波信号から分離して取り出さなければならないが，このような操作を**復調**（demodulation）または**検波**（detection）という．

本章では，**振幅変調**（Amplitude Modulation），**周波数変調**（Frequency Modulation）の原理と復調の原理およびそれらの基本回路の動作について述べる．

11・1 振幅変調（AM）の動作原理と回路

1 振幅変調（AM）とは

図11・1のように搬送波（高周波電流）の大きさ（振幅）を信号波（音声電流）の振幅の変化に対応させて変化させる方式を**振幅変調（AM）**と呼ぶ．AMによって得られた被変調波の振幅の先端を結んでできる曲線（包絡線という）を

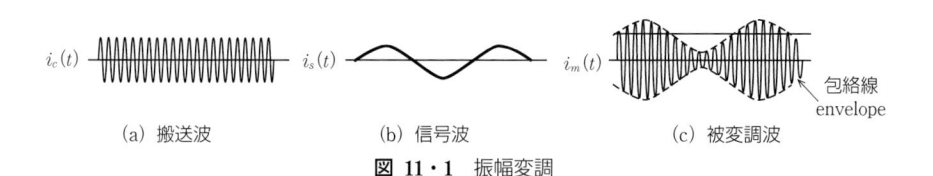

(a) 搬送波 $i_c(t)$　　(b) 信号波 $i_s(t)$　　(c) 被変調波 $i_m(t)$ ← 包絡線 envelope

図 11・1 振幅変調

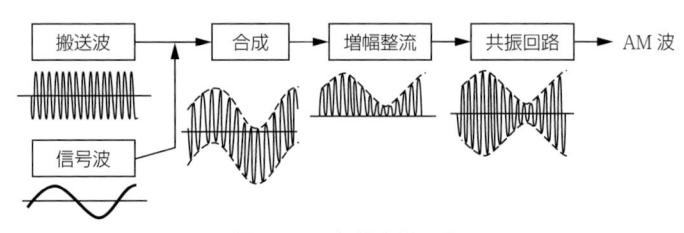

搬送波 → 合成 → 増幅整流 → 共振回路 → AM波

信号波 ↗

図 11・2　振幅変調回路

見ると，信号波の波形と相似になっている．すなわち搬送波のこの部分に信号波が含まれているわけである．

振幅変調回路は，図 11・2 に示す三つの機能（**合成，整流，共振**）をもった回路の組み合わせである．この三つの機能のうち，合成と増幅整流の機能は，一つのトランジスタで行っている．

共振回路は，トランジスタのコレクタに接続する L と C によって構成された**並列共振回路**が用いられている．

2　振幅変調（AM）回路の種類

（1）ベース振幅変調回路の動作原理

図 11・3 のベース振幅変調回路で，トランジスタのベース・エミッタ間には信号波 v_s と搬送波 v_c が合成された電圧 v_{be} が加わる．

ところが，トランジスタは B 級（または C 級）で動作させているため，図(b)の V_{BE}-I_B 特性のカットオフ点以下になると i_b が流れなくなり，トランジスタのベース電流 i_b は，図(b) のように v_{be} を整流した信号になる．

すなわち，ベース変調回路の動作では，まず信号波と搬送波とを合成し，V_{BE}-I_B 特性で整流をしている．

変調回路として必要な機能である合成と整流の作用をしたトランジスタは，同時に増幅作用も行い，図(a) のようなコレクタ電流 i_c が流れる．

トランジスタのコレクタ回路には L と C からなる並列共振回路を接続し，搬送波の周波数で共振させると，共振現象のために図に示すような電流が並列共振回路のなかに流れることになる．

共振回路の L に電磁誘導される二次コイルを接続し，出力を取り出すと，振幅変調された被変調波 v_{AM}（AM 波）が得られる．

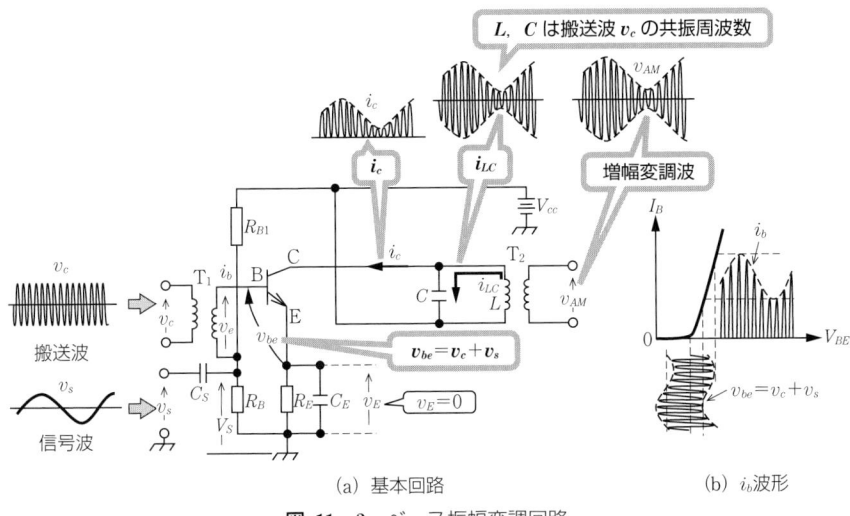

11・1 振幅変調（AM）の動作原理と回路　**191**

図 11・3　ベース振幅変調回路

(a) 基本回路　　　(b) i_b 波形

（2）コレクタ振幅変調回路の動作原理

図 11・4(b) に示すように，トランジスタはベース変調回路と同じように B 級（または C 級）で動作をさせる．したがって，搬送波 v_c によるベース電流 i_b は図(b) のようになる．

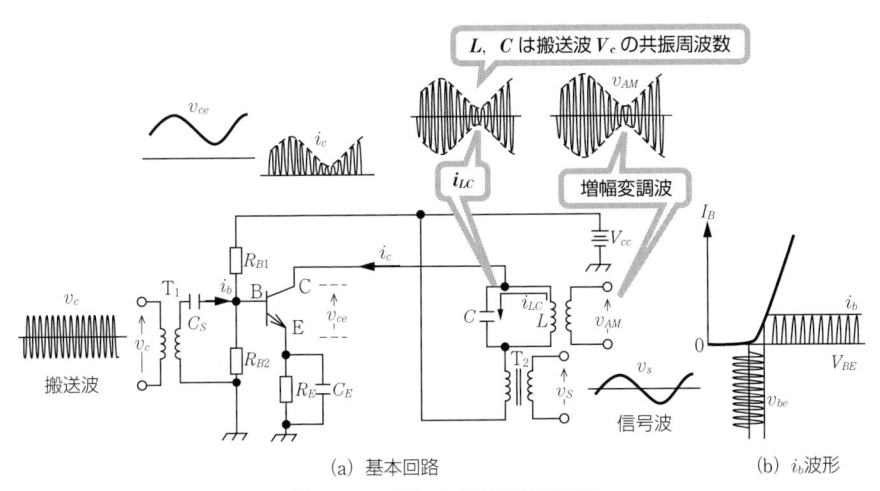

図 11・4　コレクタ振幅変調回路

(a) 基本回路　　　(b) i_b 波形

一方，図 11・4(a) に示すように，コレクタ回路には信号波 v_s が加えられるから，コレクタ電圧 v_{ce} は図のように変化し，コレクタ電流 i_c も図のようになる．

③ 被変調波の理論式

図 11・5(a) の搬送波の振幅を，図(b) のような信号波により，振幅変調する．いま，搬送波 v_c と信号波 v_s を

$$v_c = V_{cm} \sin 2\pi f_c t \tag{11・1}$$

$$v_s = V_{sm} \sin 2\pi f_s t \tag{11・2}$$

とすると，変調波 v_o は

$$v_o = (V_{cm} + V_{sm} \sin 2\pi f_s t) \sin 2\pi f_c t \tag{11・3}$$

となり，式 (11・3) の $(V_{cm} + V_{sm} \sin 2\pi f_s t)$ は，変調波の振幅の変化を表し，図(c) の破線で示すような曲線になる．この曲線を**包絡線**（envelope）といい，信号波と同じ形をしている．

いま，三角関数の加法定理の公式より，次式が成り立つ．

$$\sin \alpha \sin \beta = \frac{1}{2}\{\cos(\alpha - \beta) - \cos(\alpha + \beta)\} \tag{11・4}$$

$\alpha = 2\pi f_s t$，$\beta = 2\pi f_c t$ を式 (11・4) に代入すると

$$\sin 2\pi f_s t \sin 2\pi f_c t = \frac{1}{2}\{\cos 2\pi (f_s - f_c) t - \cos 2\pi (f_s + f_c) t\}$$

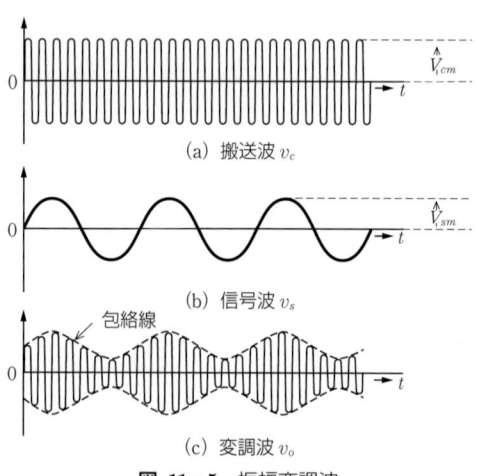

(a) 搬送波 v_c

(b) 信号波 v_s

包絡線

(c) 変調波 v_o

図 11・5 振幅変調波

$$= \frac{1}{2}\{\cos 2\pi(f_c-f_s)t - \cos 2\pi(f_c+f_s)t\} \quad (11 \cdot 5)$$

式 (11・3),(11・5) より

$$v_o = V_{cm}\sin 2\pi f_c t + \frac{V_{sm}}{2}\cos 2\pi(f_c-f_s)t - \frac{V_{sm}}{2}\cos 2\pi(f_c+f_s)t$$
$$(11 \cdot 6)$$

式 (11・6) から変調波は,搬送波の周波数 f_c のほか,(f_c-f_s) と (f_c+f_s) の周波数を含んでいることになる.**(f_c-f_s) を下側波,(f_c+f_s) を上側波**と呼び,その**振幅は** $\dfrac{V_{sm}}{2}$ である.

また,式 (11・6) では,信号周波数 f_s は単一周波数であるが,実際には信号波は多くの周波数成分を含む.したがって,下側波・上側波は帯域幅をもつことになる.

図 **11・6** のように,振幅変調における変調波の各周波数成分を表したものを**周波数スペクトル**(frequency spectrum)という.周波数スペクトルは,信号波に含まれている周波数成分の大きさによって,その形が変わる.

また,図(b) のように変調波を含む最も低い周波数から最も高い周波数までの周波数幅を,**占有周波数帯幅**(occupied bandwidth)と呼ぶ.

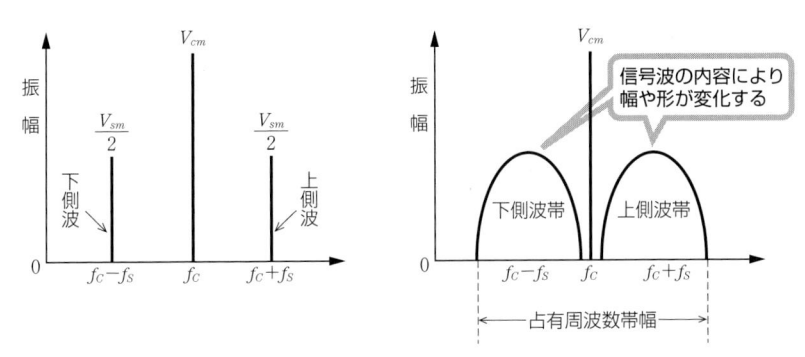

(a) 信号波が単一周波数の場合　　(b) 信号波が多くの周波数成分を含む場合

図 **11・6**　振幅変調波の周波数スペクトル

例題 11-1 次の文章は振幅変調に関する記述である．次の□□□の中に当てはまる語句を記入せよ．

AMとは，搬送波の □(1)□ を信号波で変調し，被変調波を得る方式である．信号波 i_s と搬送波の瞬時値の式は，それぞれの周波数を f_s, f_c とすると

$$i_s = I_s \sin 2\pi f_s t$$
$$i_c = I_c \sin 2\pi f_c t$$

$(f_c > f_s)$

で表される．

したがって，AM波の振幅 $I_m = I_c + $ □(2)□ となるので，AM波の瞬時値の式 i_m は

$$i_m = (I_c + I_s \sin 2\pi f_s t) \sin 2\pi f_c t = I_c(1 + m \sin 2\pi f_s t) \sin 2\pi f_c t$$

（ただし，$m = I_s / I_c$）

となる．m は □(3)□ と呼ばれる．さらに

$$i_m = I_c \sin 2\pi f_c t + mI_c \sin 2\pi f_s t \sin 2\pi f_c t$$
$$= I_c \sin 2\pi f_c t + 1/2 \cdot mI_c \cos 2\pi (f_c - f_s) t - 1/2 \cdot mI_c \cdot \text{□(4)□}$$

となるので，AM波は搬送波の成分，$(f_c - f_s)$ の成分，□(5)□ の成分から成り立つ．

■**解** AM波の瞬時値の式 i_m は

$$i_m = I_c(1 + m \sin 2\pi f_s t) \cdot \sin 2\pi f_c t = I_c \sin 2\pi f_c t + mI_c \sin 2\pi f_s t \cdot \sin 2\pi f_c t$$

$$= I_c \sin 2\pi f_c t + \frac{1}{2} mI_c \cos 2\pi (f_c - f_s) t - \frac{1}{2} mI_c \cos 2\pi (f_c + f_s) t$$

$$\left(\because \sin \alpha \sin \beta = \frac{1}{2} \{ \cos(\alpha - \beta) - \cos(\alpha - \beta) \} \right)$$

となり，AM波は搬送波の成分，$(f_c - f_s)$ の成分，$(f_c + f_s)$ の成分から成り立つ．

(1) 振幅　　(2) $I_s \sin 2\pi f_s t$　　(3) 変調度
(4) $\cos 2\pi (f_c + f_s) t$　　　　(5) $f_c + f_s$

例題 11-2 周波数 1 000 kHz の搬送波を 50 Hz〜10 kHz の周波数帯域をもった信号波で変調した．**図 11・7** の周波数スペクトルを見て，問に答えよ．

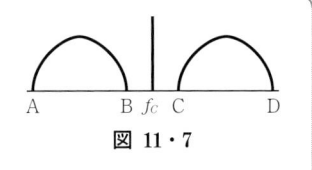

(1) 点 A，B，C，D の周波数はいくらか．
(2) この被変調波の占有周波数帯域幅はいくらか．

図 11・7

解 (1) 　**点 A**：1 000 kHz－10 kHz＝**990 kHz**
　　　　点 B：1 000 kHz－50 Hz＝**999.95 kHz**
　　　　点 C：1 000 kHz＋50 Hz＝**1 000.05 kHz**
　　　　点 D：1 000 kHz＋10 kHz＝**1 010 kHz**

(2) 　占有周波数帯域幅：10 kHz×2＝**20 kHz**

4　変調度・変調率

搬送波の大きさが一定だとすると，振幅の小さい信号波で変調した場合には，被変調波の振幅の変化も浅くなり，振幅の大きい信号波の場合には，被変調波の振幅の変化も深くなる．

この変調の程度を表すのに**変調度**（modulation degree）という量を用い，量記号には (m) を用いる．また，この変調度を百分率で表したものを**変調率**という．

図 11・8 は正弦波の信号波で 50% 変調した被変調波を示す．

変調しないときの搬送波の振幅を A
変調したときの被変調波の最大振幅を B
信号波に相当する部分の振幅を C

としたとき，変調率は

50%変調 （$m=0.5$）
図 11・8 被変調波

$$\text{変調率}〔\%〕=\frac{B-A}{A}\times 100=\frac{C}{A}\times 100 \qquad (11\cdot 7)$$

また，変調度 m は，式（11・7）の C，A にそれぞれ V_{sm}，V_{cm} を代入すると

$$m = \frac{V_{sm}}{V_{cm}} \qquad (11・8)$$

となる．変調率が小さいと，被変調波のなかに含まれる信号波成分が小さいから，受信側で信号を取り出すとき雑音などの影響を受けやすくなる．

5　振幅変調波の電力

式 (11・6) で表される変調波を図 11・9 に示すように抵抗 R に加えたとすると，搬送波電力 P_c は

$$P_c = \frac{\left(\frac{V_{cm}}{\sqrt{2}}\right)^2}{R} = \frac{V_{cm}^2}{2R} \qquad (11・9)$$

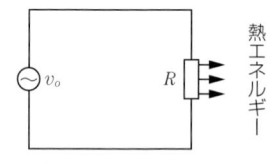

図 11・9　変調波の電力

となる．

上側波電力 P_U，下側波電力 P_L は

$$P_U = P_L = \frac{\left(\frac{V_{sm}}{2\sqrt{2}}\right)^2}{R} = \frac{V_{sm}^2}{8R} = \frac{m^2 V_{cm}^2}{8R} = \frac{m^2}{4} P_c \qquad (11・10)$$

となるから，変調波の総電力 P_T は

$$P_T = P_c + P_U + P_L = P_c\left(1 + \frac{m^2}{2}\right) \qquad (11・11)$$

となる．

式 (11・11) より，変調波の総電力は変調度 m により変化し，搬送波が，変調波の総電力の大部分を占めている．

例題 11-3　振幅変調において，搬送波の電力が 12 W であった．変調率 50％ および 100％ のときの各側波および変調波の総電力を求めよ．

解　変調率 50％ の変調波の総電力 P_T は

$$P_T = P_c\left(1 + \frac{m^2}{2}\right) = 12\left(1 + \frac{0.5^2}{2}\right) = \mathbf{13.5 \ W}$$

各側波電力 P_U は

$$P_U = P_L = \frac{m^2}{4} P_c = \frac{0.5^2}{4} \times 12 = \mathbf{0.75 \ W}$$

11・1 振幅変調(AM)の動作原理と回路   **197**

変調率100%の変調波の総電力 P_T は

$$P_T = P_C\left(1+\frac{m^2}{2}\right) = 12\left(1+\frac{1^2}{2}\right) = 18\text{ W}$$

各側波電力 P_U は,

$$P_U = P_L = \frac{m^2}{4}P_C = \frac{1^2}{4}\times 12 = 3\text{ W}$$

図11・10 に実際に使われているベース変調回路と搬送波,信号波および被変調波の測定波形(オシロスコープにより撮影)を示す.

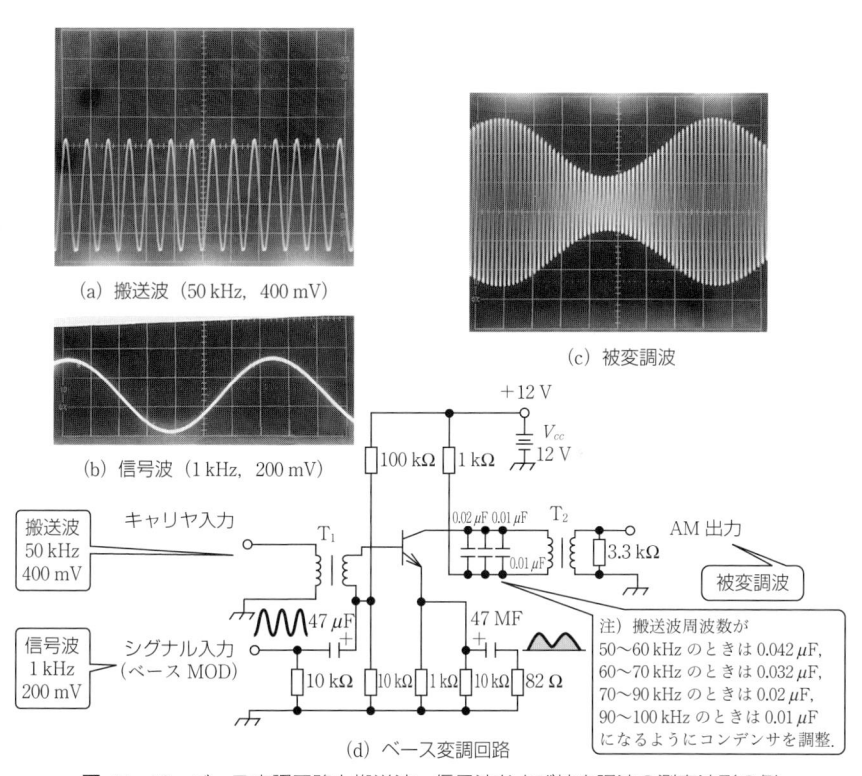

(a) 搬送波(50 kHz,400 mV)

(b) 信号波(1 kHz,200 mV)

(c) 被変調波

(d) ベース変調回路

注)搬送波周波数が
50～60 kHz のときは 0.042 μF
60～70 kHz のときは 0.032 μF
70～90 kHz のときは 0.02 μF
90～100 kHz のときは 0.01 μF
になるようにコンデンサを調整.

図11・10 ベース変調回路と搬送波,信号波および被変調波の測定波形の例

11・2 振幅変調(AM)波の復調回路の動作原理

図 11・11 に振幅変調波の復調回路の動作原理を示す.
① 変成器 T の一次側に図(a) の振幅変調波の電圧を加える.
② 変成器 T の二次側の電圧がダイオードに加わる.
③ ダイオード D は,信号の順方向の成分は通すが,逆方向の成分は通さないから,ダイオード D を流れる電流は図(b) のように順方向に沿った片側だけとなる.
④ この復調回路の出力から搬送波の周波数成分を抜き取るためにコンデンサ C を並列に接続する.**C は搬送波の周波数に対しては小さなリアクタンスとなり,包絡線の信号波の周波数に対しては大きなリアクタンスとなる**ような値が選ばれる.

$$\left(\because \text{リアクタンス } X_C = \frac{1}{\omega C}\right)$$

⑤ コンデンサ C に並列に R_l を接続すると,図 11・11 のように,コンデンサはダイオード出力の搬送波の半周期で充電され,とぎれた半周期の間に充電電荷が R_l を通して放電される.このために,R_L の両端の電圧は,図に示すように変調波の包絡線の形に近い電圧波形となり,図(d) のような**信号波出力が得られる**.
⑥ さらに直列にコンデンサ C_c を接続して交流成分だけを取り出すと,図

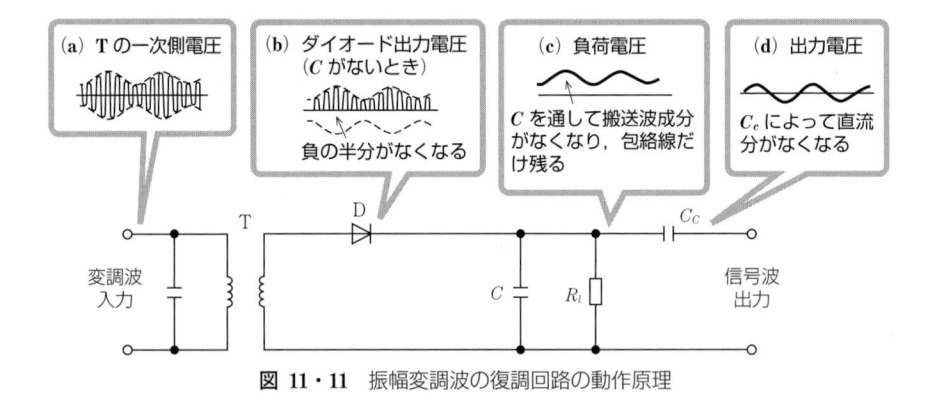

(a) T の一次側電圧
(b) ダイオード出力電圧(C がないとき)
負の半分がなくなる
(c) 負荷電圧
C を通して搬送波成分がなくなり,包絡線だけ残る
(d) 出力電圧
C_c によって直流分がなくなる

図 11・11 振幅変調波の復調回路の動作原理

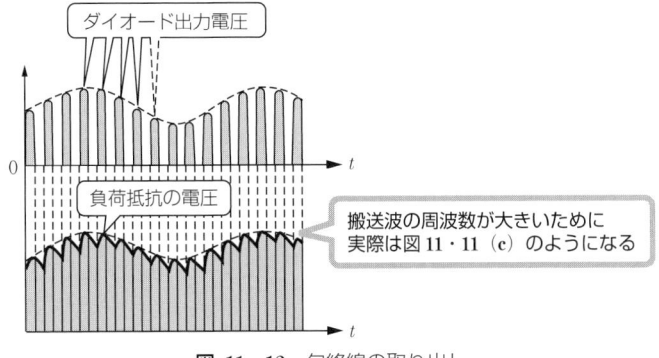

図 11・12 包絡線の取り出し

11・11(d) のような信号波出力が得られる．

11・3　周波数変調（FM）の理論

1　周波数変調の波形

　周波数変調（FM）は，搬送波の振幅を一定に保ったまま，搬送波の周波数を信号波の振幅に比例して変化させる方式である．

　信号波の振幅が大きいとき，搬送波の周波数が高くなるように対応させると，搬送波，信号波および変調波などは図 **11・13** のようになる．

2　周波数偏移

搬送波 v_c と信号波 v_s を

$$v_c = V_{cm} \sin 2\pi f_c t \tag{11・12}$$

$$v_s = V_{sm} \cos 2\pi f_s t \tag{11・13}$$

と表す．周波数変調では，変調波 v_o の周波数は信号波 v_s によって変化を受ける．

　信号波 v_s によって，周波数がずれることを**周波数偏移**（frequency deviation）と呼ぶ．

　変調波の周波数 f は

$$f = f_c + k_f V_{sm} \cos 2\pi f_s t \tag{11・14}$$

で表される．

ただし，k_f は周波数の偏移の大きさを表す定数である．

v_s が 0 のときは，変調波の周波数は f_c であり，これを**中心周波数**という．v_s の振幅が最大のとき，周波数偏移は最も大きくなり，図 11·13(e) に示すように，この周波数偏移の最大値を**最大周波数偏移**という．

最大周波数偏移を Δf とすれば，変調波の周波数 f は

$$f = f_c + \Delta f \cos 2\pi f_s t \qquad (11 \cdot 15)$$

となり，式 (11·14) より $\Delta f = k_f V_{sm}$ である．

また，f は時間によって瞬時に変化する値であるから，これを**瞬時周波数**という．

角周波数 $2\pi f_c$ が一定である場合，**図 11·14** に示すように，ある時刻 t_1 から t までの回転角を θ とすると

$$\theta = 2\pi f_c (t - t_1) \qquad (11 \cdot 16)$$

となる．

この回転角 θ を積分を用いて求めるには，$\omega_c = 2\pi f_c$ を t_1 から t まで積分すればよいから

$$\theta = \int_{t_1}^{t} \omega_c dt = \int_{t_1}^{t} 2\pi f_c dt = 2\pi f_c (t - t_1) \qquad (11 \cdot 17)$$

となり，式 (11·16) と同じ結果となる．

次に式 (11·17) で求める方法で，FM 波の任意の時刻の瞬時位相角を求めると

$$\theta = \int_{t_1}^{t} 2\pi f dt$$
$$= \int_{t_1}^{t} 2\pi (f_c + \Delta f \cos 2\pi f_s t) dt$$

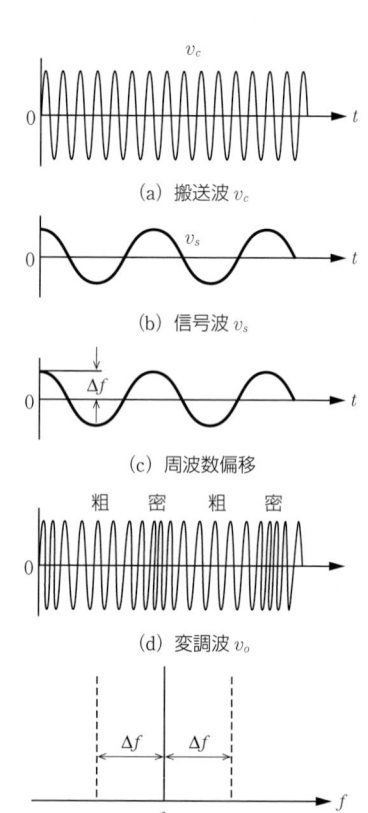

(a) 搬送波 v_c

(b) 信号波 v_s

(c) 周波数偏移

(d) 変調波 v_o

(e) 中心周波数 f_c と最大周波数偏移 Δf

図 11·13 周波数変調

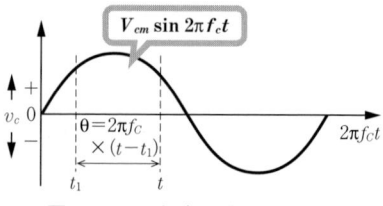

図 11·14 任意の時間の回転角

$$
\begin{aligned}
&= 2\pi \left\{ \int_{t_1}^{t} f_c dt + \int_{t_1}^{t} \Delta f \cos 2\pi f_s t dt \right\} = 2\pi \left\{ f_c[t]_{t_1}^{t} + \frac{\Delta f}{2\pi f_s} [\sin 2\pi f_s t]_{t_1}^{t} \right\} \\
&= 2\pi \left\{ f_c(t-t_1) + \frac{\Delta f}{2\pi f_s}(\sin 2\pi f_s t - \sin 2\pi f_s t_1) \right\} \\
&= 2\pi f_c(t-t_1) + \frac{\Delta f}{f_s}(\sin 2\pi f_s t - \sin 2\pi f_s t_1) \\
&= 2\pi f_c t + \frac{\Delta f}{f_s}\sin 2\pi f_s t - \left(2\pi f_c t_1 + \frac{\Delta f}{f_s}\sin 2\pi f_s t_1 \right) \\
&= 2\pi f_c t + \frac{\Delta f}{f_s}\sin 2\pi f_s t + \theta_o
\end{aligned}
\tag{11・18}
$$

ただし，$\theta_0 = -\left(2\pi f_c t_1 + \frac{\Delta f}{f_s}\sin 2\pi f_s t_1 \right)$ で，任意の時刻 t_1 における位相角（回転角）を表しているため，これを初期位相という．式 (11・18) が FM 波の任意の時刻における位相角を表しているため，初期位相 θ_0 を 0 にしても FM 波の性質を表すことについてはなんら差し支えがないので，$\theta_0 = 0$ とすると，FM 波を表す式 v_0 は

$$
\begin{aligned}
v_0 &= V_{cm}\sin\theta = V_{cm}\sin\left(2\pi f_c t + \frac{\Delta f}{f_s}\sin 2\pi f_s t \right) \\
&= V_{cm}\sin(2\pi f_c t + m_f \sin 2\pi f_s t)
\end{aligned}
\tag{11・19}
$$

となる．ここで

$$
m_f = \frac{\Delta f}{f_s} \tag{11・20}
$$

を**変調指数**と呼ぶ．

3　周波数スペクトル

図 **11・15** に示すように，変調波 v_0 に含まれる周波数成分には，f_c，$f_c \pm f_s$，$f_c \pm 2f_s$，$f_c \pm 3f_s$，…で表される側波が無限に存在する．高次の側波の振幅は，しだいに小さくなるから，実際にはすべての側波が必要ではない．しかし，周波数変調波の占有周波数帯幅は，振幅変調波に比べて広くなる．占有周波数帯幅は最大周波数偏移と信号波の最高周波数の 2 倍ぐらいで，実用的な**占有周波数帯域 B** は

$$
B = 2(\Delta f + f_s) \tag{11・21}
$$

で表される．

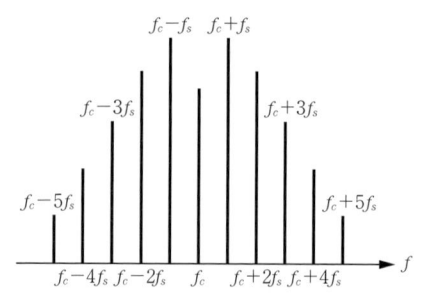

図 11・15 周波数変調波の周波数スペクトル

周波数変調は，振幅変調の振幅の大きさの変化に相当するものが，変調波の周波数の偏移となり，信号波の周波数の高低に相当するものが変調波の周波数偏移の速さとなっている．

> **例題 11-4** 信号波の最高周波数が $f_s = 10\,\mathrm{kHz}$，搬送波の周波数が $f_c = 80\,\mathrm{MHz}$，最高周波数偏移が $\Delta f = 70\,\mathrm{kHz}$ の FM 電波における変調指数および実用的な占有周波数帯幅を求めよ．

解 式 (11・20) より変調指数 m_f は

$$m_f = \frac{\Delta f}{f_s} = \frac{70}{10} = 7$$

式 (11・21) より，実用的な占有周波数帯域幅 B は

$$B = 2(\Delta f + f_s) = 2(70 + 10) = \mathbf{160\,kHz}$$

4 FM 変調回路

(1) コンデンサマイクロホンを用いた FM 回路

コンデンサマイクロホンは，音声をいったん電気信号に変換しなくても直接容量の変化に換えることができる．

図 11・16 にコンデンサマイクロホンを用いた FM 回路を示す．

コンデンサマイクロホンに音声などによって音圧を与えると，トランジスタ Tr_1 のハートレー形 LC 発振回路の C が変化することになり，発振周波数が変化し，**FM 波が得られる**．

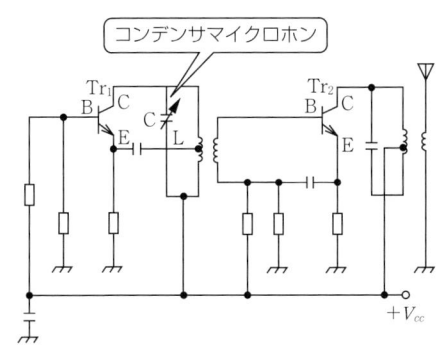

図 11・16 コンデンサマイクロホンを用いた FM 回路

(2) 可変容量ダイオードを用いた FM 回路

シリコンダイオードに逆方向の電圧を加えると，電圧の大きさに応じて電極間の静電容量が変化する．このようなダイオードを可変容量ダイオードという．

図 11・17 に可変容量ダイオードを用いた FM 回路を示す．

信号波を加えると，可変容量ダイオード D に加わる電圧が変化し，ダイオードの静電容量が変化する．この**可変容量ダイオードは共振回路と並列に接続されているから，共振回路の静電容量が変化して発振周波数が変化し，FM 波が得られる**．

図 11・18 に FM 変調回路の搬送波，信号波および被変調波の信号の例を示す．

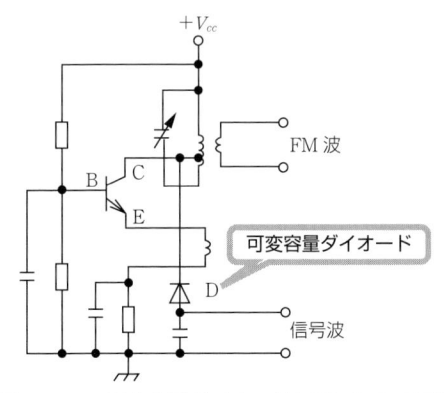

図 11・17 可変容量ダイオードを用いた FM 回路

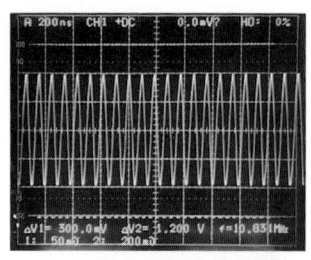

(a) 搬送波（10.8 MHz, 1.4 V）

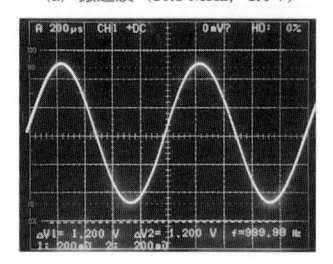

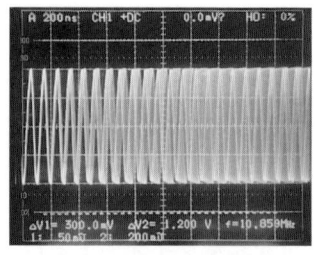

(b) 信号波（1.4 kHz, 2.48 V）

(c) 被変調波

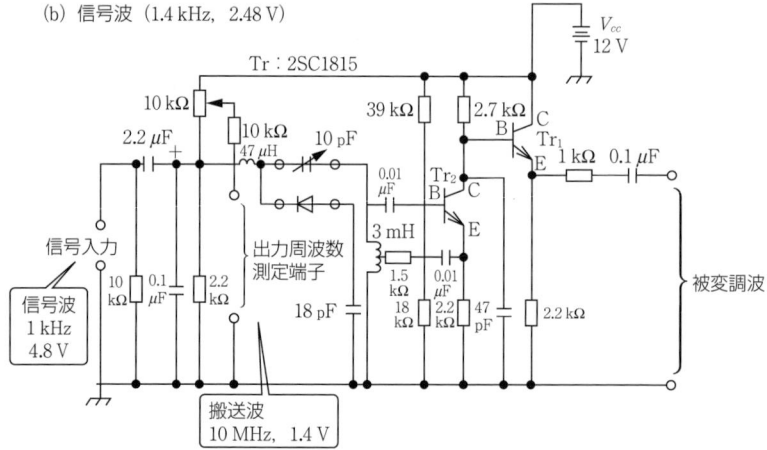

(d) FM 変調回路

図 11・18　FM 変調回路の搬送波，信号波および被変調波の信号の例

11・4 周波数変調（FM）波の復調

1 FM 波復調の基本方式

図 11・19 に示すように，**FM 波復調は，FM 波をいったん AM 波に変換して，AM 復調を行い信号波を取り出す方式**をとっている．

FM 波の復調回路としてよく用いられている回路は，①周波数弁別回路（フォスタ・シーレ回路），②比検波回路（レーシオ検波回路）がある．

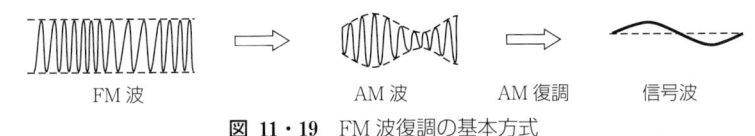

図 11・19 FM 波復調の基本方式

2 フォスタ・シーレ周波数弁別回路

図 11・20 にフォスタ・シーレ周波数弁別回路を示す．

（1） FM-AM 変換

一次側 L_1，C_1，二次側 L_2，C_2 は FM 波の中心周波数 f_c に同調している．また，L_1 と L_2 は疎に結合されており，L_1 と L_3 は密結合でそれぞれの端子電圧（起電力）は $\dot{V}_1$ で等しい．

図 11・21(a) は，図 11・21 の一次側と二次側を取り出したものである．
いま，一次側へ流れる電流を $\dot{I}_1$，二次側電流を $\dot{I}_2$ とすると

$$\dot{V}_1 = (r_1 + j\omega L_1)\dot{I}_1 - j\omega M \dot{I}_2$$

ところが，一般に，$\omega L_1 \gg r_1$ で，かつ疎結合であるから $j\omega M \dot{I}_2$ の影響は無視できる．したがって

$$\dot{V}_1 = j\omega L_1 \dot{I}_1$$

$$\dot{I}_1 = \frac{\dot{V}_1}{j\omega L_1} \tag{11・22}$$

一次巻線，二次巻線の巻方向が逆で加極性であるから，式 (11・22) の **一次側電流 $\dot{I}_1$ によって二次側に $-j\omega M \dot{I}_1$ の起電力が発生する**．その結果，

第 11 章　変調・復調回路

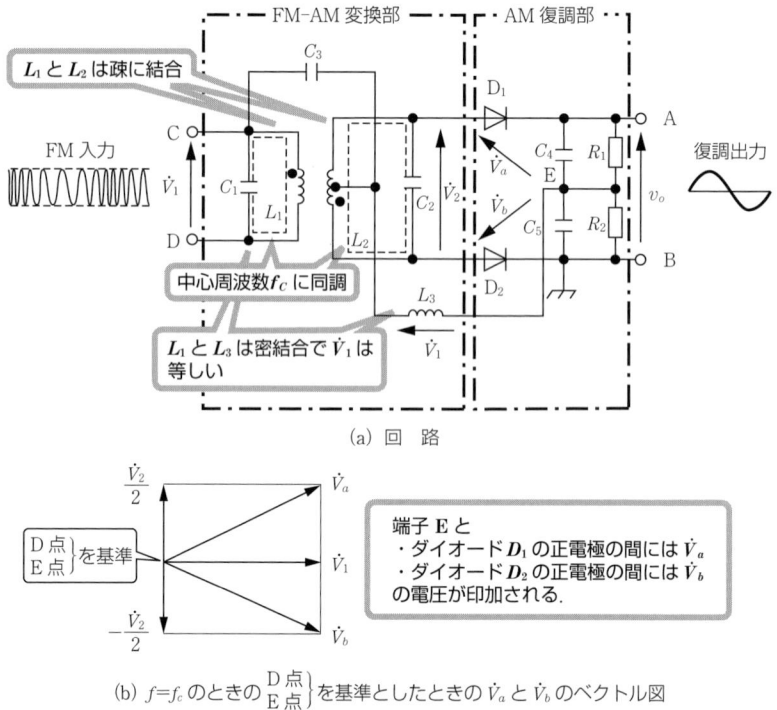

(a) 回路

(b) $f=f_c$ のときの $\begin{matrix}\text{D点}\\\text{E点}\end{matrix}$ を基準としたときの $\dot{V}_a$ と $\dot{V}_b$ のベクトル図

図 11・20　フォスタ・シーレ周波数弁別回路

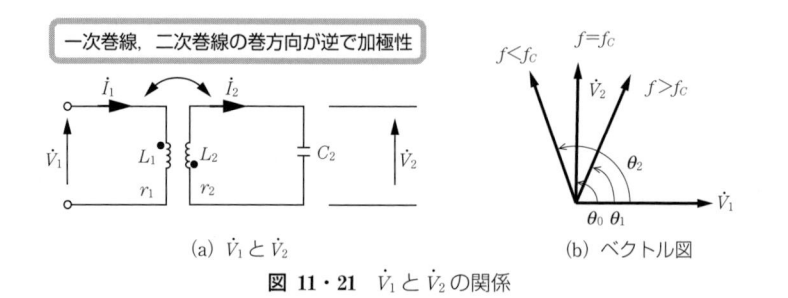

(a) $\dot{V}_1$ と $\dot{V}_2$

(b) ベクトル図

図 11・21　$\dot{V}_1$ と $\dot{V}_2$ の関係

二次側電流 $\dot{I}_2$ を生ずる.

$$\dot{I}_2 = \frac{-j\omega M \dot{I}_1}{r_2 + j\left(\omega L_2 - \dfrac{1}{\omega C_2}\right)} = \frac{-j\omega L_1 \dot{I}_1}{L_1\left\{r_2 + j\left(\omega L_2 - \dfrac{1}{\omega C_2}\right)\right\}} \times M \qquad (11 \cdot 23)$$

式 (11・23) に (11・22) を代入すると

$$\dot{I}_2 = \frac{-M \dot{V}_1}{L_1\left\{r_2 + j\left(\omega L_2 - \dfrac{1}{\omega C_2}\right)\right\}} \qquad (11 \cdot 24)$$

となる.また,次式が成り立つ.

$$\dot{I}_2 = j\omega C_2 \dot{V}_2 \qquad (11 \cdot 25)$$

式 (11・24),(11・25) より

$$\dot{V}_2 = \frac{\dot{I}_2}{j\omega C_2} = \frac{1}{j\omega C_2} \times \frac{-M\dot{V}_1}{L_1\left\{r_2 + j\left(\omega L_2 - \dfrac{1}{\omega C_2}\right)\right\}}$$

$$= \frac{jM \dot{V}_1}{\omega C_2 L_1\left\{r_2 + j\left(\omega L_2 - \dfrac{1}{\omega C_2}\right)\right\}} \qquad (11 \cdot 26)$$

となる.いま,FM 波の周波数 f が中心周波数 f_c に等しいときは,$\omega_c L_2 = 1/(\omega_c C_2)$ となるから,$\dot{V}_2$ は

$$\dot{V}_2 = j\frac{M}{\omega_c C_2 L_1 r_2}\dot{V}_1 \qquad (11 \cdot 27)$$

となり,$\dot{V}_2$ は $\dot{V}_1$ より 90° 位相が進むことになる.

次に,$f > f_c$ のときは $\omega L_2 > 1/(\omega C_2)$ となり,式 (11・26) の分母の j 項が正符号となるから,$\dot{V}_2$ の位相は 90° より小さくなる.さらに,$f < f_c$ のときは分母の j 項が負符号となるから $\dot{V}_2$ の位相は 90° より大きくなる.

以上のことを図で示すと,図 11・21(b) のようになる.なお,θ_0 は 90° で $f = f_c$,θ_1 は 90° より小さく $f > f_c$,θ_2 は 90° より大きく $f < f_c$ のときの $\dot{V}_2$ の $\dot{V}_1$ に対する位相差を表している.

図 11・20 において,$\dot{V}_1$ は C_3 を経て,そのまま L_2 の中点に加えられている.このため,D_1 へ加わる電圧 $\dot{V}_a$,D_2 へ加わる電圧 $\dot{V}_b$ はそれぞれ

$$\left.\begin{aligned}\dot{V}_a &= \dot{V}_1 + \frac{\dot{V}_2}{2} \\ \dot{V}_b &= \dot{V}_1 - \frac{\dot{V}_2}{2}\end{aligned}\right\} \quad (11\cdot28)$$

となる．$\dot{V}_1$ と $\dot{V}_2$ の位相関係をもとに $\dot{V}_a$，$\dot{V}_b$ のベクトル図を描くと**図 11・22** のようになる．

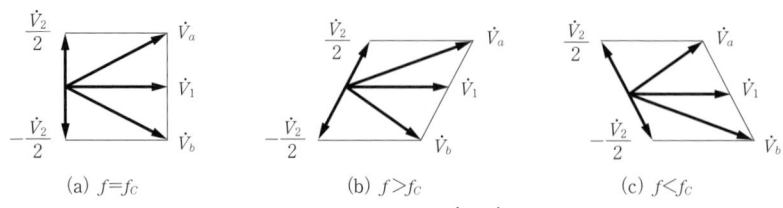

(a) $f=f_C$　　(b) $f>f_C$　　(c) $f<f_C$

図 11・22　周波数変化と $\dot{V}_a$，$\dot{V}_b$ の関係

いままでに述べたことを整理すると，入力 $\dot{V}_1$ の周波数が変化すると，それに応じて $\dot{V}_a$，$\dot{V}_b$ の大きさが図 11・23 のように変化することがわかった．すなわち，**周波数の変化が振幅（大きさ）の変化に置き換えられたことになる．**

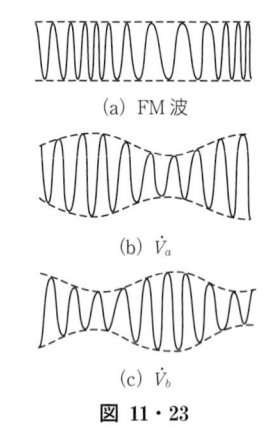

したがって，入力に FM 波を加えると，出力端には**周波数偏移に応じた AM 波を得ることができる．**

（2） AM 復調動作

図 11・24 の D_1，R_1，C_1 および D_2，R_2，C_2 はそれぞれ AM 復調回路を構成しているから，v_a，v_b の AM 波が加えられると，それぞれの復調出力は v_c，v_d のようになる．

A-B 端子の出力は v_c+v_d で示されるから，v_c+v_d を求めると，A-B 端子に信号成分が現われることになる．また A-B 端子間には，v_c および v_d に含まれている信号成分の倍の出力が得られることになる．

すなわち，この周波数弁別回路は，**一つの FM 波から二つの AM 波をつくり，それぞれに含まれている信号成分を合成して信号出力を得て**

(a) FM 波

(b) $\dot{V}_a$

(c) $\dot{V}_b$

図 11・23

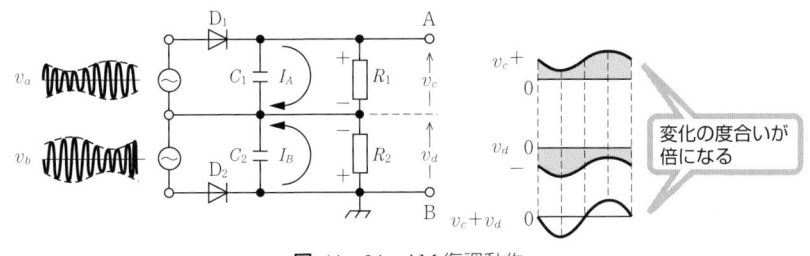

図 11・24 AM 復調動作

いるから，それぞれの AM 波に含まれている信号成分の 2 倍の出力を得ていることになる．

章末の演習問題

問 1 テレビジョン放送の音声は，周波数変調方式で送られている．信号波の最高周波数が 15 kHz，搬送波の周波数が 95.75 MHz，最大周波数偏移を 25 kHz とすると，変調指数，実用的な占有周波数帯幅はどれだけになるか．

問 2 次の文章の □ の中に適する語句を入れ，文章を完成せよ．
(1) FM は信号波の (ア) に応じた搬送波の (イ) を変化させる方式で，信号波は FM 波の周波数偏移として含まれている．
(2) 変調していないときの搬送波の周波数と，変調したときの搬送波の周波数との差を (ウ) という．そして，信号波の振幅が最大のときの (エ) を (オ) と呼んでいる．
(3) FM 波の変調の度合いを表すのに (カ) を用いる．FM 波は，この変調指数の値が大きくなるほど側波の数は (キ) くなる．
(4) 搬送波の周波数が 80 MHz の FM 波の周波数偏移を ± 75 kHz とすると，この FM 波の周波数は (ク) ～ (ケ) MHz まで変化する．
(5) 信号波の周波数が 10 kHz の場合，最大周波数偏移が，75 kHz および 25 kHz のときの変調指数はそれぞれ (コ) , (サ) となる．

問 3 図 11·25 の FM 復調回路について，次の問に答えよ．
(1) この FM 復調回路の名称は何か．
(2) 回路 ㋐ の部分はどのような働きをする回路か．
(3) 回路 ㋑ の部分はどのような働きをする回路か．
(4) 入力 $\dot{V_i}$ の周波数 f_i と回路の周波数 f_o が等しくなった（$f_i=f_o$）ときの $\dot{V_A}$ と $\dot{V_B}$ の大きさはどうなるか．

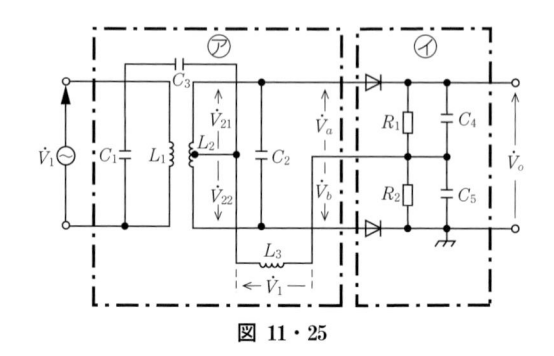

図 11・25

第12章
演算増幅器

ポイント

Operational Amplifier の略がオペアンプで，日本語では**演算増幅器**のことである．演算増幅器は，加減乗除などの演算（計算）をしたり，信号などを増幅する働きをする．

近年の半導体技術の向上により，数多くのトランジスタを集積した高性能のオペアンプ IC が安価に入手できるようになった．

本章では幅広く電子機器に搭載されている演算増幅器の基礎と基本回路について学習する．

12・1 演算増幅器の基礎

1 図記号と端子

図 **12・1**(a) に演算増幅器（オペアンプ）の図記号を示す．

図に示すように三角形の頂点側を出力，底辺側を入力端子として使用する．入力端子には極性があり，（－）と書かれた入力端子を**反転入力端子**と呼び，「この端子に入力をすると，出力の信号が反転する」という意味である．

すなわち，図(b)に示すように，直流の正を入力すると，出力は負になり，交流を入力すると，出力は 180°反転する．

また，（＋）と書かれた入力端子は，**非反転入力端子** と呼び，図(c)に示すように出力信号は反転しない．

2 演算増幅器の電源の与え方

演算増幅器（オペアンプ）を実際に動作させるには，電源を与える必要がある．一般的なオペアンプは**両電源**と呼ばれる方法で電源電圧を与える．

両電源とは，オペアンプに，正電圧と負電圧を加えることである（図 **12・2**(a)）．

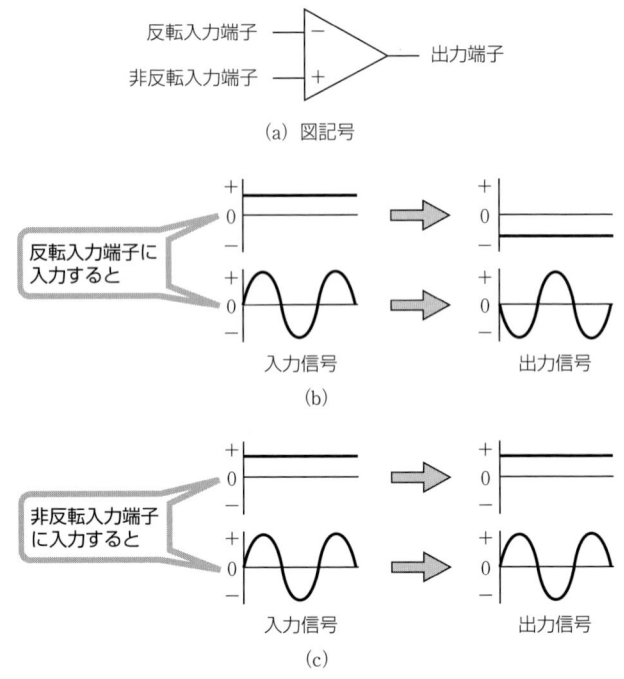

図 12・1 演算増幅器の図記号と端子

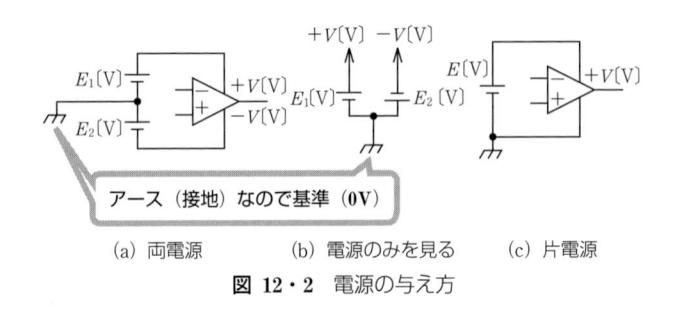

図 12・2 電源の与え方

電源 E_1 の負極と E_2 の正極が接地されているから 0 V である．したがって，E_1 の正極から出るのは $+V$ [V]，E_2 の負極から出るのは，$-V$ [V] ということになる．

同図(c)に**片電源**と呼ばれる方式を示す．片電源とは，正または負電源のどちら一つしか電源として与えない方法である．

3 オペアンプの特徴

① 二つの入力端子と，一つの出力端子をもつ．
② 高入力インピーダンス，低出力インピーダンスである．
③ 直流から数 MHz の広帯域の増幅特性をもつ．
④ 5 000～200 000 倍の高開ループ利得 A_d をもつ．
⑤ 負帰還技術を基本に構成される．

12・2 演算増幅器の基本回路

1 反転増幅器

図 12・3 に示す回路で，オペアンプの A_d は非常に大きいから **相対的に v' は小さく，近似的に $v'=0$** と置くことができる．このことを **イマジナル・ショート** という．すなわち，仮想的に端子aをアースとみなすことができる．また，オペアンプの入力インピーダンスが大きいことから，その **入力電流 i_i も非常に小さい** と考えてよい．

したがって，v_1 から R_1 を通して流れ込む電流 i_1 は，そのまま R_2 のほうへ流れ i_f になると考えられるから，次式が得られる．

$$\left. \begin{array}{l} i_1 = i_f = \dfrac{v_1}{R_1} \\[2mm] v_o = -i_f R_2 = -\dfrac{R_2}{R_1} v_1 \end{array} \right\} \quad (12 \cdot 1)$$

$$\boldsymbol{A_{vf}} = \dfrac{v_o}{v_1} = -\dfrac{\boldsymbol{R_2}}{\boldsymbol{R_1}} \quad (12 \cdot 2)$$

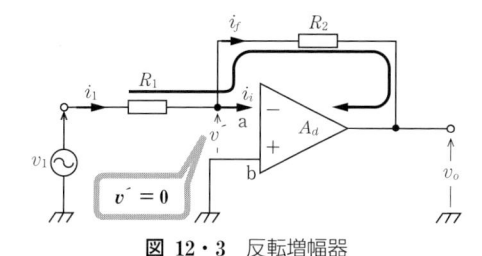

図 12・3 反転増幅器

式 (12・2) により，電圧増幅度 A_{vf} は，外付け素子 R_1 と R_2 のみに依存し，負記号は位相反転を意味する．$R_1=10\,\mathrm{k\Omega}$，$R_2=100\,\mathrm{k\Omega}$ としたとき，$A_{vf}=-\dfrac{100}{10}=-10$ となる．100 Hz のときの入力・出力信号の波形を図 12・4 に示す．

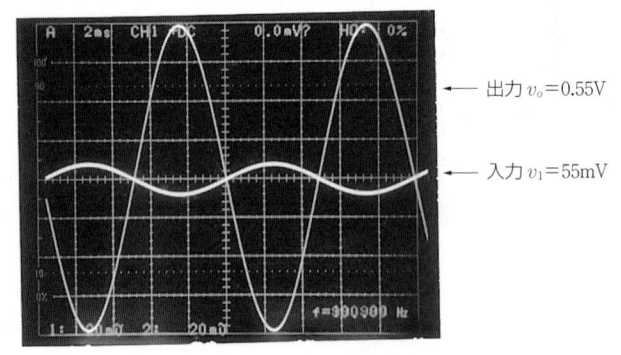

図 12・4　反転増幅器の例

2　差動増幅器

二つの入力電圧の電位差だけを増幅するのに，差動増幅器と呼ばれる回路を用いる（図 12・5）．図の回路は点 a と点 b との電圧が等しくなるように働くから

$$v_1 - R_1 i_1 = R_2 \times i_2 \qquad (12\cdot 3)$$

が成り立つ．また電流 i_1，i_2 はそれぞれ

$$\left.\begin{array}{l} i_1 = \dfrac{v_1 - v_o}{R_1 + R_2} \\[6pt] i_2 = \dfrac{v_2}{R_1 + R_2} \end{array}\right\} \qquad (12\cdot 4)$$

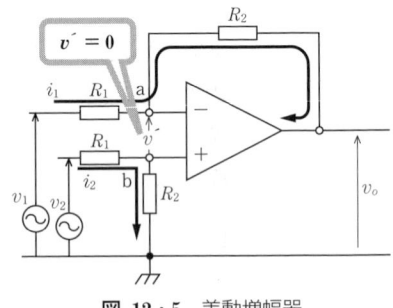

図 12・5　差動増幅器

となる．式 (12・3) に式 (12・4) を代入し整理すると，出力電圧 v_o は

$$v_o = -\dfrac{R_2}{R_1}(v_1 - v_2) \qquad (12\cdot 5)$$

となり，図 12・5 の回路では，**入力端子間の電位差だけを増幅できる**ことがわかる．式 (12・5) において，$R_1=10\,\mathrm{k\Omega}$，$R_2=5\,\mathrm{k\Omega}$，$v_1=24\,\mathrm{mV}$，$v_2=90\,\mathrm{mV}$ としたとき $v_o = -\dfrac{5}{10}(24-90) = \dfrac{5}{10}\times 66 = 33\,\mathrm{mV}$ となる．200 Hz の入力信

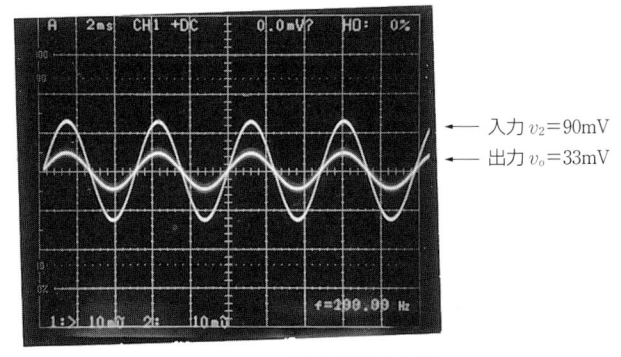

図 12・6　差動増幅器の例

号 v_2 と出力信号 v_o の波形を図 **12・6** に示す．

3 ▶ 積分器

図 **12・7** の積分器の場合，反転増幅器と同じ理由で，$v'=0$，$i_1=i_f$ より

$$i_i = i_f = \frac{v_1}{R_i} \tag{12・6}$$

$$v_o = -\frac{1}{C_f}\int i_f dt = -\frac{1}{C_f}\int \frac{v_1}{R_i}\, dt = -\frac{1}{R_i C_f}\int v_1 dt \tag{12・7}$$

すなわち，図 12・7 は **積分器として動作し**，①の波形の入力電圧に対して②のような波形の出力電圧が得られる．式 (12・7) において $R_i=10\,\mathrm{k\Omega}$，$C_f=0.001\mu\mathrm{F}$ とし，入力 $v_1=130\,\mathrm{mV}$ としたとき，20 kHz の入力信号 v_1 と出力信号 v_o の波形を図 **12・8** に示す．

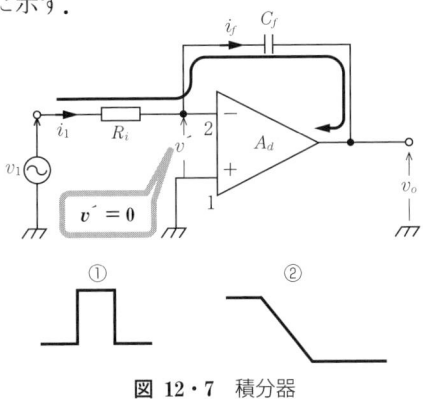

図 12・7　積分器

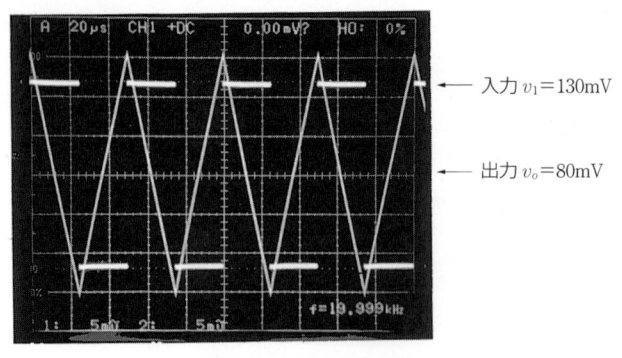

図 12・8 積分器の例

4 微分器

図 12・9 の微分器の場合，反転増幅器と同じ理由で，$v'=0$, $i_i=i_f$ より

$$i_1=i_f=\frac{dC_i(v_1-v')}{dt}=\frac{dC_iv_1}{dt}=C_i\frac{dv_1}{dt} \tag{12・8}$$

$$v_o=-R_fi_f=-R_fC_i\frac{dv_1}{dt} \tag{12・9}$$

となって，図 12・9 は**微分器として動作し**，①のような入力電圧に対して②のような波形の出力電圧が得られる．式 (12・9) において $R_f=100\,\text{k}\Omega$, $C_i=0.01\,\mu\text{F}$ とし，入力 $v_1=130\,\text{mV}$ としたとき，500 Hz の入力信号 v_1 と出力信号

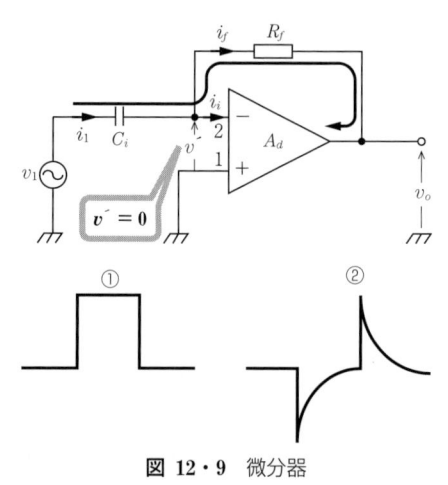

図 12・9 微分器

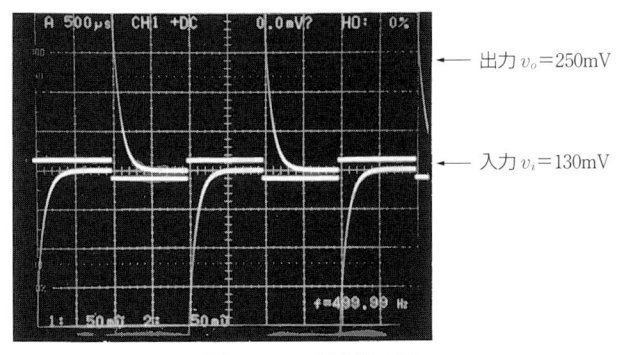

図 12・10 微分器の例

v_o の波形を**図 12・10** に示す．

例題 12-1 図 12・11 のような演算増幅器を使用した直流回路において，抵抗 $R_1 = 10\ \text{k}\Omega$，抵抗 $R_2 = 100\ \text{k}\Omega$ である．この回路に入力電圧 $V_1 = 0.5\ \text{V}$ を加えたとき，次の問に答えよ．

ただし，演算増幅器は理想的な特性をもち，その入力抵抗および電圧増幅度は極めて大きく，その出力抵抗は無視できるものとする．

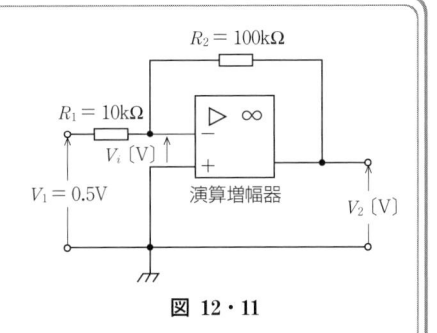

(1) 演算増幅器の二つの入力端子の端子間電圧 V_i 〔V〕の値はいくらか．

(2) 演算増幅器の出力電圧 V_2 〔V〕の値はいくらか．

図 12・11

解 (1) 演算増幅器の二つの入力端子間の電圧 V_i は常に 0 である．

したがって $\boldsymbol{V_i = 0\ \text{V}}$

(2) 式 (12・1) より演算増幅器の出力電圧 V_2 は

$$V_2 = -\frac{R_2}{R_1}V_1 = -\frac{100}{10} \times 0.5 = \boldsymbol{-5\ \text{V}}$$

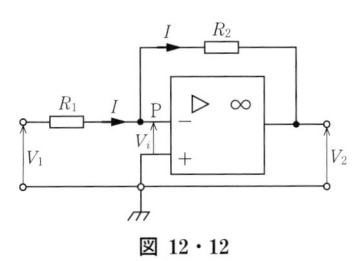

図 12・12

例題 12-2

次の文章は，演算増幅器に関する記述である．次の□の中に当てはまる式を記入せよ．

図 12・13(a) の加算器において，$v'=0$, $i_i=0$ であるから，$i_f=$ (1) となる．$v_0=$ (2) となり，$R_1=R_2=R_3=R_f$ とすると，$v_0=$ (3) となる．

図(b) の積分器においては，伝達関数 $\dot{V}_0/\dot{V}_1=$ (4) となり，図(c) の微分器では，伝達関数 $\dot{V}_0/\dot{V}_1=$ (5) となる．

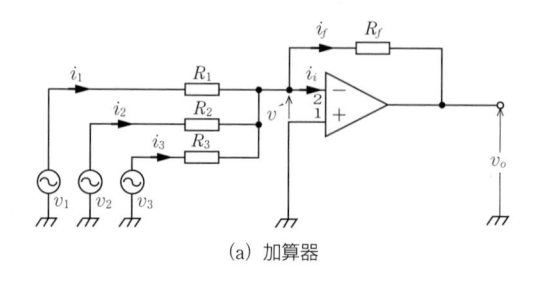

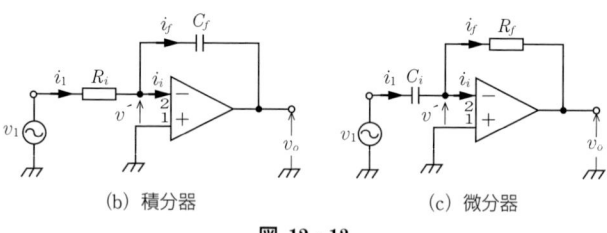

(a) 加算器

(b) 積分器   (c) 微分器

図 12・13

解 (1) 図 12・13 の加算器において，$i_i=0$ であるからキルヒホッフの第1法則により

$$i_f = i_1 + i_2 + i_3 \cdots\cdots ①$$

(2) $i_1=v_1/R_1$, $i_2=v_2/R_2$, $i_3=v_3/R_3$ より，$i_f=(v_1/R_1+v_2/R_2+v_3/R_3)$ となり，$v'=0$ であるから

$$v_o = -i_f R_f = -\left(\frac{v_1}{R_1}+\frac{v_2}{R_2}+\frac{v_3}{R_3}\right)R_f \cdots\cdots ②$$

(3) 式②に $R_1=R_2=R_3=R_f$ を代入すると

$$v_o = -(v_1+v_2+v_3) \cdots\cdots ③$$

(4) 図(b) の積分器において，$v'=0$，$i_i=0$ より

$$i_1 = i_f = \frac{v}{R_i}$$

$$v_0 = -\frac{1}{C_f}\int i_f dt = -\frac{1}{C_f}\int \frac{v_1}{R_i}dt = -\frac{1}{R_i C_f}\int v_1 dt$$

v_0，v_1 を記号法で表すと

$$\dot{V}_0 = -\frac{1}{R_i C_f}\int \dot{V}_1 dt = -\frac{\dot{V}_1}{j\omega R_i C_f} = -\frac{\dot{V}_1}{sR_i C_f} \quad (\because j\omega = s)$$

となり，伝達関数 $\dot{V}_0/\dot{V}_1$ は

$$\frac{\dot{V}_0}{\dot{V}_1} = -\frac{1}{sR_i C_f} \quad \cdots\cdots ④$$

(5) 図(c) の微分器においては，$v'=0$，$i_i=0$ より

$$i_1 = i_f = \frac{dC_i(v_1-v')}{dt} = \frac{dC_i v_1}{dt} = C_i \frac{dv_1}{dt}$$

$$v_0 = -R_f i_f = -R_f C_i \frac{dv_1}{dt}$$

v_0，v_i を記号法で表すと

$$\dot{V}_0 = -R_f C_i j\omega \dot{V}_1 = -j\omega R_f C_i \dot{V}_1 = -sR_f C_i \dot{V}_1 \quad (\because j\omega = s)$$

となり，伝達関数 $\dot{V}_0/\dot{V}_1$ は

$$\frac{\dot{V}_0}{\dot{V}_1} = -sR_f C_i \quad \cdots\cdots ⑤$$

章末の演習問題

問 1 次の文章は，演算増幅器（オペアンプ）に関する記述である．文中の □ に当てはまる語句または式を記入せよ．

理想的な演算増幅器は基本的に次の性質を仮定している．

① 〔 (1) 〕が無限大である．
② 入力インピーダンスが〔 (2) 〕である．
③ 出力インピーダンスが 0 である．
④ 入力電圧 $V_i=0$ のとき出力電圧 $V_o=0$ である．
⑤ 周波数帯域がきわめて広い．

このような演算増幅器を使って，**図 12・14** の回路を構成すると，電圧増幅度（V_o/V_i）は， (3) となる．

また，**図 12・15** の回路を構成すると，V_o と V_i の関係は (4) で表され，この回路は (5) として使われる．

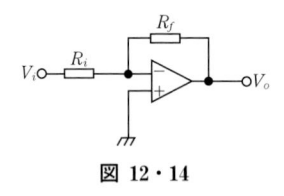

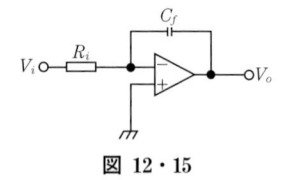

図 12・14

図 12・15

問 2 次の文章は，理想的な演算増幅回路に関する記述である．各式の に当てはまる式または数値を記入せよ．

図 12・16 のような回路で，出力電圧 v_o と入力電圧 v_A，v_B との関係を次のような手順で求める．

まず，電圧増幅度は無限大と考えてよいから，次式が成り立つ．

$$v_a - v_b = \boxed{(1)} \cdots\cdots ①$$

他方，入力インピーダンスも無限大と考えてよいから，次の二つの式が成り立つ．

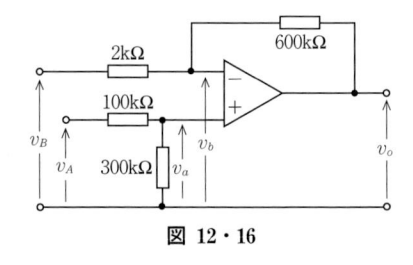

$$v_a = \boxed{(2)} \times v_A \cdots\cdots ②$$

$$\frac{\boxed{(3)}}{2\,000} + \frac{v_o - v_b}{\boxed{(4)}} = \boxed{(5)} \cdots\cdots ③$$

式③を整理すれば

$$3v_B - \boxed{(6)} \times v_b = v_o = 0 \cdots\cdots ④$$

したがって，出力電圧 v_o は式①および式②を考慮して

$$v_o = \boxed{(7)} \times (v_A - v_B) \cdots\cdots ⑤$$

となる．

図 12・16

演習問題の解答

第1章

問1 (ア) 電子　(イ) 正孔

問2 ① 5　② 3　③ 電子　④ 正孔

問3 ① 5　② n　③ ドナー

問4 Q〔C〕の電荷が t〔S〕間に移動したときの電流 I〔A〕は

$$I = \frac{Q}{t} \text{〔A〕}$$

である．1秒間に通過する自由電子の数を n 個とすると，$Q = n \times 1.6 \times 10^{-19}$ C となる．上式に $t=1$ S，$I=1$ A，$Q = n \times 1.6 \times 10^{-19}$ C を代入して

$$1 = \frac{1.6 \times 10^{-19} \times n}{1} \longrightarrow n = \frac{1}{1.6 \times 10^{-19}} = 6.25 \times 10^{18} \text{〔個/s〕}$$

第2章

問1 (ア) A（アノード）　(イ) K（カソード）　(ウ) K
　　　(エ) A　(オ) 順　(カ) 逆

問2

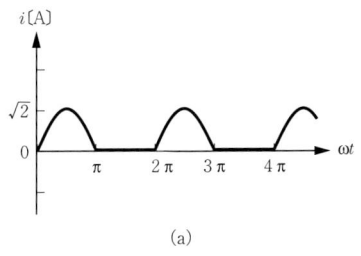

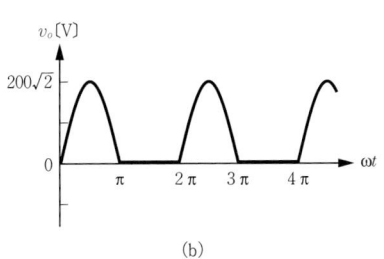

解図 2・1

問 3

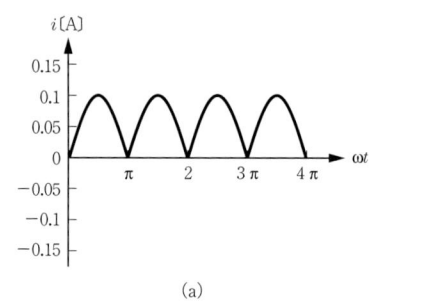

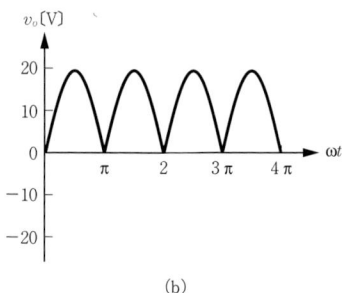

解図 2・2

問 4 式 (2・1) より

$$I_D = \frac{E}{R} - \frac{1}{R}V_D = \frac{3.5}{100} - \frac{1}{100}V_D = 0.035 - \frac{1}{100}V_D$$

$V_D = 1.2\,\text{V}$ のとき，$I_D = 23\,\text{mA}$ ……A 点

$V_D = 0\,\text{V}$ のとき，$I_D = 35\,\text{mA}$ ……B 点

となるから回路に成立するキルヒホッフの第 2 法則より導いた V_D-I_D 特性は A 点と B 点を通る直線となる．したがって**解図 2・3**に示す直線となる．V_D-I_D 特性との交点 Q が動作点で $V_{DQ} = 0.8\,\text{V}$，$I_{DQ} = 27\,\text{mA}$ を得る．

問 5 $R_L = 6\,\text{k}\Omega$ のとき

$$V_L = \frac{R_L}{R + R_L}V_i = \frac{6}{2+6} \times 14 = 10.5\,\text{V}$$

$V_Z = 10 < V_L = 10.5$ となり，ツェナーダイオードは ON 状態にあり，**解図 2・4**の等価回路となる．したがって，

$V_L = V_Z = 10\,\text{V}$

$V_R = V_i - V_L = 14 - 10 = 4\,\text{V}$

$$I_L = \frac{V_L}{R_L} = \frac{10}{6} = 1.67\,\text{mA}$$

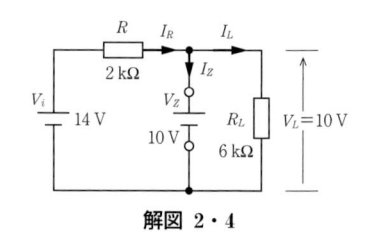

解図 2・3

解図 2・4

$$I_R = \frac{V_R}{R} = \frac{4}{2} = 2 \text{ mA}$$

$I_L + I_Z = I_R$ より

$$I_Z = I_R - I_L = 2 - 1.67 = 0.33 \text{ mA}$$

第3章

問1 電流増幅率 β は

$$\beta = \frac{\varDelta I_C}{\varDelta I_B} \quad \cdots\cdots ①$$

式①に $\varDelta I_B = 15 \ \mu\text{A} = 15 \times 10^{-6}$ A, $\varDelta I_C = 0.93 \text{ mA} = 0.93 \times 10^{-3}$ [A] を代入すると

$$\beta = \frac{0.93 \times 10^{-3}}{15 \times 10^{-6}} = \frac{0.93}{15 \times 10^{-3}} = \frac{0.93 \times 10^3}{15} = \frac{930}{15} = 62$$

問2 解図 3・1 より　(1)　40 μA　　(2)　4 mA

(3)　解図 3・1 より

$I_B = 40 + 10\sin 2\pi ft$ [μA] ……40 μA の直流電流と最大値 10 μA の交流電流

$I_C = 4 + 1\sin 2\pi ft$ [mA] ……4 mA の直流電流と最大値 1 mA の交流電流

第4章で学ぶように，

$\omega = 2\pi f$ [rad/s] であるから，$1\sin 2\pi ft = 1\sin \omega t$ となる．

ωt の単位は ω[rad/s]$\times t$[s] で ωt[rad] となる．

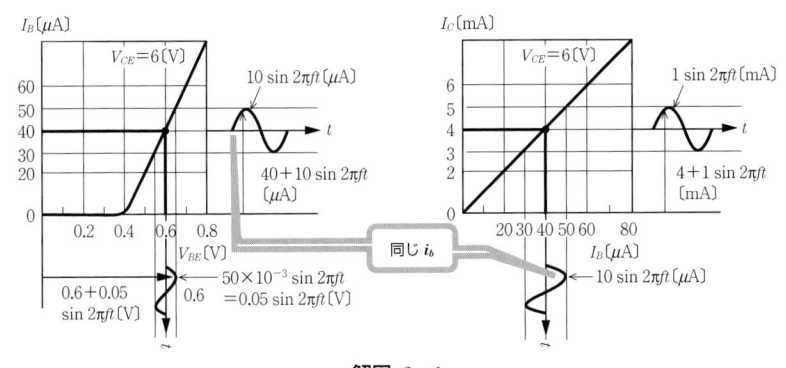

解図 3・1

問3 直流電流増幅率 h_{FB} は

$$h_{FB} = \frac{I_{CC}}{I_{BB}} = \frac{5 \text{ mA}}{40 \ \mu\text{A}} = \frac{5 \times 10^{-3} \text{ A}}{40 \times 10^{-6} \text{ A}}$$

$$= \frac{5}{40 \times 10^{-3}} = \frac{5 \times 10^3}{40} = 125$$

点 A と点 B を **解図3·2** のようにとり，小信号電流増幅率 h_{fe} は

$$h_{fe} = \frac{\Delta I_C}{\Delta I_B} = \frac{2 \text{ mA}}{20 \text{ }\mu\text{A}} = \frac{2 \times 10^{-3} \text{ A}}{20 \times 10^{-6} \text{ A}}$$

$$= \frac{2}{20 \times 10^{-3}} = \frac{2 \times 10^3}{20} = 100$$

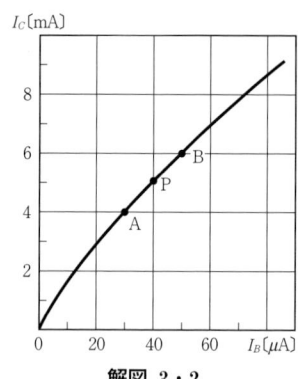

問 4 (1) $I_{CC} = h_{FE} \cdot I_{BB} = 120 \times 100 \text{ }\mu\text{A}$
  $= 12\,000 \text{ }\mu\text{A} = 12 \text{ mA}$

(2) $i_c = h_{fe} \cdot i_b = 100 \times 50 \sin \omega t \text{ }\mu\text{A}$
  $= 5000 \sin \omega t \text{ }\mu\text{A} = 5 \sin \omega t \text{ mA}$

解図 3·2

第4章

問 1 (1) **解図4·1** のトランジスタの等価回路において，コレクタ電流 i_c はベース電流 i_b を h_{fe} 倍すればよい．

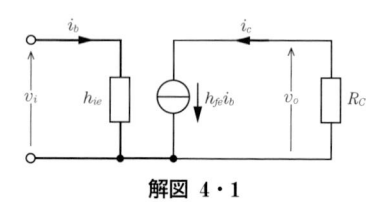

$i_c = h_{fe} i_b = 120 \times 5 \times 10^{-6} = 600 \times 10^{-6}$
 $= 6 \times 10^2 \times 10^{-6} = 6 \times 10^{-1} \times 10^{-3} \text{ A}$
 $= 0.6 \text{ mA}$

(2) 信号電圧は R_c の両端の電圧であるから

$v_o = -R_c \times i_c = -2 \times 10^3 \times 0.6 \times 10^{-3} = -1.2 \text{ V}$

したがって，電圧増幅度は（出力電圧/入力電圧）より

電圧増幅度 $= \dfrac{v_o}{v_i} = -\dfrac{1.2}{12 \times 10^{-3}} = -100$

エミッタ接地方式であるから，出力信号 v_o は入力信号 v_i に対して位相が反転する．

解図 4·1

問 2 電力増幅度 $A_P = P_o/P_i = \dfrac{v_o i_o}{v_i i_i} = \dfrac{5 \times 4 \times 10^{-3}}{0.2 \times 40 \times 10^{-6}} = \dfrac{5 \times 4}{0.2 \times 40 \times 10^{-3}} = \dfrac{20 \times 10^3}{8}$
  $= 2\,500 = 5^2 \times 10^2$ 倍

したがって，電力利得 G_P は

$G_P = 10 \log_{10} A_P = 10 \log_{10}(5^2 \times 10^2) = 10 (\log_{10} 5^2 + \log_{10} 10^2)$
  $= 10 (2 \log_{10} 5 + 2 \log_{10} 10) = 10 (2 \times 0.699 + 2 \times 1)$
 （∵ $\log_{10} 5 = 0.699$，$\log_{10} 10 = 1$）
  $= 10 \times 3.398 \fallingdotseq 34 \text{ dB}$

問 3 **解図4·2**(a) より
  $V_{CC} = I_C R_C + V_{CE}$ ……①

第 4 章　**225**

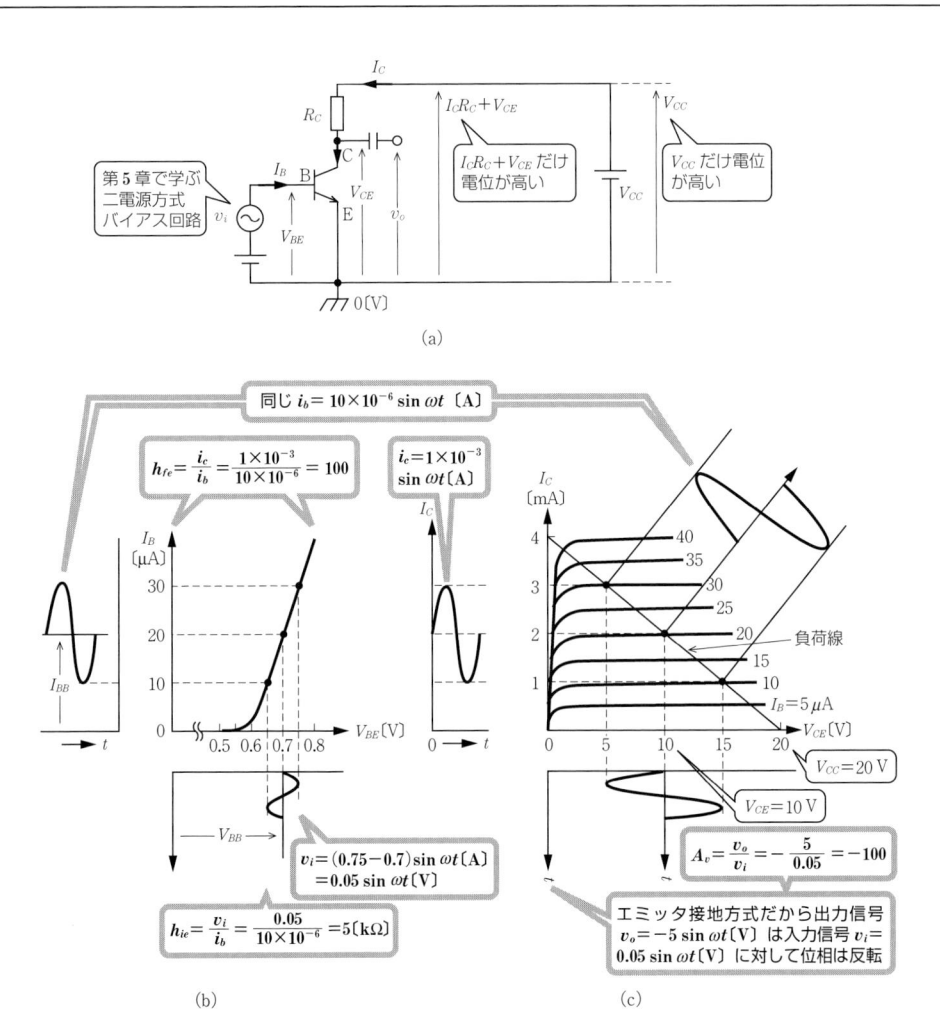

(a)

第5章で学ぶ二電源方式バイアス回路

$I_C R_C + V_{CE}$ だけ電位が高い

V_{CC} だけ電位が高い

0〔V〕

(b)

同じ $i_b = 10 \times 10^{-6} \sin \omega t$ 〔A〕

$h_{fe} = \dfrac{i_c}{i_b} = \dfrac{1 \times 10^{-3}}{10 \times 10^{-6}} = 100$

$i_c = 1 \times 10^{-3} \sin \omega t$〔A〕

$v_i = (0.75 - 0.7)\sin \omega t$〔A〕
$= 0.05 \sin \omega t$〔V〕

$h_{ie} = \dfrac{v_i}{i_b} = \dfrac{0.05}{10 \times 10^{-6}} = 5$〔kΩ〕

(c)

負荷線

$I_B = 5\,\mu A$

$V_{CC} = 20\,V$

$V_{CE} = 10\,V$

$A_v = \dfrac{v_o}{v_i} = -\dfrac{5}{0.05} = -100$

エミッタ接地方式だから出力信号 $v_o = -5 \sin \omega t$〔V〕は入力信号 $v_i = 0.05 \sin \omega t$〔V〕に対して位相は反転

解図 4・2

が成り立つ．

式①に

$V_{CC} = 20\,V, \quad V_{CE} = 10\,V, \quad I_C = 2\,mA = 2 \times 10^{-3}\,A$ ……②

を代入すると

$20 = 2 \times 10^{-3} \times R_C + 10$ ……③

式③より

$$R_C = \frac{10}{2 \times 10^{-3}} = 5 \times 10^3 \, \Omega = 5 \, \text{k}\Omega$$

となる．

(b)，(c) の特性図より

$V_{CC} = 20 \, \text{V}$ ……①　　$R_C = 5 \, \text{k}\Omega$ ……②　　$v_i = 0.05 \sin \omega t \, [\text{V}]$ ……③

バイアス ……④　　$V_{BB} = 0.7 \, \text{V}$ ……⑤　　入力または V_{BE}-I_B ……⑥

出力または V_{CE}-I_C ……⑦　　　　　　　　　　負荷線 ……⑧

動作点 ……⑨　　　　I_B は $20 \, \mu\text{A}$ ……⑩　　I_C は $2 \, \text{mA}$ ……⑪

コレクタ・エミッタ間電圧 V_{CE} は $10 \, \text{V}$ ……⑫

直流分 ……⑬　　　　出力信号電圧 $v_o = 5 \, \text{V}$ ……⑭

電圧増幅度 $A_v = \dfrac{v_o}{v_i} = -\dfrac{5}{0.05} = -100$ ……⑮

なお，解図 4・2 には h_{ie}，h_{fe} の算出結果を示している．

第5章

問 1　$I_B = \dfrac{I_C}{h_{FB}} = \dfrac{2 \times 10^{-3}}{160} \, \text{A} = 0.0125 \times 10^{-3} \, \text{A} = 12.5 \times 10^{-3} \times 10^{-3} = 12.5 \, \mu\text{A}$

解図 5・1 の固定バイアス回路より，

$V_{CC} = V_{RB} + V_{BE}, \quad V_{RB} = V_{CC} - V_{BE} \quad \longrightarrow \quad R_B \times I_B = V_{CC} - V_{BE}$

$R_B = \dfrac{V_{CC} - V_{BE}}{I_B} = \dfrac{10 - 0.7}{12.5 \times 10^{-6}} = 0.744 \times 10^6 \, \Omega = 744 \times 10^3 \, \Omega = 744 \, \text{k}\Omega$

同じく，解図 5・1 より

$R_C \times I_C = V_{CC} - V_{CE} \quad \longrightarrow$

$R_C = \dfrac{V_{CC} - V_{CE}}{I_C} = \dfrac{10 - 5}{2 \times 10^{-3}} = \dfrac{5}{2} \times 10^3 \, \Omega = 2.5 \times 10^3 \, \Omega = 2.5 \, \text{k}\Omega$

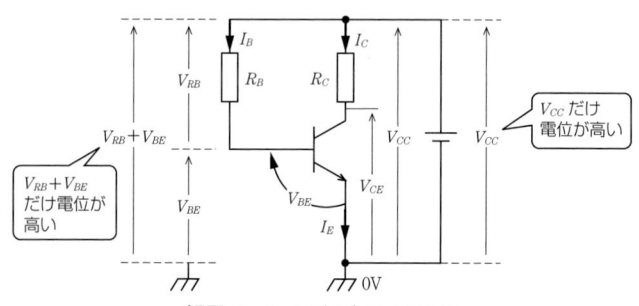

解図 5・1　固定バイアス回路

問 2 $I_B = \dfrac{I_C}{h_{FE}} = \dfrac{2.4 \times 10^{-3} \text{ A}}{120} = 2 \times 10^{-2} \times 10^{-3} \text{ A} = 20 \times 10^{-6} \text{ A} = 20 \ \mu\text{A}$

解図 **5・2** の自己バイアス回路より I_B を考慮しないとき

$V_{CC} = R_C \times I_C + R_B \times I_B + V_{BE}$ から

$R_B \times I_B = V_{CC} - R_C \times I_C - V_{BE}$

$R_B = \dfrac{V_{CC} - R_C I_C - V_{BE}}{I_B} = \dfrac{12 - 2 \times 10^3 \times 2.4 \times 10^{-3} - 0.7}{20 \times 10^{-6}} = \dfrac{12 - 2 \times 2.4 - 0.7}{20 \times 10^{-6}}$

$= \dfrac{6.5}{2 \times 10^{-5}} = 3.25 \times 10^5 \ \Omega = 325 \text{ k}\Omega$

I_B を考慮したとき，自己バイアス回路の $V_{CC} = R_C(I_C + I_B) + R_B \times I_B + V_{BE}$ から

$R_B = \dfrac{V_{CC} - R_C(I_C + I_B) - V_{BE}}{I_B} = \dfrac{12 - 2 \times 10^3 (2.4 + 0.02) \times 10^{-3} - 0.7}{20 \times 10^{-6}}$

$= \dfrac{12 - 2(2.4 + 0.02) - 0.7}{20 \times 10^{-6}} = \dfrac{12 - 4.84 - 0.7}{20 \times 10^{-6}} = \dfrac{6.46}{2 \times 10^{-5}} = 3.23 \times 10^5 \ \Omega$

$= 323 \text{ k}\Omega$

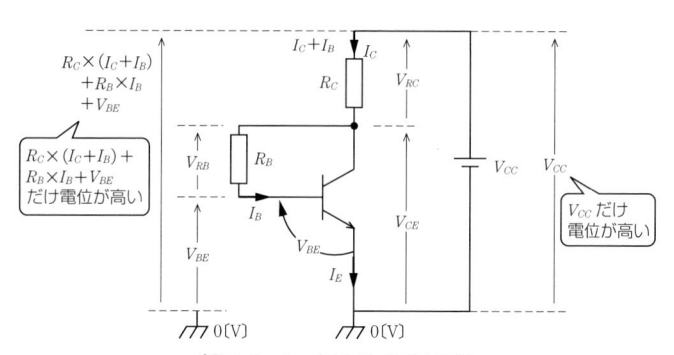

解図 5・2 自己バイアス回路

問 3 $I_B = \dfrac{I_C}{h_{FE}} = \dfrac{1 \times 10^{-3}}{100} \text{ A} = 1 \times 10^{-5} \text{ A} = 10 \times 10^{-6} \text{ A} = 10 \ \mu\text{A}$

$I_E \fallingdotseq I_C$ とすると，解図 **5・3** より

$R_E = \dfrac{V_E}{I_E} = \dfrac{0.1 \times V_{CC}}{I_C} = \dfrac{0.1 \times 12}{1 \times 10^{-3}} \ \Omega = 0.1 \times 12 \times 10^3 \ \Omega = 1.2 \text{ k}\Omega$

$I_{B2} = 20 I_B = 20 \times 10 \ \mu\text{A} = 200 \ \mu\text{A}$

$R_{B2} = \dfrac{V_{RB2}}{I_{B2}} = \dfrac{V_E + V_{BE}}{I_{B2}}$

$$= \frac{0.1 V_{CC} + V_{BE}}{20 I_B}$$

$$= \frac{1.2 + 0.7}{20 \times 10 \times 10^{-6}} = \frac{1.9 \times 10^6}{200} \, \Omega$$

$$= \frac{1.9 \times 10^3}{200} \times 10^3 \, \Omega = 9.5 \times 10^3 \, \Omega$$

$$= 9.5 \, \text{k}\Omega$$

$$R_{B1} = \frac{V_{CC} - V_{RB2}}{I_{B2} + I_B} = \frac{V_{CC} - V_E - V_{BE}}{20 \times I_B + I_B}$$

$$= \frac{V_{CC} - V_E - V_{BE}}{21 \times I_B}$$

$$= \frac{12 - 0.1 \times 12 - 0.7}{21 \times 10 \times 10^{-6}} \, \Omega$$

$$= \frac{10.1}{2.1 \times 10^{-4}} \, \Omega \fallingdotseq 4.8 \times 10^4 \, \Omega = 48 \times 10^3 \, \Omega = 48 \, \text{k}\Omega$$

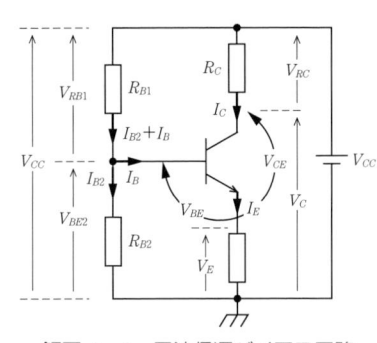

解図 5・3 電流帰還バイアス回路

図より $V_{CC} = V_{RC} + V_C$ から

$$V_{RC} = V_{CC} - V_C = V_{CC} - V_{CE} - V_E \quad (\because V_C = V_{CE} + V_E)$$

$$= 12 - \frac{1}{2} \times 12 - 0.1 \times 12 = 4.8 \, \text{V}$$

$$R_C = \frac{V_{RC}}{I_C} = \frac{4.8}{1 \times 10^{-3}} \, \Omega = 4.8 \times 10^3 \, \Omega = 4.8 \, \text{k}\Omega$$

問 4 題意により，$V_{CC} = 12 \, \text{V}$，$R_{DC} = 1.5 \times 10^3 \, \Omega$

$$V_{CE} = V_{CC} - I_C \times R_{DC} = 12 - I_C \times 10^{-3} \times 1.5 \times 10^3 = 12 - I_C \times 1.5$$

$$I_C \times 1.5 = 12 - V_{CE} \longrightarrow I_C = \frac{12}{1.5} - \frac{1}{1.5} V_{CE} = 8 - \frac{1}{1.5} V_{CE} \quad \cdots\cdots ①$$

式①より**解図 5・4**(b) の出力特性に直流負荷線 AB が描け，動作点 P が求まり，$I_B = 20 \, \mu\text{A}$，$I_C = 4 \, \text{mA}$，$V_{CE} = 6 \, \text{V}$ を，また図(a) の入力特性から $V_{BE} =$

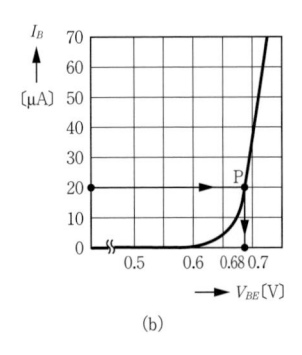

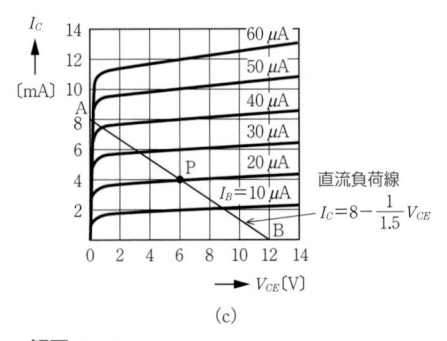

解図 5・4

0.68 V を読み取ることができる．
題意により
$V_E = 0.1 \times V_{CC} = 0.1 \times 12 = 1.2$ V，
$I_{B2} = 10 I_B = 10 \times 20\ \mu\text{A} = 200\ \mu\text{A}$
となる．したがって**解図 5・5** の電流帰還バイアス回路を参考にすると
$R_{B2} = \dfrac{V_{RB2}}{I_{B2}} = \dfrac{V_E + V_{BE}}{I_{B2}} = \dfrac{1.2 + 0.68}{200 \times 10^{-6}}\ \Omega$
$= \dfrac{1.2 + 0.68}{0.2 \times 10^{-3}} = \dfrac{1.88 \times 10^3}{0.2}$
$= 9.4 \times 10^3\ \Omega = 9.4\ \text{k}\Omega$

$R_{B1} = \dfrac{V_{CC} - V_{RB2}}{I_{B2} + I_B} = \dfrac{V_{CC} - (V_E + V_{BE})}{I_{B2} + I_B} = \dfrac{12 - (1.2 + 0.68)}{(0.2 + 0.02) \times 10^{-3}} = \dfrac{10.12}{0.22} \times 10^3\ \Omega$
$= 46 \times 10^3\ \Omega = 46\ \text{k}\Omega$

$R_E = \dfrac{V_E}{I_E} = \dfrac{V_E}{I_B + I_C} = \dfrac{1.2}{(0.02 + 4) \times 10^{-3}} \fallingdotseq 0.3 \times 10^3\ \Omega = 300\ \Omega$

$R_C = \dfrac{V_{RC}}{I_C} = \dfrac{V_{CC} - (V_{CE} - V_E)}{I_C} = \dfrac{12 - (6 + 1.2)}{4 \times 10^{-3}} = \dfrac{4.8}{4} \times 10^3$
$= 1.2 \times 10^3\ \Omega = 1.2\ \text{k}\Omega$

または
$R_C = R_{DC} - R_E = 1.5\ \text{k}\Omega - 0.3\ \text{k}\Omega = 1.2\ \text{k}\Omega$ となる．

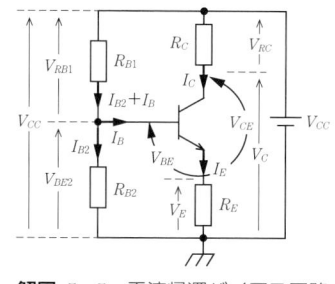

解図 5・5 電流帰還バイアス回路

問 5 (1) $V_{CE} = V_{CC} - R_{DC} I_C$ ……①
直流負荷線は**解図 5・6**(b) のようになり，I_C が 0 のときの V_{CE} が 9 V であるので，電源電圧 $V_{CC} = 9$ V となる．
(2) 式①より

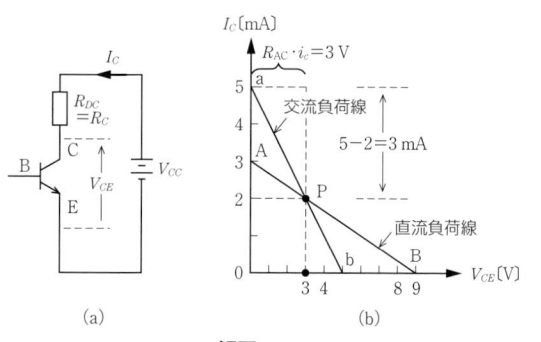

解図 5・6

$$I_C = \frac{1}{R_{DC}} V_{CC} - \frac{1}{R_{DC}} V_{CE} \quad \cdots\cdots ②$$

図(b) より

V_{CE} が 0 のときの I_C は $I_C = 3\,\text{mA} = 3 \times 10^{-3}\,\text{A}$ であるから，

$V_{CC} = 9\,\text{V}$，$V_{CE} = 0$，$I_C = 3 \times 10^{-3}\,\text{A}$ を式②に代入すると

$$3 \times 10^{-3} = \frac{9}{R_{DC}} \longrightarrow R_{DC} = 3 \times 10^3\,\Omega = 3\,\text{k}\Omega \text{ となる．}$$

(3) 図(b) より $i_c = 5 - 2 = 3\,\text{mA}$ のときの $R_{AC} \cdot i_c = 3\,\text{V}$ であるから $R_{AC} = \dfrac{3}{3 \times 10^{-3}} = 1\,000\,\Omega = 1\,\text{k}\Omega$ となる．

(4) 入力信号が 0 のときのトランジスタは動作点 P の位置で動作する．したがって，$I_C = 2\,\text{mA}$

(5) 点 P の値となるので，$V_{CE} = 3\,\text{V}$

第 6 章

問 1 図 6・26 より $V_{CE} = 6\,\text{V}$ における電流増幅率 $\beta(h_{fe})$ は次のようにして求める．

$V_{CE} = 6\,\text{V}$，$I_B = 40\,\mu\text{A}$ のときは $I_C = 4\,\text{mA}$

$V_{CE} = 6\,\text{V}$，$I_B{'} = 60\,\mu\text{A}$ のときは $I_C{'} = 6\,\text{mA}$

したがって

$$\beta(h_{fe}) = \frac{\Delta I_C}{\Delta I_B} = \frac{I_C{'} - I_C}{I_B{'} - I_B} = \frac{(6-4) \times 10^{-3}}{(60-40) \times 10^{-6}} = 100$$

一方，出力抵抗 r_0 は，同じ I_B の下で，図より次の 2 点が読み取れる．

$I_B = 40\,\mu\text{A}$，$V_{CE} = 6\,\text{V}$ のときは $I_C = 4\,\text{mA}$

$I_B = 40\,\mu\text{A}$，$V_{CE}{'} = 4\,\text{V}$ のときは $I_C{'} = 3.8\,\text{mA}$

したがって，式 (3・17)，(3・17)′ より

$$r_0 = \frac{\Delta V_{CE}}{\Delta I_C} = \frac{V_{CE} - V_{CE}{'}}{I_C - I_C{'}} = \frac{6-4}{(4-3.8) \times 10^{-3}} = \frac{2}{0.2 \times 10^{-3}} = \frac{2 \times 10^3}{0.2}$$

$$= 10\,000\,\Omega = 10\,\text{k}\Omega$$

問 2 C_E および結合コンデンサ C_1，C_2 の容量を大きな値にすると，増幅しようとする信号の周波数についてのリアクタンスは十分に小さい値となり，コンデンサ C_E，C_1，C_2 は交流に対して短絡とみなされる．したがって，交流分についてだけの回路は**解図 6・1**(a) のように描ける．

トランジスタの部分を h 定数の等価回路で表すと図(b) のようになり，さらに，トランジスタの帰還電圧 $h_{re}v_o$ は $h_{ie}i_b$ に比べてきわめて小さいので省略すると図(c) の等価回路となる．

図(c) の等価回路の入力端子における R_i (入力抵抗または入力インピーダン

(a) 交流回路

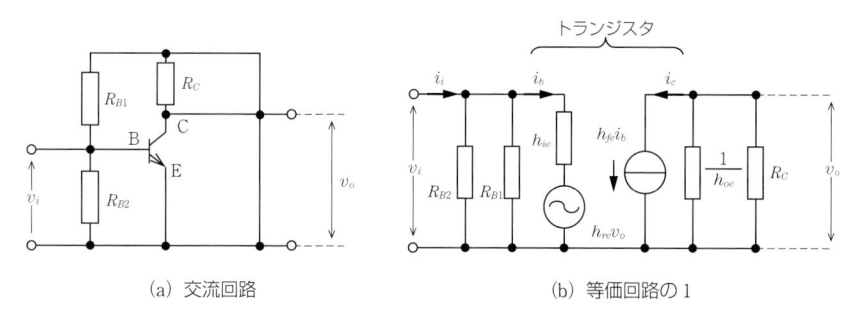

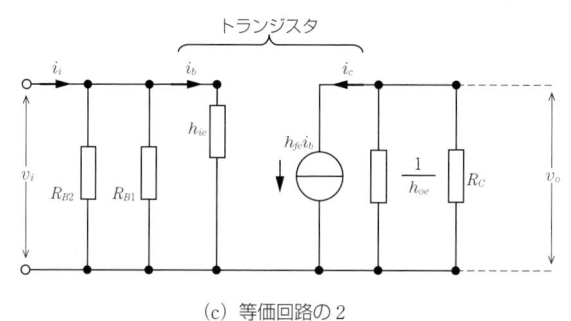

(b) 等価回路の1

(c) 等価回路の2

解図 6・1

ス）は

$$R_i = \cfrac{1}{\cfrac{1}{R_{B2}} + \cfrac{1}{R_{B1}} + \cfrac{1}{h_{ie}}} = \cfrac{1}{\left(\cfrac{1}{10} + \cfrac{1}{5} + \cfrac{1}{2}\right)10^{-3}} = 1.25 \times 10^3 \text{ Ω} = 1.25 \text{ kΩ}$$

図(c)の出力端子から増幅回路を見た R_o（出力抵抗または出力インピーダンス）は

$$R_o = \cfrac{1}{\cfrac{1}{R_C} + \cfrac{1}{\cfrac{1}{h_{oe}}}} = \cfrac{1}{\cfrac{1}{R_C} + h_{oe}} = \cfrac{1}{\cfrac{1}{4 \times 10^3} + 10 \times 10^{-6}} \fallingdotseq 3.85 \times 10^3 \text{ Ω} = 3.85 \text{ kΩ}$$

問 3 (1) $\dfrac{R_1 R_2}{R_1 + R_2}$ (2) $\dfrac{h_{ie} R_1 R_2}{R_1 R_2 + h_{ie}(R_1 + R_2)}$ (3) $\dfrac{h_{fe} R_L R_c}{h_{ie}(R_L + R_c)}$

(4) $\dfrac{\{(1 + h_{fe}) R_e + h_{ie}\} R_1 R_2}{[R_1 R_2 + \{(1 + h_{fe}) R_e + h_{ie}\}(R_1 + R_2)]}$

(5) $\dfrac{h_{fe} R_L R_c}{\{h_{ie} + (1 + h_{fe}) R_e\}(R_L + R_c)}$

a. C_e がある場合

(1) 直流等価回路

直流電流は，抵抗とトランジスタにだけ流れると考えると，**解図6・2**のようになる．

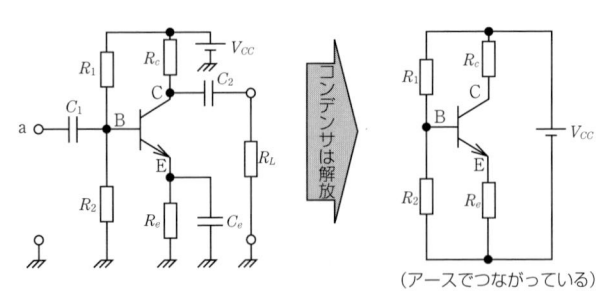

解図 6・2 直流等価回路

(2) 交流等価回路

コンデンサと電源は交流的に短絡と考えると，**解図6・3**(a) の回路が得られ，またh定数を用いると，図(b) の回路が得られ，さらにh定数のうち，h_{re}，h_{oe}を無視すると，図(c) の簡易等価回路が得られる．

等価バイアス抵抗R_bは，図(b) より，トランジスタのベースに接続されている抵抗R_1とR_2の並列合成抵抗であるから

$$R_b = \frac{R_1 R_2}{R_1 + R_2} \quad \cdots\cdots ①$$

となる．また，この増幅回路の入力インピーダンスZ_{in}は図(c) より，等価バイアス抵抗R_bとh_{ie}の並列合成されたものであるから

$$Z_{in} = \frac{R_b h_{ie}}{R_b + h_{ie}} = \frac{\frac{R_1 R_2}{R_1 + R_2} \times h_{ie}}{\frac{R_1 R_2}{R_1 + R_2} + h_{ie}} = \frac{h_{ie} R_1 R_2}{R_1 R_2 + h_{ie}(R_1 + R_2)} \quad \cdots\cdots ②$$

となる．次に，電圧増幅度は，図(c) より

$$\left.\begin{array}{l} e_{in} = i_b h_{ie} \\ e_{out} = -\dfrac{R_L R_C}{R_L + R_C} i_c \end{array}\right\} \quad \cdots\cdots ③$$

式③より

$$A_v = \left|\frac{e_{out}}{e_{in}}\right| = \left|\frac{-\dfrac{R_L R_C}{R_L + R_C} i_c}{i_b h_{ie}}\right| = \left|\frac{-\dfrac{R_L R_C}{R_L + R_C} h_{fe} i_b}{i_b h_{ie}}\right| = \frac{h_{fe} R_L R_C}{h_{ie}(R_L + R_C)} \quad \cdots\cdots ③'$$

となる．

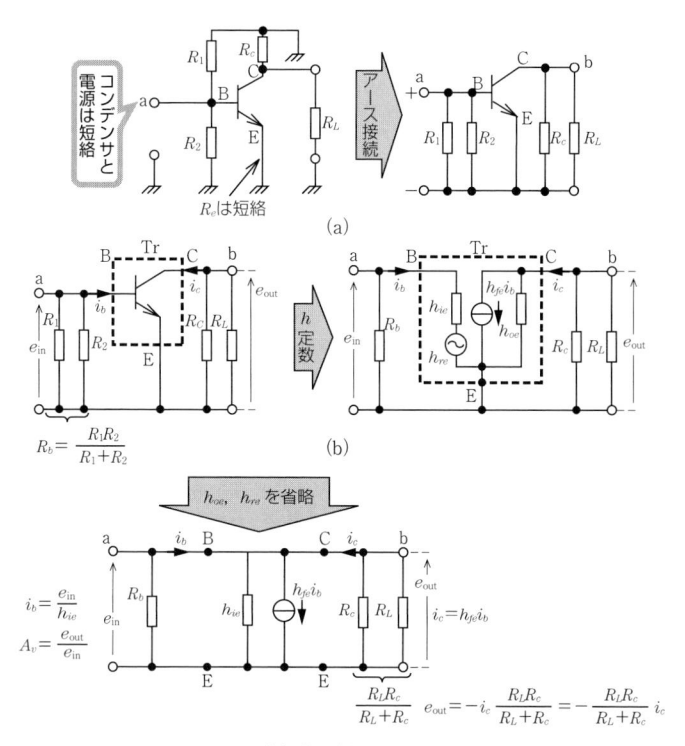

(a) コンデンサと電源は短絡 / アース接続 / R_e は短絡

(b) $R_b = \dfrac{R_1 R_2}{R_1 + R_2}$ / h 定数

(c) 簡易等価回路

h_{oe}, h_{re} を省略

$i_b = \dfrac{e_{\text{in}}}{h_{ie}}$

$A_v = \dfrac{e_{\text{out}}}{e_{\text{in}}}$

$\dfrac{R_L R_c}{R_L + R_c}$　$e_{\text{out}} = -i_c \dfrac{R_L R_c}{R_L + R_c} = -\dfrac{R_L R_c}{R_L + R_c} i_c$

解図 6・3

b. C_e がない場合

等価回路は，**解図 6・4** のように，エミッタ抵抗 R_e には，$i_b + h_{fe} i_b = (1 + h_{fe}) i_b$ の電流が流れる．

したがって，

$e_{\text{in}} = h_{ie} i_b + (1 + h_{fe}) R_e i_b$ ……④

となる．このとき，トランジスタのベース端子からトランジスタ側を見たインピーダンスは

$\dfrac{e_{\text{in}}}{i_b} = h_{ie} + (1 + h_{fe}) R_e$ ……④′

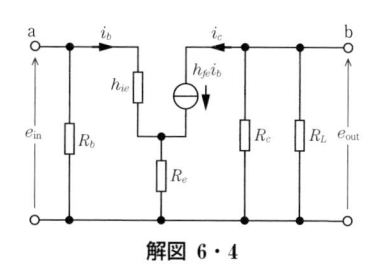

解図 6・4

となる．これとバイアス抵抗 R_b の並列接続されたものが，この回路の入力イ

ンピーダンス Z_{in}' となるので,

$$Z_{\text{in}}' = \frac{R_b\{h_{ie}+(1+h_{fe})R_e\}}{R_b+h_{ie}+(1+h_{fe})R_e} = \frac{\frac{R_1R_2}{R_1+R_2}\{h_{ie}+(1+h_{fe})R_e\}}{\frac{R_1R_2}{R_1+R_2}+h_{ie}+(1+h_{fi})R_e}$$

$$= \frac{R_1R_2\{h_{ie}+(1+h_{fe})R_e\}}{R_1R_2+R_2\{h_{ie}+(1+h_{fe})R_e\}+R_1\{h_{ie}+(1+h_{fe})R_e\}} \quad \cdots\cdots ⑤$$

この場合の出力電圧 e_{out} は,

$$e_{\text{out}} = -\frac{R_cR_L}{R_c+R_L}h_{fe}i_b \quad \cdots\cdots ⑥$$

式④, ⑥より, 電圧増幅度 A_v' は

$$A_v' = \left|\frac{-\frac{R_cR_L}{R_c+R_L}h_{fe}i_b}{\{h_{ie}+(1+h_{fe})R_e\}i_b}\right| = \frac{h_{fe}R_cR_L}{\{h_{ie}+(1+h_{fe})R_e\}(R_c+R_L)} \quad \cdots\cdots ⑦$$

となる.

問 4 解図 6・5(a) の中域等価回路より

$$R_{L1} = R_{C1} /\!/ R_{A2} /\!/ R_{A1} /\!/ h_{ie2} = 100 /\!/ 15 /\!/ 47 /\!/ 4.3$$

$$= \frac{1}{\frac{1}{100}+\frac{1}{15}+\frac{1}{47}+\frac{1}{4.3}} \times 10^3 \fallingdotseq 3.0 \times 10^3 \, \Omega = 3.0 \text{ k}\Omega$$

1段目の増幅度 $A_{v1} = -\dfrac{h_{fe}R_{L1}}{h_{ie1}} = -140 \times 3.0/90 \fallingdotseq -4.7$ 倍(約 13 dB)

2段目の増幅度 $A_{v2} = -\dfrac{h_{fe}R_{L2}}{h_{ie2}} = -\dfrac{140\times3}{4.3} \fallingdotseq -97.7$ 倍(約 40 dB)

したがって, 全体の増幅度 A_v は

$$A_v = \frac{v_o}{v_1} = A_{v1} \times A_{v2} = 4.7 \times 97.7 \fallingdotseq 460 \text{ 倍}$$

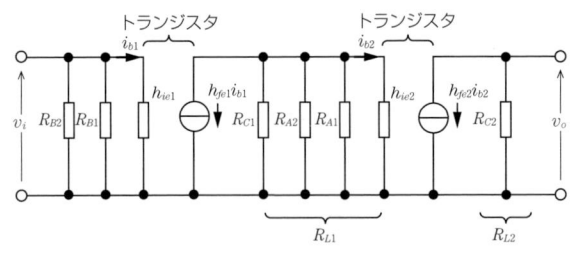

解図 6・5 中域等価回路

問 5 (1) 2.00 (2) 0.607 (3) 1.90 (4) 1.39 (5) 0.557

解図 6·6 のように，電源電圧 V_{CC} を抵抗 R_A と R_B で分圧した電圧 V_{RA} と，エミッタ回路に挿入した抵抗 R_E による電圧降下 V_{RE} とによって，バイアス電圧 V_{BE} を得る回路を電流帰還バイアス回路と呼ぶ．バイアス電圧 V_{BE} は $V_{BE} = V_{RA} - V_{RE}$

トランジスタに流れる I_E，I_C，I_B と，外側の R_B，R_A を流れる I_A がある．ここで，I_A は増幅作用には直接関係しない．

(1) 動作点が問題の図 6·36 の点 A の直流負荷線を求める．解図 6·6(a) より

$$V_{CE} = V_{CC} - V_{RC} - V_{RE} \quad \cdots\cdots ①$$

$$\left. \begin{array}{l} V_{RC} = R_L I_C \\ V_{RE} = R_E I_E \\ I_E = I_C + I_B \fallingdotseq I_C \quad (\because \ I_C \gg I_B) \end{array} \right\} \cdots\cdots ②$$

式②を用いると，式①は

$$V_{CE} = V_{CC} - R_L I_C - R_E(I_C + I_B) \fallingdotseq V_{CC} - R_L I_C - R_E I_C$$
$$= V_{CC} - (R_L + R_E) I_C \quad \cdots\cdots ③$$

題意により，$V_{CC} = 10 \text{ V}$ であるから，$I_C = 0 \text{ mA}$ の V_{CE} の値は

$$V_{CE} = 10 - (R_L + R_E) \times 0 = 10 \text{ V}$$

となり，図(b) の点 P が求まる．問題の図 6·36 の動作点 A は，$V_{CE} = 6 \text{ V}$，$I_C = 2 \text{ mA}$ となるから式③より

$$6 = 10 - (R_L + R_E) \times 2 \times 10^{-3} \longrightarrow R_L + R_E = \frac{4}{2 \times 10^{-3}} = 2 \times 10^3 \text{ Ω} \quad \cdots\cdots ④$$

式④を式③に代入して，$V_{CE} = 0$ となる I_C の値を求めると

$$0 = 10 - 2 \times 10^3 \times I_C \longrightarrow I_C = \frac{10}{2 \times 10^3} = 5 \times 10^{-3} \text{ A} = 5 \text{ mA}$$

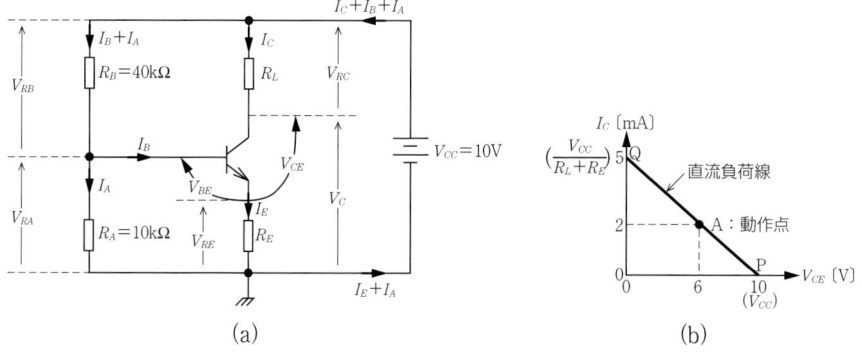

(a) (b)

解図 6・6

となる．$V_{CE}=0$，$I_C=5\,\mathrm{mA}$ の点が点 Q である．点 Q と点 P を結ぶ直線が直流負荷線である．

(2) 直流バイアス回路の電圧，電流を求める．電流 I_A，I_B は図(a)より

$$I_A=\frac{V_{RA}}{R_A}, \quad I_B+I_A=\frac{V_{RB}}{R_B}=\frac{V_{CC}-V_{RA}}{R_B} \text{から}$$

$$I_B+\frac{V_{RA}}{R_A}=\frac{V_{CC}-V_{RA}}{R_B} \quad \cdots\cdots ⑤$$

式⑤の両辺に $R_A R_B$ を乗じると $R_A R_B I_B + R_B V_{RA} = R_A(V_{CC}-V_{RA})$

$(R_A+R_B)V_{RA}=R_A V_{CC}-R_A R_B I_B=R_A(V_{CC}-R_B I_B) \quad \cdots\cdots ⑥$

式⑥より

$$V_{RA}=\frac{R_A(V_{CC}-R_B I_B)}{R_A+R_B} \quad \cdots\cdots ⑦$$

式⑦に題意の $V_{CC}=10\,\mathrm{V}$，$R_A=10\times10^3\,\Omega$，$R_B=40\times10^3\,\Omega$，$V_{BE}=0.7\,\mathrm{V}$，$I_C=2\times10^{-3}\,\mathrm{A}$，$I_B=10\times10^{-6}\,\mathrm{A}$ を代入すると

$$V_{RA}=\frac{10\times10^3\times(10-40\times10^3\times10\times10^{-6})}{10\times10^3+40\times10^3}=1.92\,\mathrm{V}$$

また，$V_{RA}=V_{RE}+V_{BE}$ から $V_{RE}=V_{RA}-V_{BE}=1.92-0.7=1.22\,\mathrm{V}$

したがって，抵抗 R_E は，$I_E=I_B+I_C$ より

$$R_E=\frac{V_{RE}}{I_E}=\frac{V_{RE}}{I_B+I_C}=\frac{1.22}{10\times10^{-6}+2\times10^{-3}}=0.607\times10^3\,\Omega=0.607\,\mathrm{k\Omega}$$

(3)，(4)，(5) エミッタ接地での h 定数（h_{ie}：入力インピーダンス〔Ω〕，h_{re}：電圧帰還率，h_{fe}：電流増幅率，h_{oe}：出力アドミタンス〔S〕を用いると

$$v_{be}=h_{ie}\cdot i_b+h_{re}\cdot v_{ce}, \quad i_c=h_{fe}\cdot i_b+h_{oe}\cdot v_{ce}$$

となる（**解図 6・7**(a)）．実際には v_{ce} の項を省略化した問題の図 6・37 のような簡易等価回路が用いられ

$$\left.\begin{array}{l} v_{be}=h_{ie}\cdot i_b \\ i_c=h_{fe}\cdot i_b \end{array}\right\} \quad \cdots\cdots ⑧$$

さて，問題の図 6・35 の交流信号に対する等価回路を解図 6・7(b) に示す．交流信号に対しては，結合コンデンサ C_1，C_3 およびバイパスコンデンサ C_2 は短絡して考える．また，直流電源 V_{CC} もトランジスタの動作点を決めるもので交流信号（微小信号）の増幅特性には影響を及ぼさないので短絡している．題意の $h_{ie}=2.5\,\mathrm{k\Omega}$，$h_{fe}=200$，また，$R_A=10\,\mathrm{k\Omega}$，$R_B=40\,\mathrm{k\Omega}$ を代入する．解図 6・7(b) より，入力抵抗 R は，R_A と R_B，h_{ie} が並列になっているから

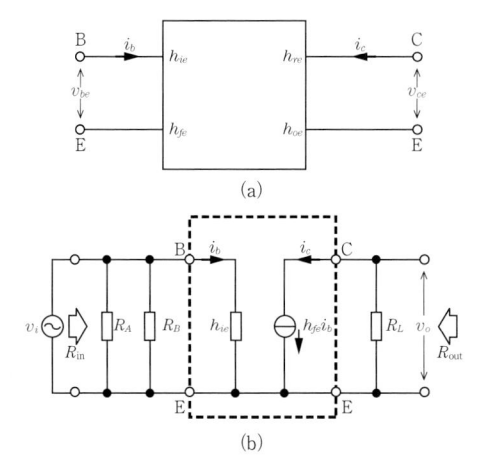

解図 6・7

$$R_\text{in} = \cfrac{1}{\cfrac{1}{R_A}+\cfrac{1}{R_B}+\cfrac{1}{h_\text{in}}} = \cfrac{1}{\cfrac{1}{10}+\cfrac{1}{40}+\cfrac{1}{2.5}} \times 10^3\ \Omega = 1.9047 \fallingdotseq 1.90\ \text{k}\Omega$$

出力抵抗 R_out は，解図 6・7(b) より R_L となり

$$\left.\begin{array}{l} R_L + R_E = 2\ \text{k}\Omega \\ R_E = 0.607\ \text{k}\Omega \end{array}\right\} \cdots\cdots ⑨$$

式⑨より
$R_L = 2 - 0.607 = 1.393\ \text{k}\Omega$

したがって，$R_\text{out} = R_L = 1.393 \fallingdotseq 1.39\ \text{k}\Omega$

入力電圧を v_i とすると，B-E 間の電圧 v_{be} から
$v_i = v_{be} = h_{ie} \cdot i_b$ ……⑩

出力電圧を v_o とすると，C-E 間の電圧から

$$\left.\begin{array}{l} i_c = h_{fe} \cdot i_b \\ v_o = R_L \cdot i_c = R_L \cdot h_{fe} \cdot i_b \end{array}\right\} \cdots\cdots ⑪$$

式⑩，⑪より，電圧増幅度 A_v は

$$A_v = \frac{v_o}{v_1} = \frac{R_L \cdot h_{fe} \cdot i_b}{h_{ie} \cdot i_b} = \frac{h_{fe}}{h_{ie}} \cdot R_L \quad \cdots\cdots ⑫$$

式⑫より

$$v_o = \frac{h_{fe} \cdot R_L \cdot v_i}{h_{ie}} \quad \cdots\cdots ⑬$$

式⑬に
$h_{ie} = 2.5\ \text{k}\Omega,\ \ h_{fe} = 200,\ \ R_L = 1.393\ \text{k}\Omega,\ \ v_i = 5\ \text{mV}$ を代入すると，

$$v_o = \frac{200 \times 1.393 \times 10^3 \times 5 \times 10^{-3}}{2.5 \times 10^3} = 0.5572 \fallingdotseq 0.557 \text{ V}$$

問 6 (1) $h_{ie} = 3000 \text{ }\Omega$ (2) $h_{re} = 0.6 \times 10^{-4}$
(3) $h_{fe} = 180$ (4) $h_{oe} = 6 \times 10^{-6} \text{ S}$

解図 6・8(a) のトランジスタの等価回路より，入・出力端の電圧，電流は次式で与えられる．

$$\left. \begin{array}{l} v_{be} = h_{ie} i_b + h_{re} v_{ce} \\ i_c = h_{fe} i_b + h_{oe} v_{ce} \end{array} \right\} \quad \cdots\cdots ①$$

図(b) の出力端短絡時の条件より，i_b は 2 kΩ の抵抗に $V_o = 20$ mV が加わっているから

$$i_b = \frac{V_o}{2\,000} = \frac{20 \times 10^{-3}}{2\,000} = 10^{-5} \text{ A} = 10^{-2} \times 10^{-3} \text{ A} = 10^{-2} \text{ mA} = 0.01 \text{ mA}$$

$v_{be} = V_1 = 30$ mV, $v_{ce} = 0$ mV

i_c は 10 Ω の抵抗に，$V_2 = 18$ mV が加わっているから

$$i_c = \frac{V_2}{10} = \frac{18 \times 10^{-3}}{10} = 1.8 \times 10^{-3} \text{ A} = 1.8 \text{ mA}$$

したがって

$$h_{ie} = \left(\frac{v_{be}}{i_b} \right)_{v_{ce}=0} = \frac{30 \times 10^{-3}}{0.01 \times 10^{-3}} = 3\,000 \text{ }\Omega$$

$$h_{fe} = \left(\frac{i_c}{i_b} \right)_{v_{ce}=0} = \frac{1.8 \times 10^{-3}}{0.01 \times 10^{-3}} = 180$$

解図 6・9 の入力端開放時の条件より，i_c は 200 Ω の抵抗に $V_5 = 2.4$ mV が加わっているから

$$i_c = \frac{V_5}{200} = \frac{2.4 \times 10^{-3}}{200} = 0.012 \text{ mA}$$

$v_{be} = V_3 = 0.12$ mV

$v_{ce} = V_4 = 2.0$ V $= 2\,000$ mV

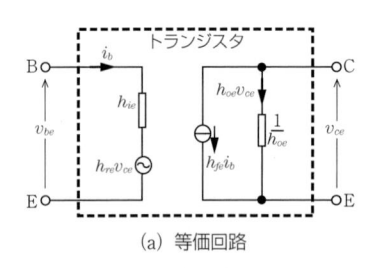

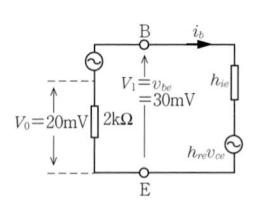

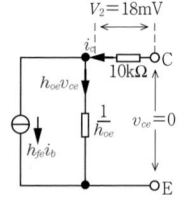

(a) 等価回路　　　　　(b) 出力端短絡回路

解図 6・8

したがって

$$h_{re} = \left(\frac{v_{be}}{v_{ce}}\right)_{i_b=0} = \frac{0.12 \times 10^{-3}}{2\,000 \times 10^{-3}}$$
$$= 0.6 \times 10^{-4}$$

$$h_{oe} = \left(\frac{i_c}{v_{ce}}\right)_{i_b=0} = \frac{0.012 \times 10^{-3}}{2\,000 \times 10^{-3}}$$
$$= 6 \times 10^{-6}\text{ S}$$

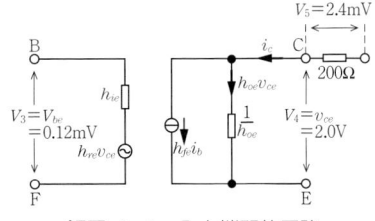

解図 6・9 入力端開放回路

第7章

問 1 (1) C_E があるときの等価回路は**解図 7・1**(a) のようになる．

$$R_{AL} = \frac{R_C R_l}{R_C + R_l} = \frac{2 \times 3}{2+3} = 1.2 \text{ k}\Omega$$

したがって，電圧増幅度 A_v は $A_v = -\dfrac{h_{fe} R_{AL}}{h_{ie}} = -\dfrac{120 \times 1.2}{1} = -144$

(2) C_E がないときの等価回路は図(b) のようになり，このときの電圧増幅度 A_{vf} は式 (7・21) より

$$A_{vf} = -\frac{h_{fe} R_{AL}}{h_{ie} + R_E h_{fe}} = -\frac{120 \times 1.2}{1 + 0.1 \times 120} = -11$$

(3) 式 (7・22) より $\beta = \dfrac{R_E}{R_{AL}}$

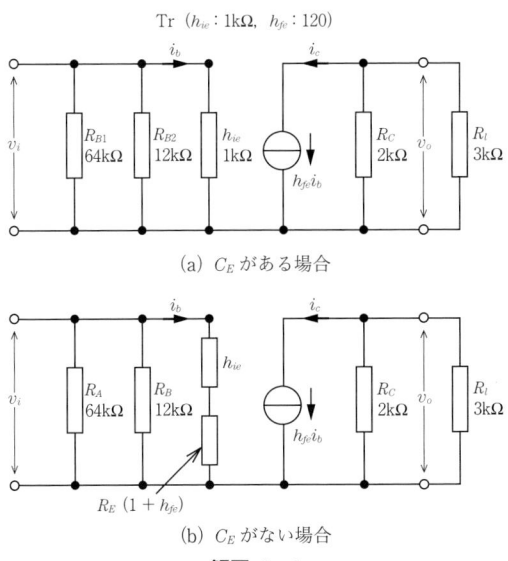

(a) C_E がある場合

(b) C_E がない場合

解図 7・1

$R_E = 100\ \Omega = 0.1\ \text{k}\Omega$

$R_{AL} = R_C \mathbin{/\mkern-5mu/} R_l = \dfrac{1}{\dfrac{1}{2\times 10^3} + \dfrac{1}{3\times 10^3}} = \dfrac{6}{5}\times 10^3\ \Omega = 1.2\ \text{k}\Omega$

$\beta = \dfrac{0.1}{1.2} = 0.083$

問 2 解図 7・2(b) は図(a) の中域における等価回路である.

(1) 負帰還をかけない場合（C_E を接続した場合）の電圧増幅度

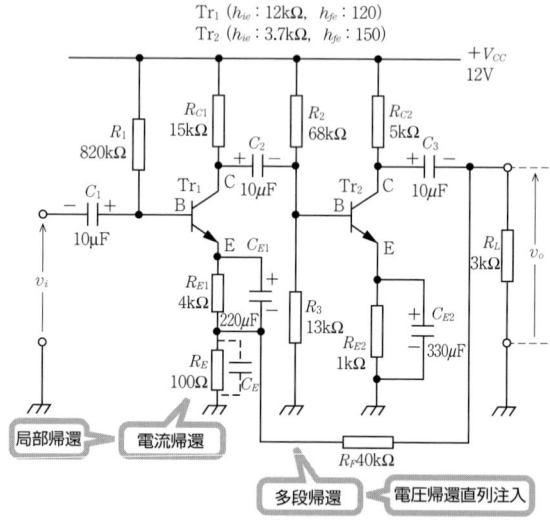

(a) 2段 CR 結合増幅回路による二重負帰還増幅回路

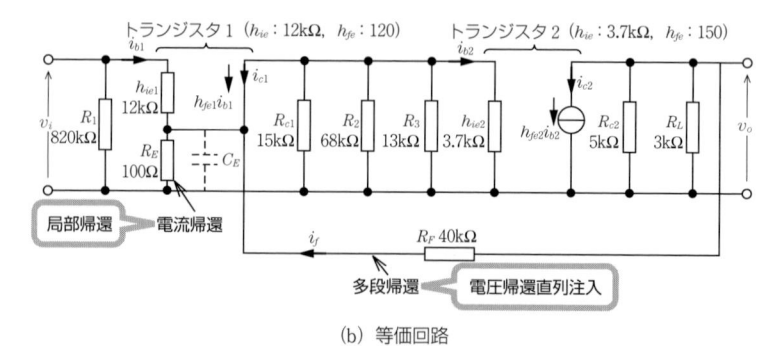

(b) 等価回路

解図 7・2　2段 CR 結合増幅回路による二重負帰還増幅回路

図(b) より，Tr_1 の負荷抵抗 R_{AL1} は

$$R_{AL1} = \frac{1}{\frac{1}{R_{C1}} + \frac{1}{R_2} + \frac{1}{R_3} + \frac{1}{h_{ie1}}} = \frac{1}{\frac{1}{15} + \frac{1}{68} + \frac{1}{13} + \frac{1}{3.7}} \times 10^3 \, \Omega \fallingdotseq 2.3 \, k\Omega$$

エミッタ抵抗 R_E による負帰還がかかっていないときの1段目の増幅度 A_{v1} は

$$A_{v1} = -\frac{h_{fe1} \times R_{AL1}}{h_{ie1}} = -\frac{120 \times 2.3 \times 10^3}{12 \times 10^3} \fallingdotseq -23.0 \, 倍$$

となる．図(b) より，Tr_2 の負荷抵抗 R_{AL2} は

$$R_{AL2} = \frac{1}{\frac{1}{R_{C2}} + \frac{1}{R_L}} = \frac{1}{\frac{1}{5} + \frac{1}{3}} \times 10^3 \, \Omega \fallingdotseq 1.88 \, k\Omega$$

となる．したがって，2段目の電圧増幅度 A_{v2} は

$$A_{v2} = -\frac{h_{fe2} \times R_{AL2}}{h_{ie2}} = -\frac{150 \times 1.88 \times 10^3}{3.7 \times 10^3} = -76.2 \, 倍$$

となるから，全体の電圧増幅度 A_v は

$$A_v = A_{v1} \times A_{v2} = -23 \times -76.2 \fallingdotseq 1753 \, 倍$$

負帰還をかける場合は

① $R_E = 100 \, \Omega$ による電流帰還直列注入だけの局部帰還のときの全体の増幅度 A_{vf1} を求める．

② この局部帰還に，さらに $R_F = 40 \, k\Omega$ による電圧帰還直列注入の多段帰還がかかる．したがって，以下の (2)，(3) のように求めればよい．

(2) 局部帰還だけのとき

R_E による電流帰還直列注入だけのときには，Tr_1 の負荷抵抗 R_{AL1} は $R_{AL1} \fallingdotseq 2.3 \, k\Omega$ であったから，局部帰還の帰還率 β_1 は式 (7・22) より

$$\beta_1 = \frac{R_E}{R_{AL1}} = \frac{100}{2.3 \times 10^3} \fallingdotseq 0.043$$

無帰還のときの Tr_1 による1段目の増幅度 A_{v1} は $A_{v1} = -23$ であったから局部帰還をかけたときの増幅度 A_{v1f} は，出力信号が入力信号に対して逆転するときの負帰還増幅度 A_{vf} を用いればよいから，式 (7・21) より

$$A_{v1f} = \frac{A_{v1}}{1 - \beta_1 A_{v1}} = \frac{-23}{1 - 0.043 \times (-23)} = -11.6$$

さらに2段目の増幅度 $A_{v2} = -76.2$ であったから，全体の増幅度 A_{vf1} は

$$A_{vf1} = A_{v1f} \times A_{v2} = -11.6 \times -76.2 \fallingdotseq 883.9$$

入力抵抗 R_{if1}' は式 (7・26) より

$$R_{if1}' = h_{ie1}(1 - \beta_1 A_{v1}) = 3.5(1 - 0.043 \times -23) \times 10^3 \, \Omega \fallingdotseq 69.6 \, k\Omega$$

増幅回路の入力抵抗 R_{if1} はさらに R_1 が並列に加わる．

(3) さらに多段増幅をかけたとき

出力電圧 v_o は入力電圧 v_i に比べて十分大きいから，帰還電圧 v_f は，R_F を通して出力側から流れる電流 i_f により R_E に生じる電圧降下と考えてよい．したがって，帰還率 β_2 は

$$\beta_2 = \frac{R_E}{R_f + R_E} \fallingdotseq \frac{R_E}{R_f} \quad (\because R_f \gg R_E) \text{ となるから}$$

$$\beta_2 = \frac{R_E}{R_f} = \frac{100}{40 \times 10^3} = 0.0025$$

このときの全体の増幅度 A_{vf} は，2段目の出力信号が1段目の入力信号と同相になるから，出力信号が入力信号に対して同相のときの負帰還増幅度 A_{vf} を用いればよいから，式 (7・4) より

$$A_{vf} = \frac{A_{vf1}}{1 + \beta_2 A_{vf1}} = \frac{883.9}{1 + 0.0025 \times 883.9} \fallingdotseq 275.4$$

入力抵抗 R_{if}' は式 (7・26) より

$$R_{if}' = R_{if1}'(1 + \beta_2 A_{vf1})$$

式 (7・26) と符号が変わっているのは A_{vf1} は正（入出力の波形が同相）となっているからである．

$$R_{if}' = 69.6 \times (1 + 0.0025 \times 883.9) \times 10^3 \, \Omega = 223.4 \, \mathrm{k\Omega}$$

となり，大きな数値になる．しかし，実際には Tr_1 のベース抵抗 R_1 が並列に接続されているために，この回路の入力抵抗 R_{if} は

$$R_{if} = \frac{1}{\dfrac{1}{R_1} + \dfrac{1}{R_{if}'}} = \frac{1 \times 10^3}{\dfrac{1}{820} + \dfrac{1}{223.4}} \, \Omega = 175.6 \, \mathrm{k\Omega}$$

第8章

問 1 (1) FET は入力インピーダンスは無限大であるから，V_{GS} は V_{DD} を R_1，R_2 に分圧されたものになる．したがって

$$V_{GS} = \frac{R_1}{R_1 + R_2} V_{DD} = \frac{10}{10 + 20} \times 12 = 4 \, \mathrm{V}$$

(2) 負荷線を求めるには

① $I_D = 0 \, \mathrm{mA}$ のときの V_{DS}（**解図 8・1** の B 点）

② $V_{DS} = 0 \, \mathrm{V}$ のときの I_D（**解図 8・1** の A 点）

を計算する．

①，②で求めた V_{DS} と I_D を直線で結ぶと負荷線が求まる．

①は $I_D = 0 \, \mathrm{mA}$ のとき R_L による電圧降下はないから

$\quad V_{DS} = V_{DD} = 12 \, \mathrm{V}$ ……B点とする．

②は $V_{DS} = 0 \, \mathrm{V}$ のとき

(入力交流電圧)

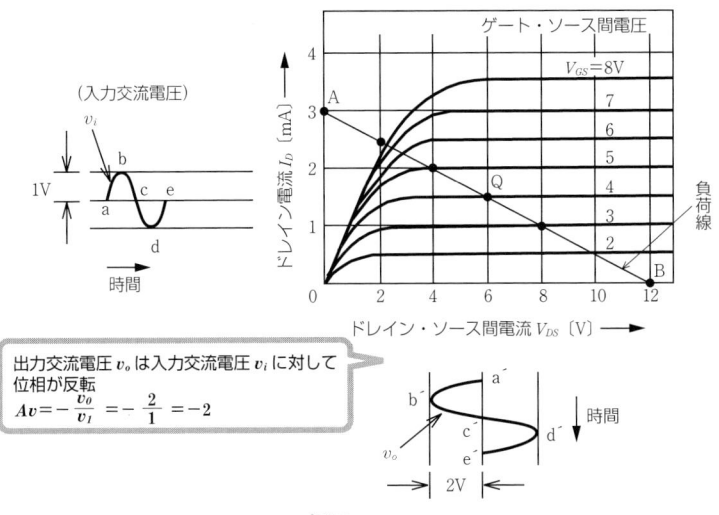

出力交流電圧 v_o は入力交流電圧 v_i に対して位相が反転
$Av = -\dfrac{v_o}{v_i} = -\dfrac{2}{1} = -2$

解図 8・1

$$V_{DD} = I_D \times R_l \longrightarrow I_D = \dfrac{V_{DD}}{R_l} = \dfrac{12}{4 \times 10^3}$$
$$= 3 \times 10^{-3}\,\text{A} = 3\,\text{mA} \quad \cdots\cdots \text{A 点とする.}$$

①で求めた B 点と②で求めた A 点を結んだものが負荷線となる.
この負荷線は (1) で求めた $V_{GS}=4\,\text{V}$ の特性曲線と $V_{DS}=6\,\text{V}$, $I_D=1.5\,\text{mA}$ の動作点 Q で交わる.

V_{GS} に最大値 1 V の交流が加わると, 特性曲線上の V_{GS} は $4-1=3\,\text{V}$ から $4+1=5\,\text{V}$ まで交わる. したがって, 負荷線とは $V_{GS}=3\,\text{V}$ のとき $V_{DS}=8\,\text{V}$ で交わり, $V_{GS}=5\,\text{V}$ のとき $V_{DS}=4\,\text{V}$ で交わる. V_{DS} は 4~8 V の変化をするが, 出力部には結合コンデンサがあるので直流分はカットされる. 直流分電圧は 6 V であるので出力 v_o は, -2~$+2\,\text{V}$ の変化し, 最大値は 2 V となる.

問 2 (1) ソース (2) 1.4 (3) Q_B (4) 5×10^{-3} (5) -10

問題の図 8・23 の回路は交流信号の入出力の接地端子と MOS 形 FET のソースが共通に接続されたソース接地増幅回路である.
ソースの接地された MOS 形 FET のゲートに加えられる直流バイアス電圧 V_{GS} (ゲート・ソース間直流バイアス電圧) は

$$V_{GS} = \dfrac{R_2}{R_1+R_2} \times V_{DD} = \dfrac{70}{430+70} \times 10 = 1.4\,\text{V}$$

$V_{GS}=1.4\,\text{V}$ のとき, 図 8・24 に示された MOS 形 FET の静特性と直流負荷線

（線分 AB）との交点（動作点）は点 Q_B となる．
題意により，入出力の交流信号に対して各コンデンサは短絡とみなせるので交流信号に対しても負荷は R_L であり，この回路の交流負荷線は直流負荷線と一致する．
負荷線について，図8・23の回路にて，次式が成り立つ．

$$V_{DD}〔V〕-I_d×10^{-3}〔A〕×2×10^3〔Ω〕=V_{DS}〔V〕 \quad \cdots\cdots ①$$

$$I_d×2=V_{DD}-V_{DS}$$

$$I_d=\frac{V_{DD}}{2}-\frac{1}{2}V_{DS}=\frac{10}{2}-\frac{1}{2}V_{DS}=5-\frac{1}{2}V_{DS}〔mA〕 \quad (V_{DS} は〔V〕) \quad \cdots\cdots ②$$

式②で，

$$\left.\begin{array}{l} V_{DS}=10\text{ V のとき}, \ I_d=0 \quad \cdots\cdots \text{B 点} \\ I_d=5\text{ mA のとき}, \ V_{DS}=0 \quad \cdots\cdots \text{A 点} \end{array}\right)$$

より，負荷線は線分 AB となる．

入力信号として，例えば $±0.2$ V の交流信号 $v_1(=v_{gs})$ を印加すると，ゲート・ソース間電圧は $V_{GS}=1.4$ V を中心に $1.2~1.6$ V の間で変化し，図8・24の負荷線上の $Q_A~Q_C$ 間を振れるから，ドレイン電流は3 mA の直流バイアス電流 I_D に $±1$ mA 変化する交流信号 i_d が重畳された I_d+i_d となる（**解図8・2**）．
したがって，バイアス点 Q_B の近傍での MOS 形 FET の相互コンダクタンス g_m は

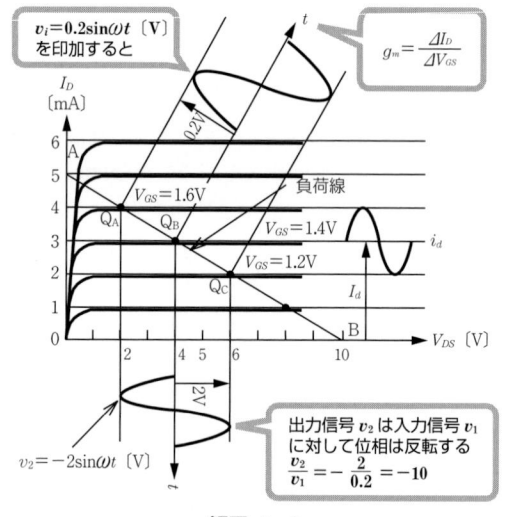

解図 8・2

$$g_m = \frac{\Delta I_D}{\Delta V_{GS}}(V_{DS}=4\text{ V}:一定) = \frac{i_d}{v_{gs}} = \frac{(4-2)\times 10^{-3}}{1.6-1.2} = \frac{2\times 10^{-3}\text{ A}}{0.4\text{ V}}$$
$$= 5\times 10^{-3}\text{ S} \quad \cdots\cdots ③$$

となる．図8・18の回路より，交流出力電圧 v_2 は
$$v_2 = -i_d \times R_L \quad \cdots\cdots ④$$

電圧増幅度 $\dfrac{v_2}{v_1}$ は式③，④より

$$\frac{v_2}{v_1} = -\frac{i_d \times R_L}{v_{gs}} = -g_m \times R_L = -5\times 10^{-3}\text{ S} \times 2\times 10^3\ \Omega = -10\ 倍$$

第9章

問1 式 (9・9) より最大出力電力 P_{om} は

$$P_{om} = \frac{V_{CC}{}^2}{2R_L} = \frac{12^2}{2\times 600} = 0.12\text{ W} = 120\text{ mW}$$

コレクタ電流の平均値 I_{CQ} は

$$I_{CQ} = \frac{V_{CC}}{R_L} = \frac{12}{600} = 0.02\text{ A} = 20\text{ mA}$$

式 (9・10) より，

電源の平均電力 $P_{DC} = V_{CC} \cdot I_{CQ} = 12 \times 20\text{ mW} = 240\text{ mW}$

最大出力時のコレクタ損失 $P_C = P_{DC} - P_{om} = 240 - 120 = 120\text{ mW}$

無信号時のコレクタ損失 $P_{cm} = P_{DC} = 240\text{ mW}$

式 (9・11) より，最大出力時の電源効率 $\eta_m = \dfrac{P_{om}}{P_{DC}} = \dfrac{120}{240} = 0.5 = 50\%$

問2 無ひずみのときは I_{c1}, i_{c2}, v_{c1}, v_{c2} は**解図9・1**のようになる．したがって，

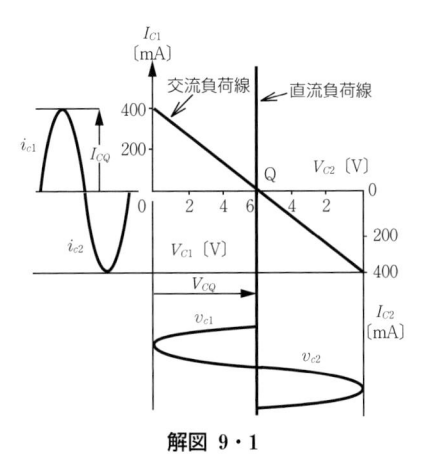

解図 9・1

最大出力 P_{om} は式（9・14）より

$$P_{om} = \frac{V_{CC}}{\sqrt{2}} \cdot \frac{I_{CC}}{\sqrt{2}} = \frac{V_{CQ} \cdot I_{CQ}}{2} = \frac{6\text{ V} \times 400\text{ mA}}{2} = 1\,200\text{ mW} = 1.2\text{ W}$$

電源の平均電力 P_{DC} は，式（9・17）より

$$P_{DC} = \frac{2}{\pi} V_{CC} \cdot I_{CQ} = \frac{2}{\pi} \times 6 \times 400\text{ mA} \fallingdotseq 1\,530\text{ mW} = 1.53\text{ W}$$

したがって，最大出力時の効率 η_m は

$$\eta_m = \frac{P_{om}}{P_{DC}} = \frac{1.2}{1.53} \fallingdotseq 0.78 \text{ または } 78\%$$

問 3 (1) 式（9・6）より，$R_L = n^2 R = 5^2 \times 8 = 200\text{ Ω}$

(2) 交流負荷抵抗 $R' = \left(\dfrac{n}{2}\right)^2 \cdot R = \left(\dfrac{5}{2}\right)^2 \times 8 = 50\text{ Ω}$

(3) 式（9・15）より，最大出力電力 $P_{om} = \dfrac{V_{CC}{}^2}{2R'} = \dfrac{12^2}{2 \times 50} = 1.44\text{ W}$

(4) 出力電流の最大値 $I_{CQ} = \dfrac{V_{CC}}{R'} = \dfrac{12}{50} = 0.24\text{ A}$

(5) 式（9・17）より，電源の平均電力 $P_{DC} = \dfrac{2}{\pi} V_{CC} \cdot I_{CQ} = \dfrac{2}{\pi} \times 12 \times 0.24 = 1.833\text{ W}$

(6) 式（9・18）より，電源効率 $\eta_m = \dfrac{P_{om}}{P_{DC}} = \dfrac{1.44}{1.833} \fallingdotseq 0.785 \text{ または } 78.5\%$

第10章

問 1 (1) 同調形 LC

(2) 発振周波数 f_o は式（10・32）より

$$f_o = \frac{1}{2\pi\sqrt{LC}} \quad \cdots\cdots ①$$

(3) 式①に $L = 1.0 \times 10^{-3}\text{ H}$，$C = 100 \times 10^{-12}\text{ F}$ を代入すると

$$f_o = \frac{1}{2\pi\sqrt{LC}} = \frac{1}{2\pi\sqrt{1.0 \times 10^{-3} \times 100 \times 10^{-12}}}$$

$$\fallingdotseq \frac{1}{2\pi \times 3.16 \times 10^{-7}} \fallingdotseq 503\,654\text{ Hz} \fallingdotseq 504\text{ kHz}$$

(4) ハートレー形 LC 発振回路

(5) 発振周波数 f_o は式（10・29）より

$$f_o = \frac{1}{2\pi\sqrt{(L_1 + L_2)C}} \quad \cdots\cdots ②$$

式②に $L_1 + L_2 = (200 + 40) \times 10^{-6}\text{ H}$，$C = 100 \times 10^{-12}\text{ F}$ を代入すると

$$f_o \fallingdotseq \frac{1}{2\pi\sqrt{240 \times 10^{-6} \times 100 \times 10^{-12}}} = \frac{1}{2\pi\sqrt{2.4 \times 10^{-2} \times 10^{-12}}} = \frac{1}{2\pi \times 10^{-7}\sqrt{2.4}}$$

$$\fallingdotseq \frac{10^7}{2\pi \times 155} \fallingdotseq 1026\,800 \text{ Hz} \fallingdotseq 1.027 \text{ MHz}$$

問 2 (1) CR 移相形発振回路　(2) 増幅帰還作用を行う
(3) C と R による周波数選択を行う
(4) 式 (10・33) より

$$f_o = \frac{1}{2\pi\sqrt{6}CR} = \frac{1}{2\pi\sqrt{6} \times 0.01 \times 10^{-6} \times 5 \times 10^3}$$

$$= \frac{1}{2\pi\sqrt{6} \times 0.01 \times 5 \times 10^{-3}} \fallingdotseq 1\,300 \text{ Hz}$$

問 3 (1) 正帰還　(2) インダクタンス素子　(3) キャパシタンス素子
(4) ハートレー　(5) 水晶振動子

解図 10・1 に示すハートレー形発振回路は L, C の組み合わせで, 正帰還回路を構成している.
出力電圧 $\dot{V}_2$ が $\dot{V}_C$ と $\dot{V}_1$ に分圧される.

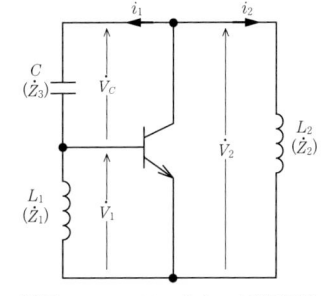

$$\dot{V}_1 = \frac{\dot{Z}_1}{\dot{Z}_3 + \dot{Z}_1}\dot{V}_2 = \frac{j\omega L_1}{\dfrac{1}{j\omega C} + j\omega L_1}\dot{V}_2$$

$$= \frac{\omega L_1}{\left(-\dfrac{1}{\omega C} + \omega L_1\right)}\dot{V}_2 \quad \cdots\cdots ①$$

解図 10・1 ハートレー発振回路

式①より, $1/(\omega C) > \omega L_1$ の条件より $\dot{V}_1$ と $\dot{V}_2$ が逆位相となり, 正帰還回路となるから発振する.
周波数条件は, $\dot{Z}_1 + \dot{Z}_2 + \dot{Z}_3 = 0$ である.
すなわち, $\dot{Z}_1$ と $\dot{Z}_3$ は異符号であり, $\dot{Z}_1$ と $\dot{Z}_2$ は同符号である必要があるから, $\dot{Z}_1$ と $\dot{Z}_2$ がインダクタンス素子, $\dot{Z}_3$ がキャパシタンス素子となる.
$\dot{Z}_1 + \dot{Z}_2 + \dot{Z}_3 = 0$ より

$$j\omega L_1 + j\omega L_2 - j\frac{1}{\omega C} = 0 \quad \longrightarrow \quad \omega(L_1 + L_2) = \frac{1}{\omega C}$$

$$\omega^2 = \frac{1}{C(L_1 + L_2)} \quad \longrightarrow \quad f = \frac{1}{2\pi\sqrt{C(L_1 + L_2)}} \text{ [Hz]}$$

水晶振動子に電圧を加えると, 水晶振動のもつ固有振動数の周波数で安定した発振となる. この発振周波数は, 水晶振動子のリアクタンス特性のきわめて狭い領域で発振する.

第 11 章

問 1 変調指数 m_f は式 (11・20) より

$$m_f = \frac{\Delta f}{f_s} = \frac{25}{15} \fallingdotseq 1.67$$

実用的な占有周波数帯幅 B は式（11・21）より

$$B = 2(\Delta f + f_s) = 2(25+15) = 80 \text{ kHz}$$

問 2 (1) （ア）振幅　　　　（イ）周波数

(2) （ウ）周波数偏移　（エ）周波数偏移　（オ）最大周波数偏移

(3) （カ）変調指数　　（キ）多

(4) （ク）$80 + \dfrac{75}{1\,000}$ MHz $= 80.075$ MHz

（ケ）$80 - \dfrac{75}{1\,000}$ MHz $= 79.925$ MHz

(5) （コ）最大周波数偏移が 75 kHz の場合，変調指数 $m = 75/10 = 7.5$

（サ）最大周波数偏移が 25 kHz の場合，変調指数 $m = 25/10 = 2.5$

問 3 (1) フォスタ・シーレ周波数弁別回路

(2) 入力 FM 波を AM 波に変換する働きをする．

(3) AM 波から信号波を取り出す働きをする．

(4) $\dot{V}_A$ と $\dot{V}_B$ の大きさは等しくなる．

第 12 章

問 1 (1) 電圧増幅度　(2) 無限大　(3) $-\dfrac{R_f}{R_i}$

(4) $V_o = -\dfrac{1}{RC}\int V_i dt$　(5) 積分回路

(1), (2) ①の増幅度が無限大（実際には非常に大きいということ）であれば，負帰還を施すことにより安定した増幅回路にすることができる．また，②の入力インピーダンスが無限大ということは，このような増幅器は電圧だけで動作し，電流は流れ込まないから，消費電力（動作電力）が 0 ということ，さらに，③の出力インピーダンスが 0 ということは，どのような負荷を接続しても一定の電圧を維持できるということになる．すなわち，どんなに多くの負荷を接続してもよいことを意味する．

(3) 図 12・14 の回路は反転増幅器である．解図 12・1 のオペアンプの A_d は非常に大きいから，v' は小さく，近似的に $v' = 0$ とおける．また，A_d の入力インピーダンスは非常に大きいから，V_i から R_i を通して流れ込む電流 i_1 は，そ

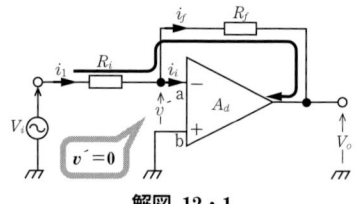

解図 12・1

第 12 章 **249**

のまま R_f のほうへ流れる.

$i_1 = i_f = \dfrac{V_i}{R_i}$ ……①

$V_o = -i_f R_f = -\dfrac{R_f}{R_i} V_i$ ……②

式②より

$\dfrac{V_o}{V_i} = -\dfrac{R_f}{R_i}$ ……③

(4), (5) 図 12・15 の回路は積分器である.

解図 **12・2** において

$i_1 = i_f = \dfrac{V_i}{R_i}$

$V_o = -\dfrac{1}{C_f}\int i_f dt = -\dfrac{1}{C_f}\int \dfrac{V_i}{R_i}dt$

$\quad = -\dfrac{1}{R_i C_f}\int V_i dt$

解図 12・2

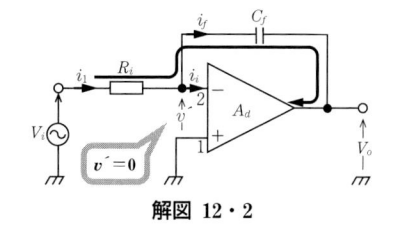

問 2 (1) 0 　(2) $\dfrac{3}{4}$ 　(3) $v_B - v_b$

(4) 600 　(5) 0 　(6) 4 　(7) 3

この回路は, 演算増幅器 (オペアンプ) を用いた差動増幅回路である.

解図 **12・3** において

(1) オペアンプの A_d は非常に大きいから, 相対的に v' は小さく, 近似的に $v' = 0$ とおくことができる. したがって,

$v_a - v_b = 0$ ……①

(2) ＋入力端子の入力インピーダンスは∞であるから, 次式が成り立つ.

$\dfrac{v_A}{v_a} = \dfrac{R_2 + R_3}{R_3}$

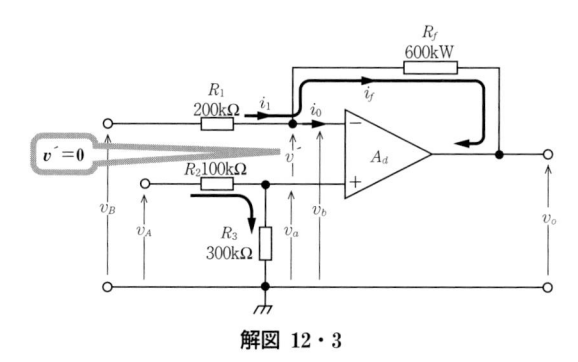

解図 12・3

$$v_a = \frac{R_3}{R_2+R_3}v_A = \frac{300}{100+300}v_A = \frac{3}{4}v_A \quad \cdots\cdots ②$$

(3), (4), (5) 解図 12・3 において，i_o はオペアンプの入力インピーダンスが∞であるから 0 である．

抵抗 R_1〔kΩ〕に電流 i_1〔mA〕が流れたときの電圧降下が $v_B - v_b$〔V〕であるから

$$i_1 = \frac{v_B - v_b}{R_1} = \frac{v_B - v_b}{200} \text{〔mA〕} \quad \cdots\cdots ③$$

同様に，抵抗 R_f〔kΩ〕に電流 i_f〔mA〕が流れたときの電圧降下が $v_b - v_o$〔V〕であるから

$$i_f = \frac{v_b - v_o}{R_f} = \frac{v_b - v_o}{600} \text{〔mA〕} \quad \cdots\cdots ④$$

また，図より

$i_1 = i_f \quad \cdots\cdots ⑤$

式⑤に式③，④を代入すると

$$\frac{v_B - v_b}{200} = \frac{v_b - v_o}{600} \longrightarrow \frac{v_B - v_b}{200} + \frac{v_o - v_b}{600} = 0 \quad \cdots\cdots ⑥$$

式⑥より

$$\left.\begin{array}{l} 3(v_B - v_b) + (v_o - v_b) = 0 \\ 3v_B - 4v_b + v_o = 0 \end{array}\right\} \quad \cdots\cdots ⑦$$

式①，②より

$$v_b = v_a = \frac{3}{4}v_A \quad \cdots\cdots ⑧$$

式⑦に式⑧を代入すると

$$\left.\begin{array}{l} 3v_B - 4 \times \dfrac{3}{4}v_A + v_o = 0 \\ v_o = 3(v_A - v_B) \end{array}\right\} \quad \cdots\cdots ⑨$$

索　引

あ　行

アクセプタ　　5
アノード　　16
位相差　　44
位相反転　　160
インピーダンス整合　　152
エミッタ　　19
エミッタ接地回路　　25
エミッタ接地電流増幅率　　26
エミッタホロワ　　27, 112
オームの法則　　39

か　行

下側波　　193
カソード　　16
荷電子　　1
可変容量ダイオードを用いたFM回路　　203
帰還率　　110
帰還量　　110
逆方向電圧　　9
逆方向電流　　9
逆方向バイアス　　9
キャリヤ　　3
共有結合　　2
極座標表示　　172
虚数軸　　172
許容動作範囲　　149
キルヒホッフの第1法則　　41
キルヒホッフの第2法則　　42
空乏層　　8
クロスオーバーひずみ　　162
ゲート　　132

原子　　1
原子核　　1
広域しゃ断周波数　　94
降伏現象　　10
降伏電圧　　10
交流負荷線　　70, 92
固定バイアス回路　　58, 138
コルピッツ形 LC 発振回路　　183
コレクタ　　19
コレクタ振幅変調回路　　191
コレクタ接地回路（エミッタホロワ）　　27
コレクタ接地増幅回路（エミッタホロワ）　　112
コレクタ損失　　25, 149, 157, 165
コンデンサマイクロホンを用いたFM回路　　202

さ　行

最大コレクタ損失　　149
最大周波数偏位　　200
最大出力電力　　156, 163
差動増幅回路　　100
差動増幅器　　214
自己バイアス回路　　60, 138
実数軸　　172
周　期　　43
集積回路（IC）　　1
自由電子　　2
周　波　　43
周波数スペクトル　　201
周波数特性曲線　　93
周波数ベクトル　　193
周波数偏位　　199

周波数変調（FM）　199
出力アドミタンス　30
出力インピーダンス　31
出力特性　30
瞬時周波数　200
順方向電圧　8
順方向電流　8
順方向バイアス　9
少数キャリヤ　5
上側波　193
真性半導体　4
振幅　193
振幅変調（AM）　189
振幅変調（AM）波の復調回路の動作原理　198
振幅変調波　196
水晶発振回路　185
正孔　3
静特性　29, 135
静特性曲線　29
積分器　215
絶縁体　4
接合形 FET の基本原理　131
接合形 FET のバイアス回路　138
接合面　7
占有周波数帯域　201
占有周波数帯幅　193
相差角　171
ソース　132
ソース接地 CR 結合増幅回路の等価回路　142

――――――― た　行 ―――――――

第 1 象限 V_{CE}-I_C 特性（出力特性）　30
第 2 象限 I_B-I_C 特性（電流伝達特性）　31
第 3 象限 I_B-V_{BE} 特性（入力特性）　32
第 4 象限 V_{CE}-V_{BE} 特性（電圧帰還率）　33
ダイオード　1, 16

多数キャリヤ　5
多段増幅回路の負帰還　125
単結晶　2
単電源 SEPP 電力増幅回路　165
中心周波数　200
直流負荷線　48, 68
直交座標表示　171, 172
ツェナー効果　10
低域しゃ断周波数　94
抵抗の直列接続　40
抵抗の並列接続　40
テブナンの定理　113
電圧帰還バイアス回路　60
電圧帰還並列注入形負帰還増幅回路　121
電圧帰還率　33
電圧増幅作用　47
電圧増幅度　25
電圧利得　25
電位の進んだ学習　42
電界効果トランジスタ（FET）　1
電源効率　157, 164
電流帰還直列注入形負帰還増幅回路　117
電流帰還バイアス回路　63
電流増幅作用　46
電流増幅度　25
電流増幅率　31
電流伝達特性　31
電流利得　25
電力増幅回路　149
電力増幅作用　48
電力増幅度　25
電力利得　25
等価回路　77, 136
動作点　12, 50
導体　4
同調形 LC 発振回路　184
動特性　50
トランジスタ　19

トランジスタの最大定格　24
トランジスタの静特性　29
トランジスタの動作原理　20
トランジスタの名称　23
ドレイン　132
トンネル効果　10

―――――― な　行 ――――――

二電源方式　57
入力インピーダンス　32
入力特性　32

―――――― は　行 ――――――

バイアス電圧　46
バイポーラトランジスタ　1
発光ダイオード　15
発　振　176
発振回路　176
ハートレー形発振回路　181
反転入力端子　211
半導体　4
非反転入力端子　211
微分器　216
被変調波　192
ピンチオフ電圧　135
フォスタ・シーレ周波数弁別回路　205
負帰還増幅回路の電圧増幅度　110
負帰還の原理　109
負帰還の特徴　111
複素数　171
複素面　172
ベース　19
ベース振幅変調回路　190

ベース接地回路　27
偏　角　171
変調指数　201
変調度　195
変調率　195
包絡線　192

―――――― ら　行 ――――――

両電源　211

―――――― 英　字 ――――――

A 級電力増幅回路　152
B 級電力増幅回路　152
B 級プッシュプル電力増幅回路　159
C 級電力増幅回路　152
CR 結合増幅回路　85
CR 発振回路　184
FET　1
FET の接地方式　135
FM 波復調の基本方式　205
h 定数　77
h パラメータ　29
IC（集積回路）　1
LC 発振回路　178
MOS 形 FET 増幅回路　139
MOS 形 FET の基本原理　133
n 形半導体　5
npn 形トランジスタ　19
p 形半導体　5
pn 接合　7
pn 接合ダイオード　7
pnp 形トランジスタ　19

〈監修者・著者略歴〉

家村　道雄　（いえむら　みちお）
1961年　鹿児島大学工学部電気工学科卒業
1981年　第一種電気主任技術者国家試験合格
1993年　博士(工学)(京都大学)
　　　　前崇城大学(旧名　熊本工業大学)
　　　　大学院博士課程エネルギーエレクトロニクス専攻指導教授

帆足　孝文　（ほあし　たかふみ）
1973年　熊本工業大学工学部電子工学科卒業
1997年　岡山大学大学院自然科学研究科知能開発科学専攻博士課程単位取得退学
2000年　博士(工学)(岡山大学)
現　在　崇城大学(旧名　熊本工業大学)情報学部情報学科教授

中原　正俊　（なかはら　まさとし）
1981年　九州大学工学部電子工学科卒業
1986年　九州大学大学院工学研究科電子工学専攻博士課程修了
　　　　工学博士(九州大学)
現　在　崇城大学(旧名　熊本工業大学)情報学部情報学科教授

小山　善文　（おやま　よしふみ）
1982年　熊本大学工学部電気工学科卒業
1998年　熊本大学大学院自然科学研究科修了
　　　　博士(工学)(熊本大学)
現　在　熊本高等専門学校人間情報システム工学科教授

坂井　栄治　（さかい　えいじ）
1983年　九州大学工学部電子工学科卒業
1985年　九州大学大学院工学研究科電子工学専攻修士課程修了
1993年　博士(工学)(九州大学)
現　在　崇城大学(旧名　熊本工業大学)情報学部情報学科教授

奥　高洋　（おく　たかひろ）
1993年　鹿児島大学工学部電気電子工学科卒業
1999年　鹿児島大学大学院理工学研究科
　　　　物質生産工学専攻博士後期課程修了
　　　　博士(工学)(鹿児島大学)
現　在　鹿児島工業高等専門学校電気電子工学科教授

西嶋　仁浩　（にしじま　きみひろ）
1997年　熊本工業大学工学部電子工学科卒業
2002年　崇城大学(旧名　熊本工業大学)大学院工学研究科
　　　　エネルギーエレクトロニクス専攻博士後期課程修了
　　　　博士(工学)(崇城大学)
現　在　大分大学工学部電気電子工学科助教

- 本書の内容に関する質問は，オーム社ホームページの「サポート」から，「お問合せ」の「書籍に関するお問合せ」をご参照いただくか，または書状にてオーム社編集局宛にお願いします．お受けできる質問は本書で紹介した内容に限らせていただきます．なお，電話での質問にはお答えできませんので，あらかじめご了承ください．
- 万一，落丁・乱丁の場合は，送料当社負担でお取替えいたします．当社販売課宛にお送りください．
- 本書の一部の複写複製を希望される場合は，本書扉裏を参照してください．

JCOPY ＜出版者著作権管理機構 委託出版物＞

入門 電子回路 （アナログ編）

2006 年 11 月 15 日　第 1 版第 1 刷発行
2025 年 1 月 20 日　第 1 版第 19 刷発行

監 修 者　家村道雄
著　　者　家村道雄
　　　　　帆足孝文
　　　　　中原正俊
　　　　　小山善文
　　　　　坂井栄治
　　　　　奥　高洋
　　　　　西嶋仁浩
発 行 者　村上和夫
発 行 所　株式会社 オーム社
　　　　　郵便番号　101-8460
　　　　　東京都千代田区神田錦町3-1
　　　　　電話 03(3233)0641（代表）
　　　　　URL https://www.ohmsha.co.jp/

© 家村道雄・帆足孝文・中原正俊・小山善文・坂井栄治・奥　高洋・西嶋仁浩 2006

印刷　中央印刷　製本　協栄製本
ISBN978-4-274-20317-6　Printed in Japan

基本からわかる 講義ノート シリーズのご紹介

こだわりが沢山ありますよ

僕たちが大活躍！

❹ 大特長

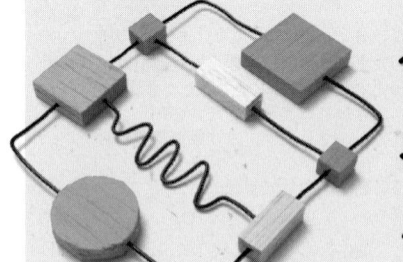

1 広く浅く記述するのではなく，必ず知っておかなければならない事項について やさしく丁寧に，深く掘り下げて 解説しました

2 各節冒頭の「キーポイント」に知っておきたい事前知識などを盛り込みました

3 より理解が深まるように，吹出しや付せんによって補足解説を盛り込みました

4 理解度チェックが図れるように，章末の練習問題を 難易度3段階式 としました

基本からわかる システム制御講義ノート
- 橋本 洋志 監修／石井 千春・汐月 哲夫・星野 貴弘 共著
- A5判・248頁 ● 定価(本体2500円【税別】)

基本からわかる 信号処理講義ノート
- 渡部 英二 監修／久保田 彰・神野 健哉・陶山 健仁・田口 亮 共著
- A5判・184頁 ● 定価(本体2500円【税別】)

基本からわかる 電子回路講義ノート
- 渡部 英二 監修／工藤 嗣友・高橋 泰樹・水野 文夫・吉見 卓・渡部 英二 共著
- A5判・228頁 ● 定価(本体2500円【税別】)

基本からわかる ディジタル回路講義ノート
- 渡部 英二 監修／安藤 吉伸・井口 幸洋・竜田 藤男・平栗 健二 共著
- A5判・224頁 ● 定価(本体2500円【税別】)

基本からわかる 電気機器講義ノート
- 西方 正司 監修／下村 昭二・百目鬼 英雄・星野 勉・森下 明平 共著
- A5判・192頁 ● 定価(本体2500円【税別】)

基本からわかる パワーエレクトロニクス講義ノート
- 西方 正司 監修／高木 亮・高見 弘・鳥居 粛・枡川 重男 共著
- A5判・200頁 ● 定価(本体2500円【税別】)

基本からわかる 電気回路講義ノート
- 西方 正司 監修／岩崎 久雄・鈴木 憲吏・鷹野 一朗・松井 幹彦・宮下 收 共著
- A5判・256頁 ● 定価(本体2500円【税別】)

もっと詳しい情報をお届けできます。
◎書店に商品がない場合または直接ご注文の場合も右記宛にご連絡ください。

ホームページ https://www.ohmsha.co.jp/
TEL／FAX TEL.03-3233-0643 FAX.03-3233-3440

(定価は変更される場合があります)